元启发式计算迁移优化算法教程

主　编◎周天清

副主编◎李　轩　聂学方

西南交通大学出版社

·成　都·

图书在版编目（C I P）数据

元启发式计算迁移优化算法教程 / 周天清主编. 成都：西南交通大学出版社，2025.1 -- ISBN 978-7-5774-0230-7

Ⅰ. O242.23

中国国家版本馆 CIP 数据核字第 2024B7E778 号

Yuanqifashi Jisuan Qianyi Youhua Suanfa Jiaocheng

元启发式计算迁移优化算法教程

主　编 / 周天清

策划编辑 / 黄淑文
责任编辑 / 何明飞
助理编辑 / 卢韵玥
责任校对 / 谢玮倩
封面设计 / 原谋书装

西南交通大学出版社出版发行
（四川省成都市金牛区二环路北一段 111 号西南交通大学创新大厦 21 楼　610031）
营销部电话：028-87600564　　028-87600533
网址：https://www.xnjdcbs.com
印刷：成都蜀雅印务有限公司

成品尺寸　185 mm × 260 mm
印张　12.25　　字数　297 千
版次　2025 年 1 月第 1 版　　印次　2025 年 1 月第 1 次

书号　ISBN 978-7-5774-0230-7
定价　49.80 元

课件咨询电话：028-81435775

前　言

PREFACE

随着计算需求的不断增长，尤其是在边缘计算和大规模数据处理领域，智能优化算法的应用变得越来越广泛。尽管市面上已有大量关于智能优化算法的书籍，许多书籍仍然集中在较为传统的算法上，忽视了近十年来新兴的智能优化算法及其在现代计算任务中的应用，尤其是在边缘计算环境中的任务卸载和资源优化方面。本书旨在弥补这一空白，专注于现代智能优化算法在边缘计算模型中的应用，特别是计算任务迁移和优化问题的解决方案。

本书通过介绍8个典型的大规模非线性整数规划问题，结合8个新颖的智能优化算法，帮助读者深入理解算法的设计思想和实际实现。我们特别关注如何在边缘计算环境下应用这些算法来解决计算任务迁移问题，提升边缘计算系统中的任务卸载、资源分配和服务优化等关键问题的处理能力。

每个章节都通过实例演示算法的实际运作，确保读者能够迅速掌握算法的核心理念，并学会如何将其应用到具体问题中。本书所涵盖的多类大型非线性整数规划问题，构成了许多学术研究和工程应用的基础。这些问题不仅在理论上具有重要价值，也在实际应用中具有广泛的适用性，尤其在边缘计算和分布式网络环境中的任务调度、资源管理和安全优化等领域。

此外，本书中的智能优化算法具备极强的可扩展性，能够满足不同领域和研究项目中的需求。所有的算法都配有 MATLAB 实现代码，读者可以直接在 MATLAB 环境中运行和修改，进行更深入的探索和扩展。

本书适合希望快速学习智能优化算法的本科生和研究生，广大的 MATLAB 爱好者，以及希望提高数学建模能力的学生。无论你是探索智能优化算法的初学者，还是在边缘计算领域已有一定基础的研究者，本书都能为你提供实用的工具和方法，帮助你解决计算任务迁移和边缘计算中的实际问题。

通过本书的学习，读者将能够掌握如何利用现代智能优化算法在边缘计算环境中优化资源配置、提高任务卸载效率，并为今后的研究和工作打下坚实的基础。

周天清

2024 年 7 月

目　录

CONTENTS

1 绪 论

1.1 智能优化算法

1.1.1 研究背景

观察、学习、模仿、创新。在人类社会的发展和进步过程中，我们一直在观察自然，学习自然科学以模仿自然界现象与生物行为，并根据它们的特点加以创新设计产品，为人所用。人类一直从自然界获得灵感，在生产力较不发达的年代，最好的结构设计来源即为自然，从古代鳞甲、近代飞行器到今天的疏水服装，面向未来的人工智能技术，人类一直将从自然中观察到的、学习到的知识应用于生产，在科学知识落后的时代，这种学习往往是直观的，通过观察以发现特征并加以利用。自 1960 年“仿生学”学科创立以来，人类观察与学习的行为开始变得更具科学性与系统性，并开始通过技术手段加以辅助，材料学、建筑学、结构力学等学科都处处可见从自然所习得的设计。在已有的根据鸟类设计的飞行器结构上，通过计算仿真、风洞模拟不断加强飞行器性能；通过显微镜对蛛丝的微观研究，进而开发超强、轻质材料；对一些爬行类生物的微观研究也促进了用于特殊场景的机器人设计。

在计算机领域，人类也在不断尝试突破传统二进制的束缚，使计算机实现人类大脑的功能。在 20 世纪 40 年代，计算机问世前，数学家和逻辑学家 Warren McCulloch 和数理逻辑学家 Walter Pitts 创立了逻辑神经元模型，成为现代计算机算法领域极其重要的神经网络的基石。步入信息时代，基于神经网络的深度学习架构对传统算法的改进已成为人工智能领域算法研究中的重点对象。大数据、自动驾驶、大语言模型成为社会热点话题，其对人类社会经济发展巨大的推动作用甚至一度引起了人类对人工智能的恐惧。除了神经网络这一热点研究对象，人工智能领域包含了多个大类，据中国科学院《2019 年人工智能发展白皮书》，人工智能技术被系统性地分为 8 个部分，这八大人工智能关键技术分别为：

（1）计算机视觉技术：一个以传感器代替人眼对目标进行识别、跟踪和测量等工作的学科。

（2）自然语言处理技术：一门以建立计算模型来分析、理解和处理自然语言的学科，也是一门横跨语言学、计算机科学和数学等领域的交叉学科。

（3）跨媒体分析推理技术：一个以跨媒体检索、推理、存储等作为研究范畴，综合多种信息形式并推断出有关实体、事件或关系知识的学科。

（4）智适应学习技术：一个以个体学习者的特征和学习过程作为信息，结合人工智能、教育技术提供更个性化和有效的学习体验的学科。

（5）群体智能技术：一个以自然界群体行为作为启发，模拟群体中个体之间的协作与信息共享以推动问题解决的学科。

（6）自主无人系统技术：一种在无人控制场景下，通过设备自身的传感设备和处理设备完成一系列复杂工作的学科。

（7）智能芯片技术：特指针对人工智能算法做特殊加速设计的芯片技术。

（8）脑机接口技术：一个生物与外部设备间直接建立连接通路，允许脑和外部设备间进行双向信息交换的学科。

值得注意的是，在这几类关键技术中，群体智能技术相较于其他几种关键技术，报告并没有指出该技术的主要应用场景，同时，在该报告中指出“对群体智能的研究，实际上可以被认为是一个属于社会学、商业、计算机科学、大众传媒和大众行为的分支学科”，就该技术而言，群体智能技术属于元启发式（Meta-Heuristics）算法的一个分支，该类算法通过对自然界事物的特征进行学习并设计算法，求解各个领域的实际问题，具有较广阔的研究前景。

元启发式算法，其英文名 Meta-Heuristics 中的“Heuristics”源自于希腊语“Heuriskein”，意为“发现”或“找到”，在一些复杂的数学场景下，存在无法找到最优解，但能够找到近似解的情况，Heuristics 即求得近似解的算法策略；而前缀“Meta”意为“超越”，Meta-Heuristics 即更好地求得近似解的算法策略。从算法特点来看，元启发算法是一种模仿自然界现象和生物行为的数学化方法，将这类现象或生物体的运动简化为数学公式，以仿生的方式进行模拟而达成某些目的。元启发式算法是解决一些复杂度较高的优化问题的主要方法。其通过模拟事物发展规律，生物个体间的个体探索、个体间或群体间的信息交叉或共享以实现整个算法的更新或优化，能很好地适应一些解空间较大、维度较高、有一定约束的优化问题。总而言之，元启发式算法有较好的搜索能力，对不同场景都有较好的适应性，也能够动态应对环境的变化。

元启发式算法作为一个集合多种算法的统称，其不仅包括仿生算法，也包括非仿生算法，如模拟退火算法等。对各类算法的研究已有 30 多年，至今已有几十种较成熟的算法，并且针对元启发式算法的创新与研究仍在继续，在相关研究中，仍不乏全新的元启发式算法出现。

1.1.2 发展与研究历史

元启发式算法的历史已有几十年，目前仍然是各类研究中使用最广泛的算法之一，细究元启发式算法的发展历史，最早可以追溯到 20 世纪 40 年代线性规划中的单纯形算法（Simplex Algorithm）等算法，不过在当时受限于计算机能力，大多数研究都只针对解决特定问题的启发式算法，没有面向通用问题的算法，无法形成一套系统化的理论。直到 20 世纪 80 年代计算机小型化后，元启发式算法才开始快速发展，因此本书将其发展历史划分为 3 个阶段：早期启蒙阶段、创新发展阶段和改进与拓展阶段。

1. 早期启蒙阶段（1970—2000）

元启发式算法的一个分支——20 世纪 70 年代，John Holland 提出的遗传算法理论（Genetic Algorithms，GA）是元启发式算法中进化算法（Evolutionary Algorithms，EA）最早的理论之一，但受限于计算机技术，当时算法只使用逻辑神经元和字母字符串等简单的元素进行模拟物种进化。随着计算机的快速发展，20 世纪 80 年代，David E. Goldberg 的著作《遗传算法在搜索、优化和机器学习中的应用》(*Genetic Algorithms in Search*，*Optimization*，*and Machine Learning*）代表着以“遗传”这一方向进化算法的完善；而于 1994 年提出的文化算法（Cultural Algorithm，CA）则是另一类不以生物作为进化主体的进化算法的典型代表。作为元启发式算法的另一个主要分支，群体智能算法的概念最早由 Gerardo Beni 和 Jing Wang 于 1989 年提出，并于 1993 年在 *Swarm Intelligence in Cellular Robotic Systems* 进行了系统性的描述。但在此之前，1992 年意大利学者 Dorigo 就已经提出了蚁群优化(Ant Colony Optimization，ACO)，是群体智能算法最早的研究之一。该算法不仅为解决旅行商问题等实际应用提供了创新思路，也引起了研究者对群体协同行为算法的关注。在此阶段同时有其他算法被提出，如 James Kennedy 和 Russell Eberhart 于 1995 年首次提出粒子群算法（Particle Swarm Optimization，PSO）等。除了进化算法与群体智能算法之外，元启发算法还包括另外一些算法，如 1983 年出现的模拟退火算法（Simulated Annealing，SA)。这类算法并未有一个统一的分类，为便于介绍这类算法，本书将其分类为非仿生算法。总而言之，这一时期各类理论的出现为今后元启发式算法的发展奠定了重要的基础。

2. 创新发展阶段（2000—2010）

在该阶段，元启发式算法进入快速发展期，算法不仅在理论上不断演化，而且在针对不同问题的研究中取得了显著进展：为了解决多目标优化问题，Coello 等人在 2002 年提出多目标粒子群优化算法，2003 年多目标免疫算法也随之出现；在考虑改进已有的算法和将其与不同算法混合上，出现了使用混合突变的差分进化算法、粒子群算法和模拟退火算法的混合算法等。同时也出现了一些新的算法，如 2002 年左右被提出的人工鱼群算法(Artificial Fish Swarm Algorithm，AFSA)，2005 年土耳其学者 Dervis Karaboga 提出的蜜蜂算法（Bee Algorithm，BA)，受蝙蝠的回声定位启发，Xinshe Yang 于 2010 年设计了蝙蝠算法(Bat Algorithm)。可以发现元启发式算法在此阶段不仅立足于传统理论，为解决不同形式的问题产生了更有针对性的改进设计，还产生了很多全新的仿生算法。这些算法性能相较于上一阶段已有了极大提升，为之后元启发式算法在不同领域的拓展打下了理论基础。

3. 改进与拓展阶段（2010 至今）

在此阶段，在针对算法的研究中，同样涌现了一批全新的算法理论，如狼群算法（Wolf Algorithm，WA)、燕子群优化算法（Swallow Swarm Optimization Algorithm)、鸟群搜索算法（Bird Swarm Algorithm）等。同时对传统算法的改进依然在继续，如基于自适应差分进化算法（Self-adaptive Differential Evolution）的改进。这类根据迭代进行动态调整算法参数的自适应方式的改进，使得这类自适应算法性能较基准算法性能都有一定程度的提升。除了这类改进之外，元启发式算法在此阶段的另一个重要拓展是与深度学习理论的融合，其对元启发式算法改进的贡献在于打破了传统的线性、非线性等确定性的自适应超参数控制方式，提供了另一种合理的超参数控制方案和算法设计思路，为元启发式算法的改进提供了更多的可行方案。同时，在针对具体场景的应用中，新兴产业的发展为智能优化算法提供了更广阔的平台，如移动边缘计算、智能交通、生物医学、区块链等，这些应用场景对智能优化算法的使用提出了更高的性能要求，也在激励算法的进一步改进和创新。

在前面对元启发式算法的介绍中，提到了算法的几个分支，分别为进化算法、群体智能算法、非仿生算法，图 1-1 列出了部分算法及其分类。在这些算法中，进化算法是一种以生物遗传理论为基础的算法，每一次进化即为一次迭代，在其发展中诞生了如非支配排序遗传算法(Non-dominated Sorting Genetic Algorithms，NSGA)、多目标进化算法(Multi-Objective Evolutionary Algorithms，MOEA)、合作协同进化算法(Cooperative Co-Evolution Algorithm，CCEA) 等算法，同时也出现了前面提到的诸如文化算法（ CA)、帝国竞争算法（ Imperialist Competitive Algorithm，ICA) 等以人类社会发展作为进化标准的算法。而群体智能算法主要是以仿生的方式设计的一类算法，这些算法模拟了生物群体的行为（如觅食、聚集、避灾等)，算法的每一次迭代即为模拟生物种群的一次运动，其代表算法有蚁群算法、粒子群算法、鲸鱼优化算法（ Whale Optimization Algorithm，WOA) 等。最后一类非仿生算法包括受各类物理规律启发的算法，如来源于金属热处理工艺的模拟退火算法、来源于水波扩散现象的水波优化算法（ Water Wave Optimization Algorithm，WWOA)、来源于烟花爆炸现象的烟花算法（ Fireworks Algorithm，FWA) 等。元启发算法虽然对不同问题都具有较好的适应性，但不同算法之间的收敛性、搜索能力仍有较大区别，一些研究者希望通过引入不同的数学方法，或是结合多种元启发式算法的优势，改善算法的收敛性或增强其搜索能力，以提高算法性能。

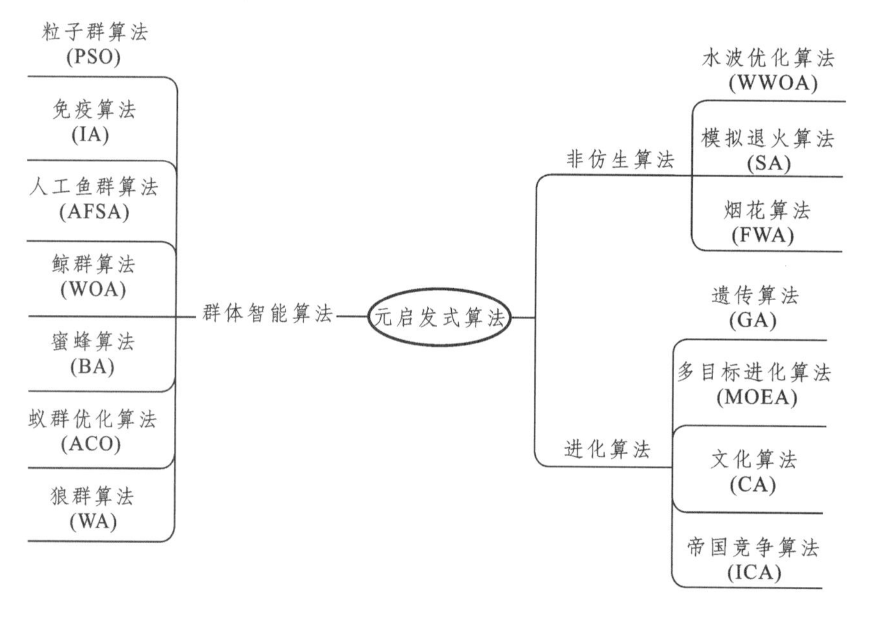

图 1-1　元启发式算法分类

1.1.3 几类元启发式算法简介

在本书中，将介绍如下几类算法：遗传算法、粒子群优化算法、鲸鱼优化算法、免疫算法、水波优化算法、蚁群优化算法、布谷鸟搜索算法以及人工鱼群算法。关于遗传算法已经做了一些描述，其是元启发式算法的早期代表之一，也是最早被提出并研究的算法之一，其通过选择、交叉、变异等步骤模拟生物进化的方式搜索寻优；粒子群优化算法是一种模拟鸟群和鱼群等群体行为的算法，其通过设计一种个体信息和整体信息共享的功能，以实现算法在搜索的同时个体间通过合作方式加速收敛；鲸鱼优化算法灵感来源于鲸群中鲸鱼的集体行为，这个算法模拟鲸群在觅食、迁徙等过程中的协同行为，通过模拟鲸鱼群体的集体智慧来解决优化问题；而免疫算法来源于生物免疫系统，其通过模拟抗原和抗体信息并通过“免疫反应”进行搜索寻优；水波算法是通过模拟水波的扩散而进行迭代寻优的算法，其特点是利用水波相互作用中产生的波峰波谷特点来对应搜索空间中可能的解；另外，还有受蚂蚁觅食行为启发的蚁群优化算法，来源于布谷鸟的巢寄生性和莱维飞行机制设计的布谷鸟搜索算法，以及受鱼群觅食、聚群及追尾行为启发而来的人工鱼群算法。

1.2 移动边缘计算

1.2.1 研究背景

目前，云计算（Cloud Computing，CC）依旧是当今主流的计算模型之一，云计算通过将分布于互联网中的大量硬件资源整合，以强大的计算与存储能力为支撑，为用户提供可弹性配置的计算、存储、信息等服务。目前，主流的云服务有阿里云、腾讯云、华为云等，这些发展较为成熟的云计算平台极大地推动了互联网产业的发展，如虚拟现实（VR）、车联网、工业互联网等。同时，移动互联网的发展也值得注意，2022 年的中国移动互联网发展报告显示，2021 年中国手机网民数量达到了 10.29 亿，移动互联网接入流量达到了 2 216 亿 GB，比去年增长 33.9%。全年移动互联网用户的月均流量为 13.36 GB/（户·月），同比增长 29.2%。新兴产业、庞大的移动用户和接入流量带来了数据传输速率、时延、服务的可靠性等新的需求，未来，这类需求将成为移动互联网发展需要面临的一大挑战。作为一种行之有效的解决方案——移动边缘计算（Mobile Edge Computing，MEC）改变了云计算结构中数据的集中化计算和处理模式，将计算能力推送到网络的边缘，使得数据处理和应用执行能够更加接近数据源和终端用户。这种分布式计算模型有助于降低通信延迟，提高系统响应速度，特别是对于对延迟敏感的应用，如虚拟现实、智能交通、智能工业等。

由于云计算（CC）是通过使用相对集中的资源向互联网中用户提供各类服务，其提供服务的机房往往布置于某个地区。作为移动用户，其需要先通过无线蜂窝网络将信息发送至附近基站，并通过有线网络将信息由基站发送至云计算中心发起请求。类似地，移动设备如需要通过云计算获得信息也将遵循这一方式，这大大增加了由移动端至云计算平台的端到端时延，也增加了云计算中心的网络负载。而移动边缘计算（MEC）则将提供服务的设备置于网络“边缘”，即算力可以被布署在基站中，也可以在小型机房等靠近用户的地点，并只为在其附近的移动设备提供服务。因此，移动用户可以直接通过无线网络接入布署了用于实现移动边缘计算的服务器（下称MEC服务器）基站直接发起请求，这一技术被称为计算卸载。同样地，通过计算卸载方式发送至MEC服务器的计算任务也可以通过基站转发至附近的MEC服务器等距离较近、成本较低的方式发起请求。在一个较大的地区中，可以通过在不同地区布署多个具有较高算力的MEC服务器的方式，为不同的移动设备就近关联可用的MEC服务器，有效解决云计算中服务器高网络负载问题，同时降低端到端时延，有效提升服务质量。

在实际场景中，移动边缘计算（MEC）以其靠近用户侧的布署方式和较高的算力，可以实现上传数据就近处理、就近储存、数据快速下传，避免信息在互联网中的多次转发，不仅降低了服务的时间成本，也提升了服务的安全性。在这样的优势下，一方面很多较依赖算力的工作也能够通过MEC技术在移动设备上实现，如虚拟现实（Virtual Reality，VR）、增强现实（Augmented Realit，AR）等技术，通过MEC技术降低终端设备的计算负载，能使提供这类服务的终端设备的轻量化成为可能。另一方面，MEC技术同样能够为特定产业赋能，如工业互联网、智慧农业、智慧交通等。这类特定行业往往需要一定的算力，通过云计算的方式又无法保证数据的安全，因此MEC通过小范围覆盖的方式，解决特定行业中的实时计算、设备协同、超低时延等需求，同时也避免了不必要的数据传输，保证了安全性。总的来说，移动边缘计算（MEC）通过提供低时延、高效服务，适用于多样化的应用场景，将为未来的智能化、互联化社会提供强有力的支持。

1.2.2 发展历史

移动边缘计算的历史不长，最早可追溯到2012年，当时欧洲电信标准化协会（ETSI）成立了一个专门制定移动边缘计算的标准和体系结构的工作组，并在2014年发布了首个移动边缘计算的白皮书，定义了MEC的架构和关键概念，确定了MEC发展的理论基础。在这之后，各大电信运营商、设备制造商和互联网公司纷纷开始投入研发和合作，推动MEC的商业化和应用；与此同时，随着第五代移动通信技术（5G）相关标准的成熟，MEC也成为支持5G网络关键性能指标的一项重要技术。于是，从2018年开始，MEC的商业化产品陆续上线，如华为MEC、微软Azure Edge Zones、IBM Edge Application Manager等，为智能制造、医疗保健、零售等领域提供移动边缘计算解决方案，并融合云服务共同提供云服务和边缘计算解决方案。同时，国内运营商得益于网络和数据中心优势，也在不断进行MEC的落地试点。目前，我国的三大运营均有依托5G的MEC产业生态。可以预见，在人工智能技术快速发展的今天，移动边缘计算也能够依托更高效的算法更好地满足各类场景的实际需求。

1.2.3 应用场景

结合目前各种商业实践与科学研究，MEC可广泛应用于各类场景。在工业农业领域，

MEC 可支撑区域内搭建设备物联网（Internet of Things, IoT）。在这样的网络中，工业设备或农用、灌溉设备的运行往往依赖于传感器对所需参数的探测，因此通过一个或多个边缘基站收集覆盖范围内放置的传感器读取的环境信息，实现数据的实时分析或辅助控制区域内的智能化机械设备，以实现工业、农业智能化。

而随着智能电动汽车的快速发展，智能化成为了新的发展趋势，导航、自动驾驶、影音娱乐等功能依托车辆的通信能力和车载算力，因此在 MEC 辅助的车联网（见图 1-2）中，边缘基站既能获取覆盖范围内车辆信息，通过网络辅助车辆驾驶降低交通事故发生的概率，又能为车辆提供车载应用所需的算力，更能分享其他基站的路况信息以优化导航提高其准确度。

对个人移动终端而言，目前仍然无法做到 VR 或 AR 设备的小型化，同时有限的电池容量与算力不足仍是目前终端服务存在的问题。因此，通过布署用于计算有高算力需求应用的边缘基站，既降低了设备联网延迟，又减少了这类设备对高算力芯片的需求以提高设备续航并减小设备体积。

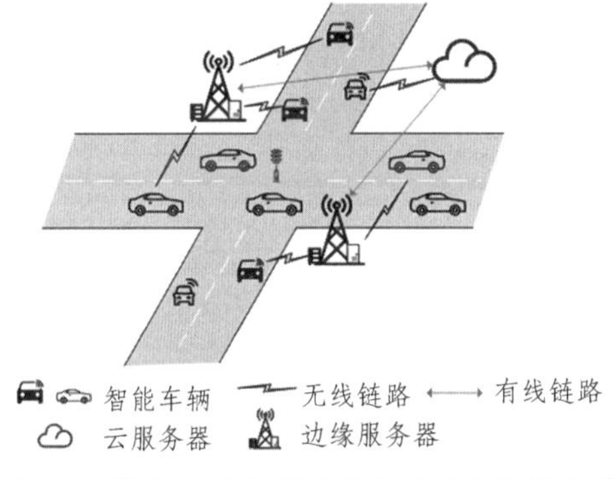

图 1-2　基于智能车联网的移动边缘计算网络

虽然 MEC 应用前景广泛，并在产业升级的大背景之下，适合各行各业的智能化改造，但是需要认识到的是，MEC 在将技术推进至落地时不单单依靠技术，而是一套系统工程。需要了解对应行业的需求如安全、高存储、高算力、智能化等，并提供一套行之有效的实现方案。同时也要结合当下计算机科学的发展现状，深入融合人工智能技术与 5G，进一步扩展与挖掘 MEC 的适用场景。

1.2.4　移动边缘计算研究现状

虽然 MEC 的相关理论目前已有相关的标准，但在其应用上存在很多障碍，如在软硬件限制下 MEC 服务器有限的算力和存储空间、有限的无线信道资源、布署成本等。这类问题需要 MEC 有一定的智能化技术，能够在知悉用户需求、服务器算力、网络开销等条件下，合理调配资源，实现提升用户体验、降低整体网络运行成本的目标。如何通过算法实现这类目标也是移动边缘计算中的一项研究热点。

为处理计算迁移优化问题，利用凸优化理论、博弈论及深度强化学习算法等优化方法被广为推崇。然而，这些方法对优化问题形式要求较高，往往适用于小规模非复杂问题。但

MEC 网络，特别是超密集网络，优化问题具备非线性、混合整数及大规模优化等特征。鉴于此，元启发式算法已被广泛研究，且已形成完备理论体系。元启发式算法对不同的优化问题具有极强的适用性，在解决 MEC 场景中的优化问题时表现突出。

1.3 本书的主要内容

综上所述，本章通过两部分别介绍了元启发式算法和移动边缘计算，以及元启发式算法的发展与研究情况和移动边缘计算的背景、发展与研究现状。可以发现，元启发式算法能够较好地解决各类 MEC 场景中的优化问题，有较好的研究前景，本书接下来的章节将具体介绍利用 MATLAB 软件实现各类元启发式算法，以解决 MEC 相关优化问题的应用。

2 遗传算法

2.1 遗传算法概述

2.1.1 发展状况

遗传算法是仿照生物进化的过程，特别是遗传、交叉和自然选择的机制，搜索最优解的一种经典优化算法。约翰·霍兰德（John Holland）教授于20世纪70年代首次提出这种算法，它在20世纪90年代进入兴盛发展时期，逐渐成为研究和应用领域的热课题。

遗传算法在应用性研究方面尤为活跃，且适用范围不断扩大。同时，一些新的理论研究和创新方法也在迅速发展，为遗传算法注入新的动力。实际运用方面，遗传算法已经从最初的组合优化扩大到许多更先进、更具工业化的领域。

随着遗传算法应用领域的扩大，研究方向也出现了几个值得关注的方面。首先是基于遗传算法的机器学习，将遗传算法从过去的分布式搜索空间优化方法，拓展至一种具有独特规律产出功能的全新机器学习方法。这种新的学习方法为解决人工智能中的知识获取和优化精炼的瓶颈难题带来了希望。其次，遗传算法正逐渐与神经网络、混沌理论等其他智能方法相互有机结合，这对21世纪新计算技术的创新具有重要意义。

2.1.2 应用场景

遗传算法作为一种模拟自然选择和遗传机制的优化搜索算法，近年来在解决复杂问题中展现出了巨大的潜力。20世纪80年代后，遗传算法进入兴盛发展时期，被广泛应用在计算科学、化学、生物信息学、工程学、数学、物理、生物仿真学和其他领域之中。

函数优化是遗传算法的典型应用之一，也是性能评估的经典案例。测试函数的形式多种多样，涵盖了连续和离散、凸凹、低维和高维、单峰和多峰等多个方面。在处理非线性、多模型和多目标的函数优化问题时，遗传算法相对于其他方法更为高效，能够轻松取得良好结果。

随着问题规模的增加，组合优化问题的搜索空间急剧扩大，有时候枚举法难以找到最优解。针对这类复杂问题，人们认识到应专注于寻找最优解，而遗传算法被证明是完成这一任务的有力工具。在实际应用中，遗传算法在解决组合优化中的NP问题方面表现出色，成功应用于资源分配、机器学习模型优化、背包和装箱问题，以及图像处理等领域。

正如所提到的资源分配，如何合理分配有限的资源是一个重要问题。例如，如何在多个项目之间分配预算，或者如何在多个客户之间分配服务人员，有限的基站资源如何规划等的具体应用。遗传算法可以用于解决这个问题，通过模拟自然选择的过程，找到最优的资源分配方案。

而以上案例只是遗传算法应用的冰山一角，实际上，遗传算法可以应用于任何可通过编码为染色体的问题，包括工程优化、金融投资、交通规划等。随着遗传算法的不断发展和完善，它将在未来的多个领域发挥更大的作用。

2.2 遗传算法的基本进化机制

2.2.1 算法原理

遗传算法是依据仿生学原理的优化算法，模拟了“物竞天择、适者生存”的演化法则，通过编码候选解为染色体，并经过选择、交叉和变异等操作，生成新一代解。这种反复迭代的过程倾向于保留适应性强的解，逐渐演化出更优解。将问题建模为一个种群遗传进化的过程。这个种群由基因编码的个体组成。算法的第一步是实现从表现型到基因型的映射，即编码。初始种群生成后，根据适者生存和优胜劣汰的原理，逐代演化产生更好的近似解。每一代，根据个体的适应度选择个体，并利用遗传算子进行组合交叉和变异，生成新的解集，模拟了自然遗传学的原理。通过不断地选择、交叉和变异操作，遗传算法模拟了进化过程中的遗传和适应性，逐步优化种群中的染色体，朝着更优解的方向演化。这个过程使种群中的个体不断进化，从而找到问题的最优解。其过程类似于种群向自然界的物种进化，子代种群比父代种群更加适应于环境，最后一次迭代种群中的最优个体经过解码操作，可以作为问题的近似最优解。由于遗传算法能够在大规模、复杂的搜索空间中进行全局搜索，因此被广泛应用于求解优化问题。

2.2.2 基本操作

遗传算法是一种模拟生物界中生物进化过程的进化算法，因此涉及许多生物学和遗传学概念。以下简单介绍相关术语，及其在遗传算法中对应的数学概念。

染色体（chromosome）：生物体中包含遗传信息的结构。在遗传算法中，染色体是一个编码问题解决方案的编码序列。

编码（coding）：将染色体上的基因型信息表示为计算机可处理的格式，从表现型到基因型的映射过程。

解码（decoding）：将基因型信息解析为表现型信息的过程，即基因型到表现型的映射过程。

种群：个体的集合，指算法搜索空间内所有可能解的集合。

个体：染色体带有特定特征的实体，通常用于代表搜索空间内的一个解。

适应度：评价某个个体对于问题的解决程度或者对于生存环境的适应程度的度量，即评价指标函数。

标准的遗传算法有 3 个基本操作步骤，分别是选择（selection）、交叉（crossover）和变异（mutation）。

1. 选　择

选择的目的是从当前种群中选出高适应度值个体，使它们在一定的概率下作为父代生成子代。根据适应度值的优劣，选择一些个体作为父代，通常高适应度值个体被选中的概率较大，这模拟了自然界中适者生存的原则。一般常用的做法是挑选出适应度值较好的个体，然后进行下一步操作，但是这种做法往往会导致后期种群的多样性大大减少，进而使得迭代出的解陷入局部最优。

赌轮盘选择法（Roulette Wheel Selection，RWS）是一种用于选择个体进入下一代的遗传算法中的选择操作。它的工作原理类似于在赌场的轮盘上选择一个数值来下注。

此算法的步骤如下：

（1）计算每个个体的适应度值，通常是将个体的目标函数值转化为适应度值，目标函数值越小，个体越好。

（2）计算所有个体的适应度值之和，作为轮盘的总值。

（3）为每个个体分配一个在轮盘上对应的区域，区域的大小与个体的适应度值成正比。这可以通过将每个个体的适应度值除以总适应度值来实现。

（4）生成一个随机数，然后根据这个随机数在轮盘上选择一个区域。通常，随机数是均匀分布的。

（5）选中的区域对应的个体被选中作为下一代的父代。

假设有 5 个个体，每个个体都被下一次迭代选中的概率分别是 45%、15%、21%、7%、12%，如图 2-1 所示，进行选择操作时，会根据适应度值的优劣选择个体，通常适应度函数值表现优秀的个体，被选择进下一次迭代的概率会更大。

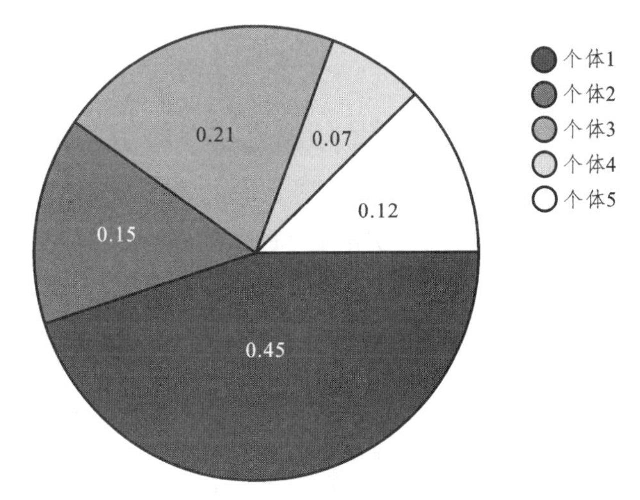

图 2-1　赌轮盘选择示意

虽然赌轮盘算法的优点是能够根据个体的适应度值来进行选择，适应度值越优秀的个体被选进下一次迭代的概率越大，从而有助于保留优秀的个体。然而，它也有一些缺点，如容易受到适应度值分布不均匀的影响，以及可能导致早熟收敛的问题。

2. 交　叉

交叉指通过父代的交叉操作可以得到子代个体，新个体融合了父代个体的基因。将选中的父代个体在交叉概率的影响下，以某种交叉方式交换它们之间的部分染色体产生新的个体。这一步模拟了生物学中的交叉和遗传。

顾名思义，交叉一定是两个个体进行交叉，而不是单独的一个个体。以图 2-2 为例，当 N 个个体都需要进行交叉操作时，因为待交叉个体需要成对出现，所以按顺序分组，分别进行交叉操作。

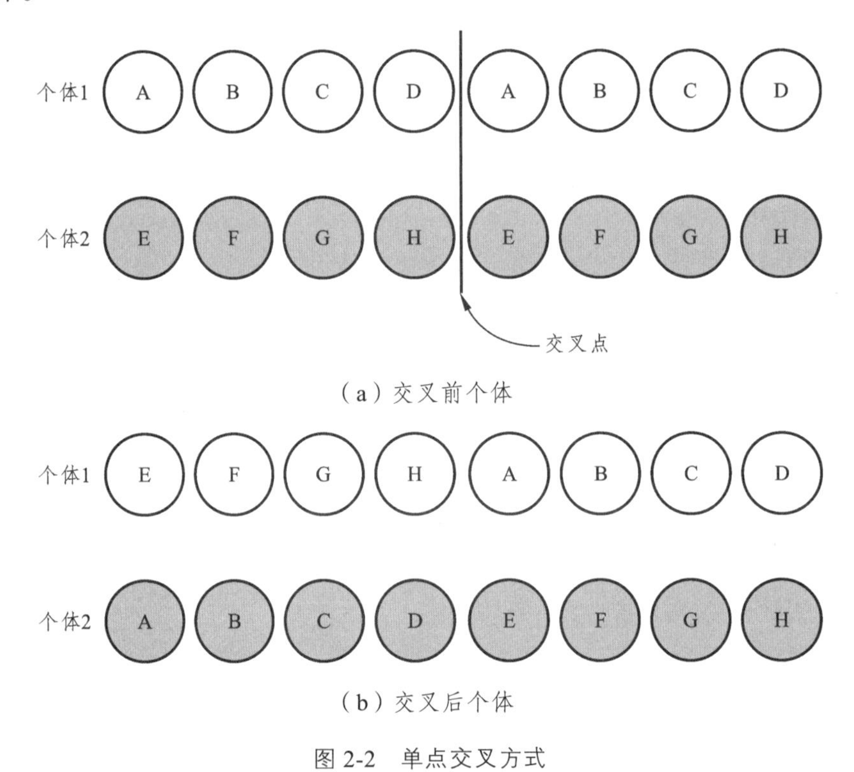

图 2-2　单点交叉方式

3. 变　异

变异指种群中的每一个个体，在变异概率的作用下改变某一个或者多个基因序列上的基因值。同生物界中物种一样，变异发生的概率很低，但是变异为新个体的产生提供了可能性，有助于增加种群中的个体多样性。

遗传算法中的变异操作是通过改变个体的某些基因或特征来引入多样性，从而有助于搜索空间的广泛探索，防止算法陷入局部最优解。变异操作示意如图 2-3 所示。

变异操作的关键是选择合适的变异概率和变异方法，以确保在搜索过程中引入足够的多样性，但又不过度破坏个体的良好特性。通常，变异概率是一个需要根据问题性质和算法效果进行调整的参数。

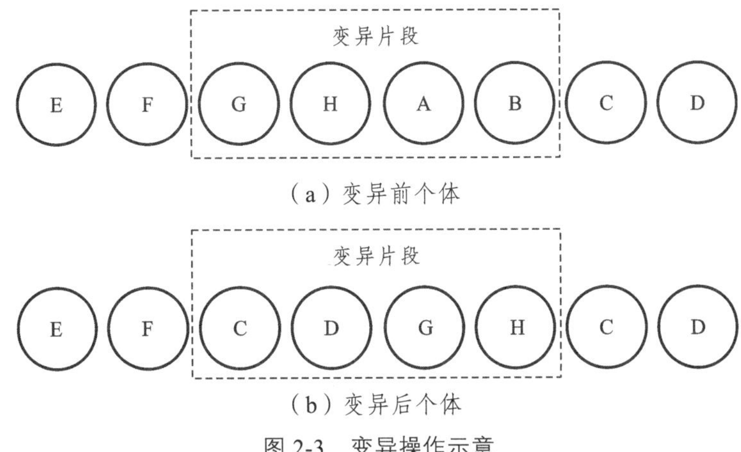

图 2-3 变异操作示意

2.3 遗传算法的基本工作流程

遗传算法的实现过程可以分为初始化、适应度值评估、选择、交叉、变异等步骤。由此可得，遗传算法的一般步骤如下：

（1）随机产生初始化种群，并计算种群个体适应度值。

（2）根据适应度函数来判断个体的适应度值大小是否符合优化的标准或达到算法最大迭代次数，若符合，则输出最优个体及其最优解，结束。否则，继续进行下一步。

（3）根据赌轮盘算法选择父代个体。

（4）父代的染色体根据一定的交叉方法进行交叉，生成子代个体。

（5）对子代染色体进行变异操作。

（6）交叉操作和变异操作产生子代种群，返回步骤（2），直至产生最优解。

其基本流程如图 2-4 所示。

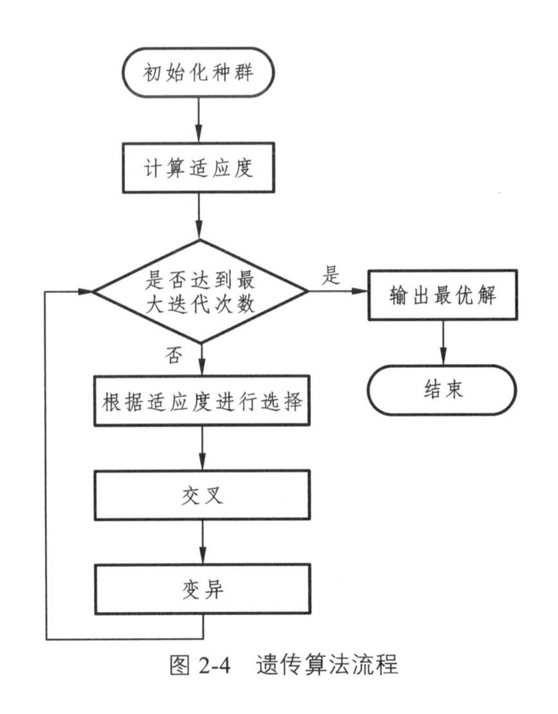

图 2-4 遗传算法流程

2.4 遗传算法理论分析

对于遗传算法，收敛性是指算法所生成的迭代种群逐渐趋于某一稳定状态，或其适应度值的平均值迭代收敛于解的最优值过程，是有效判断当前解是否达到最优解的恰当准则。

目前学术界主流的观点是标准遗传算法并不能保证全局最优收敛，但是在一定的条件约束下，遗传算法可以实现全局最优收敛。标准的遗传算法可以被描述为一个马尔科夫链：状态空间 $\mathcal{S}=\mathrm{IB}^n=\mathrm{IB}^l\cdot n$，其中，$\mathrm{IB}^l=\{0,1\}^l$ 表示 l 维状态空间，n 表示种群的大小，l 表示串个体的长度。状态空间的每个元素都可以被认为是一个二进制表示的整数。映射 $\pi_k(i)$ 为提取状态 i 的二进制表示中的第 k 个个体长度为 l 的段，用于区分个体和群体。

群体中各基因（个体中的一位）由于遗传算子引起的概率变化由变换矩阵 $\boldsymbol{P}$ 描述，而 $\boldsymbol{P}$ 又可以很自然地分解为随机矩阵 $\boldsymbol{C}$，$\boldsymbol{M}$，$\boldsymbol{S}$ 的乘积，即有 $\boldsymbol{P}=\boldsymbol{CMS}$。其中 $\boldsymbol{C}$ 描述交叉算子引起的变化，$\boldsymbol{M}$ 描述变异算子的作用，$\boldsymbol{S}$ 则描述选择算子引起的变化。

定理 1 如果变异概率为 $P_{\mathrm{m}}\in(0,1)$，交叉概率为 $P_{\mathrm{c}}\in[0,1]$，同时采用比例选择法（按个体适应度占群体适应度的比例进行复制），则标准遗传算法的变换矩阵 $\boldsymbol{P}$ 是基本的。

证明 交叉算子可以被认为是在状态空间 $\mathcal{S}$ 中的一个随机满射函数，即 $\mathcal{S}$ 的每个状态都随机地映射到另一状态。因此，$\boldsymbol{C}$ 是随机矩阵。同理，$\boldsymbol{M}$，$\boldsymbol{S}$ 也都是随机矩阵。因为变异算子独立地施加到群体中的每个基因（位），因此在变异算子作用下，从状态 i 变成状态 j 的概率总计为

$$M_{ij}=P_{\mathrm{m}}^{H_{ij}}(1-P_{\mathrm{m}})^{N-H_{ij}}>0 \tag{2-1}$$

其中，N 表示群体内的个体数，H_{ij} 表示状态 i 和状态 j 的汉明距离。因此 $\boldsymbol{M}$ 是正定的。

选择算子不改变变异算子产生状态的概率，其下界为

$$S_{ii}\geqslant\prod_{k=1}^{n}f(\pi_k(i))\Bigg/\left(\sum_{k=1}^{N}f(\pi_k(i))\right)^n>0 \tag{2-2}$$

因此 $\boldsymbol{S}$ 是列可容的，则 $\boldsymbol{P}=\boldsymbol{CMS}$ 是正定的，而每个正定矩阵都是基本的。证毕。

定理 2 标准遗传算法（参数如定理 1）不能收敛至全局最佳值。

证明 设 i 是状态空间的一个状态，其中 $\max\{f(\pi_k(i))|\ k=1,\cdots,n\}<f^*$，$P_i^t$ 是时间步 t 遗传算法进入状态 i 的概率。显然，

$$P(Z_t\neq f^*)\geqslant P_i^t\Leftrightarrow P(Z_t=f^*)\leqslant 1-P_i^t \tag{2-3}$$

由定理 2，遗传算法在状态 i 的概率收敛至 $P_i^\infty>0$，则有

$$\lim_{t\to\infty}P(Z_t=f^*)\leqslant 1-P_i^\infty<1 \tag{2-4}$$

因此，标准遗传算法是不收敛的。证毕。

由定理 2 可知，具有变异概率 $P_{\mathrm{m}}\in(0,1)$，交叉概率 $P_{\mathrm{c}}\in[0,1]$ 以及按比例选择的标准遗传算法是不能收敛至全局最佳值。然而，有趣的是，只要对标准遗传算法作一些改进，就能够保证其收敛性。下面讨论这个问题。

对标准遗传算法作一定改进，即不按比例进行选择，而是保留当前所得的最佳值（称作超个体）。对马尔科夫链的描述也作一定的扩展，即该超个体不参与遗传作用。状态空间 $\mathcal{S}$ 的基从 2^{nl} 扩展至 $2^{(n+1)l}$。为了描述方便，将该超个体置于最左的位置，并能用 $\pi_0(i)$ 从状态 i 的群体进行访问。假设那些包含相同超个体状态的变换概率在变换矩阵呈阶梯排列，并且超个体的适应度越高，其相应状态的位置也越高。

选择操作由“改良”（upgrade）矩阵 $\boldsymbol{U}$ 表示，其作用是将一个包含优于当前超个体的中

间状态变换至超个体等于该个体的状态。特别地，设

$$b = \arg\max\left\{f(\pi_k(i)| \ k=1,\cdots,n\right\} \in \mathrm{IB}^l \tag{2-5}$$

表示除超个体外，任意状态之中的最佳个体。如果

$$f\left(\pi_0(i)\right) < f(b), \boldsymbol{U}_{ij} = 1 \tag{2-6}$$

其中

$$j^{\mathrm{def}}(b, \pi_1(i), \cdots, \pi_2(i), \pi_n(i)) \in \mathcal{S} \tag{2-7}$$

否则 $\boldsymbol{U}_{ii}=1$。这样，每一行中恰好只有一个元素。但对于列该结论并不成立，因为对于 $\mathcal{S}$ 中每个状态 j，

$$f(\pi_0(j)) < \max\left\{f(\pi_k(j)| \ k=1,\cdots,n\right\} \tag{2-8}$$

使得 $\boldsymbol{U}_{ij}=0$。换句话说，状态要么被改进，要么保持不变。

为了简单起见，假设只有一个全局最优解，则只有 $\boldsymbol{U}_{11}$ 为单位矩阵，而其他所有 $\boldsymbol{U}_{aa}(a\geqslant 2)$ 是单位矩阵且具有对角零值。$\boldsymbol{P}=\boldsymbol{CMS}$，则有定理 3 成立。

定理 3 具有定理 2 所示参数，且在选择后保留当前最优值的遗传算法最终能收敛到全局最佳值。

证明 子矩阵 $\boldsymbol{PU}_{11}=\boldsymbol{P}>0$ 中集中包含全局最佳个体的状态（称为全局最优状态）的变换概率。因为 $\boldsymbol{P}$ 是一个基本随机矩阵且 $\boldsymbol{R}\neq 0$，除此之外，所有包含在非全局最优状态中的概率收敛于 0。则所有包含在全局最优状态中的概率收敛于 1，因此有

$$\lim_{t\to\infty} P(Z_t = f^*) = 1 \tag{2-9}$$

即算法收敛于全局最优解。证毕。

2.5 基本遗传算法的 MEC 应用案例

2.5.1 问题简介

移动边缘计算（Mobile Edge Computing，MEC）作为一种新兴的计算模型，旨在将计算和存储资源放置在接近终端设备的边缘位置，以减少网络延迟、提高服务质量和减少数据传输量。而计算卸载作为一种关键策略，在移动边缘计算中起到重要作用。计算卸载是指将计算任务从本地设备卸载到云端或边缘计算资源，以达到降低本地计算负载或节省能量等目的。除此之外，卸载成本的优化包括考虑各种因素，如网络延迟、计算资源的可用性、电力成本等，以选择最佳的计算卸载策略。

元启发式算法已应用于多任务、多设备和多小区超密集物联网（Internet of Things，IoT），如图 2-5 所示。在这样的网络中，超密集的小基站（Small Base Stations，SBS）被布署到每个宏蜂窝中，并且任何基站（Base Stations，BS）都配备了一个 MEC 服务器。一般来说，

在任何宏蜂窝中，SBS 的数量大于或等于物联网移动设备（IoT Mobile Devices，IMD）的数量。不失一般性，考虑 MEC 超密集网络中的一个宏基站（Macro Base Stations，MBS）和 $\bar{S}$ 个 SBS，其中 SBS 的集合表示为 $\bar{\mathcal{S}}=\{1,2,\cdots,\bar{S}\}$；MBS 的指数由 0 给出；$\mathcal{S}\equiv\bar{\mathcal{S}}\cup\{0\}$ 表示所有 BS 的集合；U 个 IMD 属于集合 $\mathcal{U}=\{1,2,\cdots,U\}$。此外，假设所有的 SBS 都通过有线链路连接到 MBS，并且任何 IMD 都具有计算密集性和延迟敏感性。

如图 2-5 所示，针对通信中的干扰，通过引入一种有效的干扰管理机制来消除网络干扰。具体地，将整个频带 F 切割成 F_1 和 F_2 两部分，分别用于 MBS 和 SBS。然后，将频带 F_2 切割成子带 $\{F_{21},F_{22},\cdots,F_{2\bar{S}}\}$，这些子带具有相等的带宽，并分别分配给 SBS；每个 SBS 的频带被平均分配给与其相关联的 IMD。值得注意的是，频带 F、F_1 和 F_2 的宽度分别为 $\mathcal{W}$ 、$\lambda\mathcal{W}$ 和 $(1-\lambda)\mathcal{W}$，其中，$\lambda(0\leqslant\lambda\leqslant1)$ 是频带划分因子。通过这种方式，可以消除层间干扰，消除层内干扰，消除小区内干扰。

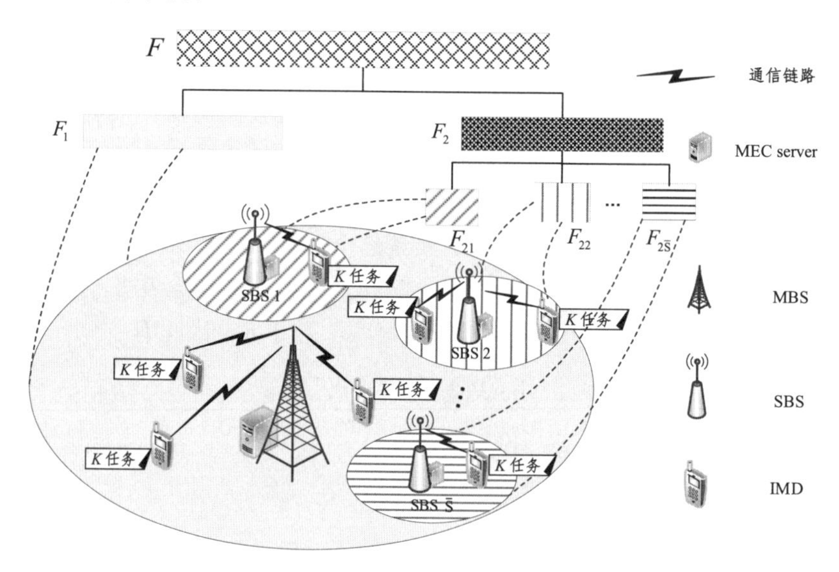

图 2-5　超密集物联网网络具有多任务、多设备和多服务器的 MEC 实现

一般来说，计算卸载包括 3 个阶段。首先，IMD 的计算任务通过无线信道上传到 BS 上；然后，BS 执行计算任务；最后，BS 反馈计算结果给 IMD。考虑到计算结果的数据量相对较小，在计算卸载过程中，其反馈时间常被忽略。

若 IMD_i 与 SBS_j 相关，则 IMD_i 到 SBS_j 的上行链路信干噪比（Signal-to-Interference-plus-Noise Ratio，SINR）为

$$\gamma_{ij}=\frac{p_i h_{ij}}{\sigma^2},\forall j\in\bar{\mathcal{S}} \tag{2-10}$$

式中，p_i 表示 IMD_i 的传输功率；h_{ij} 表示 IMD_i 和 SBS_j 之间的信道增益；σ^2 为噪声功率。

在上述干扰管理机制下，从 IMD_i 到 SBS_j 的上行数据速率 R_{ij} 为

$$R_{ij}=\frac{(1-\lambda)\mathcal{W}}{\bar{S}\sum\limits_{m\in\mathcal{U}}x_{mj}}\log_2(1+\gamma_{ij}) \tag{2-11}$$

其中，$\sum_{m\in\mathcal{U}} x_{mj}$ 表示与 SBS$_j$ 相关联的 IMD 的个数；$(1-\lambda)\mathcal{W}\Big/\left(\bar{S}\sum_{m\in\mathcal{U}} x_{mj}\right)$ 表示与 SBS$_j$ 相关的任意 IMD 的带宽；$x_{i,j}$ 表示 IMD$_i$ 和 SBS$_j$ 之间的关联指数；如果 IMD$_i$ 与 SBS$_j$ 相关联，则 $x_{i,j}=1$，否则 $x_{i,j}=0$。

若 IMD$_i$ 与 MBS 相关，则 IMD$_i$ 到 MBS 的上行链路信干噪比为

$$\gamma_{i0}=\frac{p_i h_{i0}}{\sigma^2} \tag{2-12}$$

其中，h_{i0} 表示 IMD$_i$ 和 MBS 之间的信道增益。

类似地，IMD$_i$ 到 MBS 的上行数据速率 R_{i0} 为

$$R_{i0}=\frac{\lambda\mathcal{W}}{\sum_{m\in\mathcal{U}} x_{m0}}\log_2(1+\gamma_{i0}) \tag{2-13}$$

其中，$\sum_{m\in\mathcal{U}} x_{m0}$ 表示与 MBS 相关联的 IMD 数量；$\lambda\mathcal{W}\Big/\left(\sum_{m\in\mathcal{U}} x_{m0}\right)$ 表示与 MBS 相关的任意 IMD 的带宽。

假设任何 IMD$_i$ 都有一个由 K 个任务组成的应用。此外，该应用中的第 k 个任务可以表示为 $\mathcal{D}_{ik}\triangleq(d_{ik},c_{ik})$，其中 d_{ik} 表示 IMD$_i$ 的第 k 个计算任务的数据大小；c_{ik} 是用于计算任务 $\mathcal{D}_{ik}$ 的一位的 CPU 周期数。此外，任何 IMD$_i$ 的执行时间都不能超过其截止时间 $T_i^{\max}$。

在这个模型中，计算卸载过程可以包括以下两个步骤。第一步，将 IMD$_i$ 的第 k 个任务的部分卸载到 SBS$_j$ 进行处理。第二步，将第 k 个任务卸载到 SBS$_j$ 的部分卸载到 MBS 进行处理。具体来说，当 IMD$_i$ 与 SBS$_j$ 相关联时，$\bar{d}_{ijk}$ 卸载到该 BS 进行处理，并在本地计算 $d_{ik}-\bar{d}_{ijk}$。然后，将 $\hat{d}_{ijk}$ 卸载到 MBS 进行处理，剩余的 $\bar{d}_{ijk}-\hat{d}_{ijk}$ 在 SBS$_j$ 处进行处理。当然，可以将 IMD$_i$ 与 MBS 相关联。此时，$\bar{d}_{i0k}$ 被卸载到 MBS 进行处理，并在本地计算 $d_{ik}-\bar{d}_{i0k}$。

接下来，在不同的场景下讨论计算卸载的时间和能耗。

1）本地计算

当 IMD$_i$ 与 BS$_j$ 关联时，本地处理的第 k 个任务量为 $d_{ik}-\bar{d}_{ijk}$，用于处理 IMD$_i$ 与 BS$_j$ 关联的第 k 个任务的本地执行时间 T_{ijk}^{loc} 为

$$T_{ijk}^{\text{loc}}=\frac{(d_{ik}-\bar{d}_{ijk})c_{ik}}{f_{ik}} \tag{2-14}$$

式中，f_{ik} 表示 IMD$_i$ 分配给第 k 个任务的计算能力。

为便于算法设计，根据所有任务的 CPU 占用率，将 IMD$_i$ 的计算能力分配给第 k 个任务。具体来说，IMD$_i$ 分配给第 k 个任务的计算能力 f_{ik} 为

$$f_{ik}=\frac{\sum_{j\in\mathcal{S}} x_{ij}(d_{ik}-\bar{d}_{ijk})c_{ik}}{\sum_{j\in\mathcal{S}}\sum_{l\in\mathcal{K}} x_{ij}(d_{il}-\bar{d}_{ijl})c_{il}}F_i^{\text{UE}} \tag{2-15}$$

其中，F_i^{UE} 表示 IMD_i 的总计算能力。

当 IMD_i 与 BS_j 相关联时，用于执行第 k 个任务剩余量的本地计算能耗 E_{ijk}^{loc} 为

$$E_{ijk}^{\text{loc}} = \overline{\varepsilon}(d_{ik} - \overline{d}_{ijk})c_{ik}f_{ik}^2 \tag{2-16}$$

其中，$\overline{\varepsilon}$ 是取决于芯片结构的有效开关电容。

2）向 SBS 卸载

当 IMD_i 采用两步计算卸载完成其第 k 个任务时，该类型操作所用时间包括 4 部分。具体来说，第一部分是上传任务到 SBS 的上行传输时间，第二部分是任务在 SBS 的执行时间，第三部分是上传任务到 MBS 的上行传输时间，最后一部分是任务在 MBS 的执行时间。因此，在两步计算卸载下，当 IMD_i 与 SBS_j 相关联时，完成第 k 个任务所用的时间 T_{ijk}^{SBS} 为

$$T_{ijk}^{\text{SBS}} = \frac{\overline{d}_{ijk}}{R_{ij}} + \frac{(\overline{d}_{ijk} - \hat{d}_{ijk})c_{ik}}{\overline{f}_{ijk}} + \frac{\hat{d}_{ijk}}{r_0} + \frac{\hat{d}_{ijk}c_{ik}}{\overline{f}_{i0k}} \tag{2-17}$$

式中，r_0 为 SBS 到 MBS 的有线回程速率；$\overline{f}_{ijk}$ 为 SBS_j 分配给 IMD_i 第 k 个任务的计算能力，$\overline{f}_{i0k}$ 为 MBS 分配给 IMD_i 第 k 个任务的计算能力；在式（2-17）的右边，第一项、第二项、第三项和第四项分别是上传任务到 SBS 的上行传输时间、任务在 SBS 的执行时间、上传任务到 MBS 的上行传输时间和任务在 MBS 的执行时间。

当 IMD_i 与 SBS_j 关联时，根据所有任务的 CPU 占用率，将 SBS_j 的计算能力分配给 IMD_i 的第 k 个任务。具体来说，在两步计算卸载下，当 IMD_i 与 SBS_j 关联时，SBS_j 分配给 IMD_i 第 k 个任务的计算能力 $\overline{f}_{ijk}$ 为

$$\overline{f}_{ijk} = \frac{(\overline{d}_{ijk} - \hat{d}_{ijk})c_{ik}}{\sum_{m\in\mathcal{U}} x_{mj} \sum_{l\in\mathcal{K}} (\overline{d}_{mjl} - \hat{d}_{mjl})c_{ml}} F_j^{\text{BS}} \tag{2-18}$$

式中，F_j^{BS} 表示 SBS_j 的总计算能力。

由于 SBS 可以上传任务到 MBS 进行处理，如果 IMD 与这些 SBS 相关联，IMD 也可以直接上传任务到 MBS 进行执行，因此在 MBS 处处理的数据应该包括以下两个部分。当一些 IMD 与 SBS 相关联时，第一部分是指这些相关联的 SBS 上传的数据量，由 $A_1 = \sum_{m\in\mathcal{U}} \sum_{j\in\overline{\mathcal{S}}} x_{mj} \sum_{l\in\mathcal{K}} \hat{d}_{mjl}c_{ml}$ 给出。当部分 IMD 与 MBS 相关联时，第二部分为 IMD 与 MBS 相关联上传的数据量，由 $A_2 = \sum_{m\in\mathcal{U}} x_{m0} \sum_{l\in\mathcal{K}} \overline{d}_{m0l}c_{ml}$ 给出。因此，根据所有任务的 CPU 占用率，MBS 分配给 IMD_i 第 k 个任务的计算能力 $\overline{f}_{i0k}$ 为

$$\overline{f}_{i0k} = \frac{\sum_{j\in\overline{\mathcal{S}}} x_{ij}\hat{d}_{ijk}c_{ik} + x_{i0}\overline{d}_{i0k}c_{ik}}{A_1 + A_2} F_0^{\text{BS}} \tag{2-19}$$

其中，F_0^{BS} 是 MBS 的总计算能力。

当 IMD$_i$ 采用两步计算卸载来完成其第 k 个任务时，用于该类型操作的能耗应该包括以下四个部分。具体来说，第一部分是任务上传到 SBS 上的能耗，第二部分是任务在 SBS 上的执行能耗，第三部分是任务上传到 MBS 上的能耗，最后是任务在 MBS 上的执行能耗。因此，在两步计算卸载下，当 IMD$_i$ 与 SBS$_j$ 关联时，用于执行其第 k 个任务的能耗 E_{ijk}^{SBS} 为

$$E_{ijk}^{\mathrm{SBS}} = \frac{p_i \bar{d}_{ijk}}{R_{ij}} + (\bar{d}_{ijk} - \hat{d}_{ijk}) c_{ik} \hat{\varepsilon}_j + \frac{\tilde{\varepsilon} \hat{d}_{ijk}}{r_0} + \hat{d}_{ijk} c_{ik} \hat{\varepsilon}_0 \tag{2-20}$$

其中，$\hat{\varepsilon}_j$ 和 $\hat{\varepsilon}_0$ 分别表示 SBS 和 MBS 处每个 CPU 周期的能耗；$\tilde{\varepsilon}$ 表示有线线路上每秒的功耗；在式（2-20）等号的右边，第一项、第二项、第三项和第四项分别是上传任务到 SBS 的能耗、任务在 SBS 的执行能耗、上传任务到 MBS 的能耗和任务在 MBS 的执行能耗。

3）卸载到 MBS

当 IMD$_i$ 采用一步计算卸载完成其第 k 个任务时，与 MBS 相关联。此时，T_{i0k}^{MBS} 用于该类型操作的时间为

$$T_{i0k}^{\mathrm{MBS}} = \frac{\bar{d}_{i0k}}{R_{i0}} + \frac{\bar{d}_{i0k} c_{ik}}{\bar{f}_{i0k}} \tag{2-21}$$

式（2-21）中等号右边的第一项是上传任务到 MBS 的上行传输时间，第二项是任务在 MBS 的执行时间。

当 IMD$_i$ 采用一步计算卸载完成其第 k 个任务时，用于该类型操作的能耗 E_{i0k}^{MBS} 为

$$E_{i0k}^{\mathrm{MBS}} = \frac{p_i \bar{d}_{i0k}}{R_{i0}} + \bar{d}_{i0k} c_{ik} \hat{\varepsilon}_0 \tag{2-22}$$

式（2-22）等号右边的第一项是上传任务到 MBS 的能耗，第二项是任务在 MBS 的执行能耗。

为了满足实际执行的需要，假设所有计算任务都是顺序执行的。也就是说，对于任意的 IMD$_i$，只有当它的第一个 k 个任务完成时，它的第 $k-1$ 个任务才能被执行。此外，假设本地执行和计算卸载同时进行。因此，IMD$_i$ 用于完成其计算任务的总时间 T_i^{Sq} 为本地执行和计算卸载时间的最大值，即

$$T_i^{\mathrm{Sq}} = \sum_{k \in \mathcal{K}} \max \left(\sum_{j \in \mathcal{S}} x_{ij} T_{ijk}^{\mathrm{loc}}, \sum_{i \in \mathcal{S}} x_{ij} T_{ijk}^{\mathrm{SBS}} + x_{i0} T_{i0k}^{\mathrm{MBS}} \right) \tag{2-23}$$

IMD$_i$ 用于完成其计算任务的总能耗 E_i^{Sq} 为

$$E_i^{\mathrm{Sq}} = \sum_{k \in \mathcal{K}} \left(\sum_{j \in \mathcal{S}} x_{ij} E_{ijk}^{\mathrm{loc}} + \sum_{j \in \mathcal{S}} x_{ij} E_{ijk}^{\mathrm{SBS}} + x_{i0} E_{i0k}^{\mathrm{MBS}} \right) \tag{2-24}$$

为了降低全网能耗，延长移动终端设备（IMD）和 SBS 的待机时间，针对超密集多设备多任务物联网，联合执行设备关联、计算卸载和资源分配，以最小化 IMD 时延约束下的

全网能耗。值得注意的是，在问题形成之前使用了比例计算资源分配。具体来说，优化问题被表述为

$$
\begin{aligned}
&\min_{\boldsymbol{X},\boldsymbol{p},\overline{\boldsymbol{D}},\boldsymbol{D},\lambda} E(\boldsymbol{X},\boldsymbol{p},\overline{\boldsymbol{D}},\boldsymbol{D},\lambda)=\sum_{i\in\mathcal{U}} E_i^{\mathrm{Sq}} \\
&\text{s.t. } \mathrm{C}_1: T_i^{\mathrm{Sq}} \leqslant T_i^{\max}, \forall i\in\mathcal{U}, \\
&\mathrm{C}_2: \sum_{j\in\mathcal{S}} x_{ij}=1, \forall i\in\mathcal{U}, \\
&\mathrm{C}_3: \theta \leqslant p_i \leqslant p_i^{\max}, \forall i\in\mathcal{U}, \\
&\mathrm{C}_4: x_{ij}\in\{0,1\}, \forall i\in\mathcal{U}, j\in\mathcal{S}, \\
&\mathrm{C}_5: \theta \leqslant \sum_{j\in\overline{\mathcal{S}}} x_{ij}\hat{d}_{ijk} \leqslant \sum_{j\in\overline{\mathcal{S}}} x_{ij}\overline{d}_{ijk} \leqslant d_{ik}, \forall i\in\mathcal{U}, k\in\mathcal{K}, \\
&\mathrm{C}_6: \theta \leqslant x_{i0}\overline{d}_{i0k} \leqslant d_{ik}, \forall i\in\mathcal{U}, k\in\mathcal{K}, \\
&\mathrm{C}_7: \theta \leqslant \lambda \leqslant 1
\end{aligned} \tag{2-25}
$$

其中，$\boldsymbol{X}=\{x_{ij},\forall i\in\mathcal{U},\forall j\in\mathcal{S}\}$；$\boldsymbol{p}=\{p_i,\forall i\in\mathcal{U}\}$；$\overline{\boldsymbol{D}}=\{\overline{d}_{ijk},\forall i\in\mathcal{U},\forall j\in\mathcal{S},\forall k\in\mathcal{K}\}$ 和 $\boldsymbol{D}=\{\hat{d}_{ijk},\forall i\in\mathcal{U},\forall j\in\mathcal{S},\forall k\in\mathcal{K}\}$；$\theta$取一个足够小的值以避免除零，如$10^{-20}$；$\mathrm{C}_1$ 表示 IMD_i 的任务执行时间不能大于截止时间 $T_i^{\max}$；C_2 和 C_4 表明，任何 IMD 只能与一个 BS 相关联；C_3 给出了 IMD_i 传输功率的下界θ和上界 $p_i^{\max}$；C_7 给出了频带划分因子的下界θ和上界1。此外，如 C_5 所示，当 IMD_i 与 SBS_j 关联时，该 IMD 可以将第k个任务的 $\overline{d}_{ijk}$ 比特卸载到 SBS_j，然后 SBS_j 可以将接收到的部分第k个任务的 $\hat{d}_{ijk}$ 比特卸载到 MBS。显然，$\overline{d}_{ijk}$ 和 $\hat{d}_{ijk}$ 应该大于或等于θ，但小于或等于 IMD_i 的第k个任务的数据大小 d_{ik}。同时，$\hat{d}_{ijk}$ 应小于或等于 $\overline{d}_{ijk}$。正如 C_6 所揭示的那样，当 IMD_i 与 MBS 相关联时，该 IMD 可以将第k个任务的 $\overline{d}_{i0k}$ 比特卸载到 MBS。显然，$\overline{d}_{i0k}$ 应大于或等于θ，但小于或等于 IMD_i 的第k个任务的数据大小 d_{ik}。

不难发现，所构造的问题（2-25）是一个非线性的混合整数形式，并且优化的参数也是高度耦合的。这意味着这样的问题是一个非凸的形式。在超密集物联网网络中，问题（2-25）往往是一个大规模的混合整数非线性规划问题。在这个时候，一个穷尽搜索方法用于测试所有可能的解决方案显然是不切实际和不可行的。

2.5.2 适应度函数

适应度函数是遗传算法、粒子群算法等优化算法中的一个关键部分。它的主要作用是评估染色体（个体）的性能或适应度，以便在进化算法的过程中进行选择、交叉和变异等操作。适应度函数的设计直接影响着算法的性能和搜索效率。此模型的适应度函数作用是在优化问题中对每个个体（解决方案）进行评估，以确定其相对质量。在这个当中，适应度函数主要用于优化问题，其中考虑以下几个方面：

（1）任务传输能耗：通过权衡数据传输的功耗，包括传输功率、计算能耗以及固定功耗。

（2）计算能耗：考虑通过边缘服务器进行计算任务的能耗，其中计算资源由基站提供。

（3）时延满足度：引入时延约束，通过对时延满足度的考虑，对超过时延约束的解进行惩罚。

具体步骤如下：

```
function fitness = calculateIndividualFitness(assocUserNum,assocBSID,c,d,tbd,thd,FUE,
FBS,r0,alpha,lambda,eta,Rho,epsilon,noise,maxt,bandwidth,userNum,picoNum,BSNum,
taskNum,channel,uplinkPower)
    % 计算适应度
    %输入 assocUserNum：每个基站关联的用户数量
    %输入 assocBSID：每个用户关联的索引号
    %输入 c：计算 1 比特计算任务数据所需的 CPU 周期数
    %输入 d：用户计算任务数据大小
    %输入 tbd：用户卸载到微基站和宏基站计算任务数据大小
    %输入 thd：用户卸载到宏基站的计算任务数据大小
    %输入 FUE：用户的计算能力
    %输入 FBS：基站的计算能力
    %输入 r0：微基站至宏基站的有线链路传输速率
    %输入 alpha：用户截止时延的惩罚因子
    %输入 lambda：系统频带划分因子
    %输入 eta：有线链路卸载功率
    %输入 Rho：用户设备的芯片架构能量系数
    %输入 epsilon：基站每个 CPU 周期的能耗
    %输入 noise：噪声功率
    %输入 maxt：用户截止时延
    %输入 userNum：用户数量
    %输入 picoNum：微基站的数量
    %输入 BSNum：微基站和宏基站的数量
    %输入 taskNum：每个用户的任务数量
    %输入 channel：用户和基站的信道增益
    %输入 uplinkPower：用户发射功率

    %输出 fitness：适应度函数值


    lb=length(tbd);
    bd=zeros(BSNum,userNum,taskNum);
    hd=zeros(BSNum,userNum,taskNum);
    for i=1:lb    % 将序号转换成矩阵下标指示
        [I2,I3]=ind2sub([userNum taskNum],i);
        I1=assocBSID(I2);
```

```
        bd(I1,I2,I3)=tbd(i);
        hd(I1,I2,I3)=thd(i);
    end
    R= calculateUplinkRate(assocUserNum,lambda,uplinkPower,bandwidth,userNum,picoNum,
BSNum, channel,noise); %计算上行速率
     f,bf] = calculateComputationCapability(assocBSID,c,d,bd,hd,FUE,FBS,picoNum,BSNum,
userNum,taskNum); %计算计算能力
    individualDealy = calculateIndividualDelay(assocBSID,c,d,bd,hd,f,bf,r0,R,picoNum,BSNum,
userNum,taskNum); %计算用户时延
    [locEnergyConsumption,BSEnergyConsumption,overallEnergyConsumption] = calculate
TotalEnergyConsumption(assocBSID,c,d,bd,hd,f,r0,R,eta,Rho,epsilon,picoNum,BSNum,userNum,
taskNum,uplinkPower);%计算总能耗
    fitness=0;
    for i=1:userNum
        fitness=fitness-alpha(i)*max(individualDealy(i)-maxt(i),0);
    end
    fitness=fitness-overallEnergyConsumption;
    end
```

这个适应度函数的目标是寻找一个解决方案，该方案在能耗、计算资源利用和时延约束方面都相对较好。通过调整权重和惩罚项的系数，可以根据实际问题的需求来平衡这些不同的目标。

总地来说，适应度函数的最终目标是在满足系统约束条件的前提下，找到一个性能较好的解。通过遗传算法等优化算法，系统可以在不断进化的过程中寻找到更好的参数组合，以优化系统的性能。适应度函数的设计需要根据具体问题的目标和约束来合理选择和调整。

2.5.3 交叉操作函数

交叉操作函数的作用是在遗传算法的演化过程中执行交叉操作，从而在种群中产生新的个体。交叉操作是遗传算法中的一种重要操作，用于结合两个父代个体的信息，生成新的子代个体。

该函数通过随机选择一些个体进行交叉操作，采用单点交叉方式。对于被选中的个体，随机选择一个交叉点，然后将两个个体的染色体在该点进行切割并交叉，生成新的个体。这个过程在遗传算法中用于保留和传递优秀的遗传信息，促使种群逐渐趋于更优的解。

具体代码如下：

```
    function [new_bd,new_hd,new_p,new_x,new_lambda] = crossover(old_bd,old_hd,old_p,old_x,
old_lambda,popSize,chromlength1,chromlength2,crossoverProbability,crossPopulation)
    % 交叉操作，不改变种群规模,一个交叉点
    %输入 old_bd,old_hd,old_p,old_x,old_lambda：父代染色体
```

```
%输入 popSize：种群大小
%输入 chromlength1：染色体长度 1
%输入 chromlength2：染色体长度 2
%输入 crossoverProbability：交叉概率
%输入 crossPopulation：交叉种群

%输出 new_bd,new_hd,new_p,new_x,new_lambda：子代染色体

new_bd=old_bd;
new_hd=old_hd;
new_p=old_p;
new_x=old_x;
new_lambda=old_lambda; % 只有一个基因，无需交叉操作
for pop=1:2:popSize-1
    if(rand<crossoverProbability(pop)) %交叉概率判断
        crossoverPoint1=randperm(chromlength2-1,1); % 生成 1 个 1:chromlength-1 间
的随机整数
        new_p(crossPopulation(pop),:)=[old_p(crossPopulation(pop),1:crossoverPoint1),…
        old_p(crossPopulation(pop+1),crossoverPoint1+1:chromlength2)];
        new_p(crossPopulation(pop+1),:)=[old_p(crossPopulation(pop+1),
1:crossoverPoint1),…
        old_p(crossPopulation(pop),crossoverPoint1+1:chromlength2)];
        new_x(crossPopulation(pop),:)=[old_x(crossPopulation(pop),1:crossoverPoint1),…
        old_x(crossPopulation(pop+1),crossoverPoint1+1:chromlength2)];
        new_x(crossPopulation(pop+1),:)=[old_x(crossPopulation(pop+1),1:crossoverPoint1),
        old_x(crossPopulation(pop),crossoverPoint1+1:chromlength2)];

        crossoverPoint2=randperm(chromlength1-1,1); % 生成 1 个 1:chromlength-1 间
的随机整数
        new_bd(crossPopulation(pop),:)=[old_bd(crossPopulation(pop),1:crossoverPoint2),…
        old_bd(crossPopulation(pop+1),crossoverPoint2+1:chromlength1)];
        new_bd(crossPopulation(pop+1),:)=[old_bd(crossPopulation(pop+1),
1:crossoverPoint2),…
        old_bd(crossPopulation(pop),crossoverPoint2+1:chromlength1)];
        new_hd(crossPopulation(pop),:)=[old_hd(crossPopulation(pop),
1:crossoverPoint2),…
        old_hd(crossPopulation(pop+1),crossoverPoint2+1:chromlength1)];
        new_hd(crossPopulation(pop+1),:)=[old_hd(crossPopulation(pop+1),
1:crossoverPoint2),…
```

```
            old_hd(crossPopulation(pop),crossoverPoint2+1:chromlength1)];
        end
    end
```

值得注意的是，在这个函数中，一些变量的设置，如交叉操作的个体是通过 crossPopulation 参数传递的，这表示哪些个体会被选择进行交叉。crossoverProbability 参数控制了每个个体进行交叉的概率。

输入参数：old_f 为旧种群的适应度矩阵；old_p 为旧种群的二进制编码矩阵；old_x 为旧种群的十进制编码矩阵；popSize 为种群大小；chromlength 为染色体长度；crossoverProbability 为交叉概率向量；crossPopulation 为用于交叉的个体索引向量。

输出参数：new_f 为新种群的适应度矩阵；new_p 为新种群的二进制编码矩阵；new_x 为新种群的十进制编码矩阵。

在遗传算法的演化过程中执行交叉操作，从而在种群中产生新的个体。交叉操作是遗传算法中的一种重要操作，用于结合两个父代个体的信息，生成新的子代个体。

具体来说，这个交叉函数完成以下几个任务：

（1）选择个体进行交叉：通过 crossPopulation 向量指定哪些个体进行交叉操作。这个向量的每个元素表示种群中一个个体的索引。

（2）计算交叉点：对于被选中的个体，通过 crossoverProbability 向量判断是否进行交叉。如果满足交叉概率条件，随机选择一个交叉点，即染色体上的位置。

（3）执行交叉操作：在选定的交叉点上，将两个父代个体的染色体进行切割和交叉，形成新的子代个体。这里采用的是单点交叉方式，即一个交叉点。

（4）更新新种群：将生成的新子代个体替代旧种群中相应位置的个体，得到新的适应度矩阵 new_f、二进制编码矩阵 new_p 和十进制编码矩阵 new_x。

总体而言，这个交叉函数的作用是通过将优秀个体的信息结合在一起，生成新的个体，以促进种群的进化，使得种群中的个体具有更好的适应度。这是遗传算法中重要的操作之一，有助于维持和传递有益的遗传信息。

2.5.4 变异操作函数

变异函数的主要作用是在遗传算法的演化过程中引入基因的变异，以增加种群的多样性，有助于避免陷入局部最优解，提高算法的全局搜索能力。

下面是该函数在此应用中的具体代码：

```
    function  [new_bd,new_hd,new_p,new_x,new_lambda]=mutation(d,maxPower,old_bd,old_hd,
old_p,old_x,old_lambda,popSize,BSNum,userNum,taskNum,chromlength1,chromlength2,
mutationProbability)
    %变异操作，随机产生两个变异点
    %输入 d：用户计算任务数据大小
    %输入 maxPower：用户最大发射功率
    %输入 old_bd,old_hd,old_p,old_x,old_lambda：父代染色体
```

```
%输入 popSize：种群大小
%输入 BSNum：微基站和宏基站的数量
%输入 userNum：用户数量
%输入 taskNum：每个用户的任务数量
%输入 chromlength1：染色体长度 1
%输入 chromlength2：染色体长度 2
%输入 mutationProbability：变异概率

%输出 new_bd,new_hd,new_p,new_x,new_lambda：子代染色体

new_bd=old_bd;
new_hd=old_hd;
new_p=old_p;
new_x=old_x;
new_lambda=old_lambda;
for pop=1:popSize
    a=rand;
    b=rand;
    c=rand;
    if c<mutationProbability(pop)
        mutationPoint1=randperm(chromlength1,chromlength1);
        % 生成 chromlength1 个 1：chromlength1 的随机整数，所有点都可能发生变异
        mutationPoint2=randperm(chromlength2,chromlength2);
        if b>0.5
            for t=1:chromlength1
                k=mutationPoint1(t);
                [I2,I3]=ind2sub([userNum taskNum],k); %序号转换成矩阵下标
                new_bd(pop,k)=a*d(I2,I3)+(1-a)*old_bd(pop,k);
            end
         new_hd(pop,mutationPoint1)=a*new_bd(pop,mutationPoint1)+(1-a)*old_hd
(pop,mutationPoint1);
         % 确保 bd<=hd
            new_p(pop,mutationPoint2)=a*maxPower'+(1-a)*old_p(pop,mutationPoint2);
            new_x(pop,mutationPoint2)=round(a*BSNum+(1-a)*old_x(pop,mutationPoint2));
            new_lambda(pop)=a+(1-a)*old_lambda(pop);
        else
            new_bd(pop,mutationPoint1)=(1-a)*old_bd(pop,mutationPoint1);
            new_hd(pop,mutationPoint1)=(1-a)*old_hd(pop,mutationPoint1);
```

```
                new_p(pop,mutationPoint2)=(1-a)*old_p(pop,mutationPoint2);
                new_x(pop,mutationPoint2)=round(a+(1-a)*old_x(pop,mutationPoint2));
                new_lambda(pop)=(1-a)*old_lambda(pop);
            end
        end

    end
    end
```

其中，输入参数：max_f 为适应度函数上界向量；max_p 为变异概率上界；old_f 为旧种群的适应度矩阵；old_p 为旧种群的变异概率矩阵；old_x 为旧种群的十进制编码矩阵；popSize 为种群大小；chromlength 为染色体长度；mutationPointNum 为变异点数量；mutationProbability 为变异概率向量；BSNum 为基站数量。

输出参数：new_f 为新种群的适应度矩阵；new_p 为新种群的变异概率矩阵；new_x 为新种群的十进制编码矩阵。

根据代码来看，该函数完成以下几个任务：

（1）选择个体进行变异：对每个个体，通过判断变异概率是否满足条件，决定是否对该个体进行变异操作。

（2）随机选择变异点：如果进行变异，随机选择 mutationPointNum 个变异点。每个变异点对应染色体上的位置。

（3）执行变异操作：对于选择进行变异的个体，根据随机数 a 和 b 的值，进行不同的变异操作。变异操作涉及适应度、变异概率和十进制编码的变化。

（4）确保变异有界：对于每个变异点，确保变异后的值在合理的范围内。这包括适应度、变异概率和十进制编码。

总体而言，这个变异函数通过改变某些个体的基因信息，引入新的遗传变体，有助于增加种群的多样性。在进化算法中，种群的多样性对于在搜索空间中更全面地探索可能的解空间非常重要。通过变异操作，算法可以在当前解的基础上引入一些新的变体，以期望发现更优的解。

2.5.5 选择函数

选择函数的主要作用是在遗传算法的演化过程中执行锦标赛选择，用于筛选和保留适应度较高的个体，并形成新的种群。

锦标赛选择是遗传算法中的一种选择策略。下面是该函数的具体代码：

```
    function [new_bd,new_hd,new_p,new_x,new_lambda,new_Population]=selection(old_bd,
old_hd,old_p,old_x,old_lambda,fitness,old_Population,chromlength1,chromlength2)
    %输入 old_bd,old_hd,old_p,old_x,old_lambda：父代染色体
    %输入 fitness：适应度函数值
    %输入 old_Population：父代种群索引号
```

```
%输入 chromlength1：染色体长度 1
%输入 chromlength2：染色体长度 2

%输出 new_bd,new_hd,new_p,new_x,new_lambda：子代染色体

popSize=length(old_Population);
new_Population=zeros(popSize,1);
new_bd=zeros(popSize,chromlength1);
new_hd=zeros(popSize,chromlength1);
new_p=zeros(popSize,chromlength2);
new_x=zeros(popSize,chromlength2);
new_lambda=zeros(popSize,1);
pop=1;
while pop<=popSize
    rs=randperm(popSize,2); % 随机生成 2 个 1：popSize 间的不重复的整数
    selPop=old_Population(rs); % 随机选择两个个体
    maxFitness=fitness(selPop(1));
    if maxFitness<fitness(selPop(2))
        new_Population(pop)=selPop(2);
        new_bd(pop,:)=old_bd(new_Population(pop),:);
% 注意等号左右两侧中横坐标下标对应的关系，在 findCurrentBestIndividual 和
% findCurrentWorstIndividual 函数需要特别小心
        new_hd(pop,:)=old_hd(new_Population(pop),:);
        new_p(pop,:)=old_p(new_Population(pop),:);
        new_x(pop,:)=old_x(new_Population(pop),:);
        new_lambda(pop)=old_lambda(new_Population(pop));
    else
        new_Population(pop)=selPop(1);
        new_bd(pop,:)=old_bd(new_Population(pop),:);
% 注意等号左右两侧中横坐标下标对应的关系，在 findCurrentBestIndividual 和
% findCurrentWorstIndividual 函数需要特别小心
        new_hd(pop,:)=old_hd(new_Population(pop),:);
        new_p(pop,:)=old_p(new_Population(pop),:);
        new_x(pop,:)=old_x(new_Population(pop),:);
        new_lambda(pop)=old_lambda(new_Population(pop));
    end
    pop=pop+1;
end
```

其中，输入参数：old_f 为旧种群的适应度矩阵；old_p 为旧种群的二进制编码矩阵；old_x 为旧种群的十进制编码矩阵；fitness 为种群中每个个体的适应度值；old_Population 为旧种群的索引向量；chromlength 为染色体长度。

输出参数：new_f 为新种群的适应度矩阵；new_p 为新种群的二进制编码矩阵；new_x 为新种群的十进制编码矩阵；new_Population 为新种群的索引向量。

该函数实现了锦标赛选择法的主要步骤如下：

（1）初始化新种群和计数器：初始化新种群的适应度、二进制编码、十进制编码和索引向量。同时设置一个计数器 pop 用于遍历新种群。

（2）进行锦标赛选择：对于每个要选择的个体，随机选择两个个体（两个个体索引存储在 rs 中）。然后，比较这两个个体的适应度，选择适应度更高的个体作为新种群的一部分。

（3）更新新种群：将选中的个体的适应度、二进制编码、十进制编码和索引向量更新到新种群中。

（4）返回新种群：返回更新后的新种群。

锦标赛选择法通过多次的随机比较，选择适应度较高的个体，以期望保留种群中的优秀个体。这个选择过程模拟了锦标赛中个体之间的竞争，从而帮助保留更好的解。

2.5.6 遗传算法优化函数

遗传算法优化函数的主要作用是通过遗传算法来优化一个目标函数，以求解给定问题的最优解。该函数通过遗传算法对一组参数进行搜索，以找到问题的最优解，该最优解在给定问题背景下能够最小化某种目标函数（由适应度函数决定）。

下面是此模型的具体代码：

```
function [xValue,bdValue,hdValue,pValue,lambdaValue] = minEnergyConsumption_GA(c,
d,FUE,FBS,r0,alpha,eta,Rho,epsilon,noise,maxt,bandwidth,userNum,picoNum,BSNum,
taskNum,channel,maxPower)
    %输入 c：计算 1 比特计算任务数据所需的 CPU 周期数
    %输入 d：用户计算任务数据大小
    %输入 FUE：用户的计算能力
    %输入 FBS：基站的计算能力
    %输入 r0：微基站至宏基站的有线链路传输速率
    %输入 alpha：用户截止时延的惩罚因子
    %输入 eta：有线链路卸载功率
    %输入 lambda：系统频带划分因子
    %输入 Rho：用户设备的芯片架构能量系数
    %输入 epsilon：基站每个 CPU 周期的能耗
    %输入 noise：噪声功率
    %输入 maxt：用户截止时延
    %输入 userNum：用户数量
```

```
%输入 picoNum：微基站的数量
%输入 BSNum：微基站和宏基站的数量
%输入 taskNum：每个用户的任务数量
%输入 channel：用户和基站的信道增益
%输入 uplinkPower：用户发射功率

%输出 xValue,bdValue,hdValue,pValue,lambdaValue：历史最优抗体的染色体编码

popSize=64; % 初始种群规模

chromlength1=userNum*taskNum; %卸载任务量 hd、bd 取前 chromlength 个
chromlength2=userNum; %功率 p、关联指示 x 取前 userNum 个
old_Population=1:popSize;
fitness=zeros(popSize,1);
% 概率初始化
crossoverProbability=0.8*ones(popSize,1);
mutationProbability=0.1*ones(popSize,1);

iterationNum1=5000;
iterationNum2=1000;
obj1=zeros(iterationNum1,1);
obj2=zeros(iterationNum2,1);

% 初始化种群
old_hd=zeros(popSize,chromlength1);
old_bd=zeros(popSize,chromlength1);
old_p=ones(popSize,chromlength2);
for i=1:chromlength2
    old_p(:,i)=maxPower(i).*old_p(:,i).*rand(popSize,1);
end
old_x=ones(popSize,chromlength2);
for i=1:popSize
    for j=1:chromlength2
        old_x(i,j)=randperm(BSNum,1)*old_x(i,j);
    end
end
old_lambda=rand(popSize,1);
for i=1:userNum   % 初始化 bd
```

```
        for k=1:taskNum
            ind=sub2ind([userNum taskNum],i,k);
            old_bd(:,ind)= d(i,k).*rand(popSize,1);
        end
    end
    for i=1:userNum   %初始化 hd
        for k=1:taskNum
            ind=sub2ind([userNum taskNum],i,k);
            old_hd(:,ind)= old_bd(:,ind).*rand(popSize,1);
        end
    end
    %% 遗传算法
    historyBestIndividualFitness=-inf;
    % 计算个体适应度（Calculating the individual fitness）
    for pop=1:popSize
        [assocUserNum,assocBSID] = assocBSIDNum(old_x(pop,:),BSNum,userNum);
    fitness(pop) = calculateIndividualFitness(assocUserNum,assocBSID,…
    c,d,old_bd(pop,:),old_hd(pop,:),FUE,FBS,r0,alpha,old_lambda(pop),eta,Rho,epsilon,noise,
…
    maxt,bandwidth,userNum,picoNum,BSNum,taskNum,channel,old_p(pop,:));
    end
    % 找到当前最佳个体（Find the best current individual）
    [currentBestIndividual_bd,currentBestIndividual_hd,currentBestIndividual_p,currentBestI
ndividual_x,…
    currentBestIndividual_lambda,currentBestIndividualIndex,currentBestIndividualFitness]...
        =findCurrentBestIndividual(old_bd,old_hd,old_p,old_x,old_lambda,popSize,fitness,
old_Population);
    % 更新历史最佳个体（Update the best history individual）
    if historyBestIndividualFitness<currentBestIndividualFitness
        historyBestIndividualFitness=currentBestIndividualFitness;
        historyBestIndividualIndex=currentBestIndividualIndex;
        historyBestIndividual_p=currentBestIndividual_p;
        historyBestIndividual_bd=currentBestIndividual_bd;
        historyBestIndividual_hd=currentBestIndividual_hd;
        historyBestIndividual_lambda=currentBestIndividual_lambda;
        historyBestIndividual_x=currentBestIndividual_x;
    end
    iter1=1;
```

```
    while iter1<=iterationNum1
        % 赌轮盘选择法选择实现，但同时保存最佳历史个体，个体可能被重复选择
        [new_bd,new_hd,new_p,new_x,new_lambda,new_Population]=selection(old_bd,
old_hd,old_p,…
    old_x,old_lambda,fitness,old_Population,chromlength1,chromlength2);
        % 找到当前所选种群中的最差个体
        currentWorstIndividualIndex=findCurrentWorstIndividual(popSize,fitness,new_Population);
        % 用历史最佳个体替换所选种群中的最差个体
        id1=find(new_Population==historyBestIndividualIndex); %确认历史最佳个体是否
被选入下一代
        id2=find(new_Population==currentWorstIndividualIndex); %找到最差个体在种群中
的位置
        if isempty(id1)
            % 更新种群：如果历史最佳个体未进入下一代，则用历史最佳个体替换种群
中的最差个体
            len=length(id2); % 最差个体可能被重复选择进入下一代
            for r=1:len
                new_bd(id2(r),:)=historyBestIndividual_bd;
    % new_Population(id2)<-->new_bd(id2) 注意一一对应的关系
                new_hd(id2(r),:)=historyBestIndividual_hd;
                new_p(id2(r),:)=historyBestIndividual_p;
                new_x(id2(r),:)=historyBestIndividual_x;
                new_lambda(id2(r))=historyBestIndividual_lambda;
            end
        end
        %便于随机选择两个个体进行杂交
        crossPopulation=randperm(popSize,popSize); %生成随机种群
        % 交叉操作
        [new_bd,new_hd,new_p,new_x,new_lambda]=crossover(new_bd,new_hd,new_p,…
    new_x,new_lambda,popSize,chromlength1,chromlength2,crossoverProbability,
crossPopulation);
        % 变异操作
        [new_bd,new_hd,new_p,new_x,new_lambda]=mutation(d,maxPower,new_bd,new_hd,
new_p,…
    new_x,new_lambda,popSize,BSNum,userNum,taskNum,chromlength1,chromlength2,
mutationProbability);
        % 更新种群
        old_bd=new_bd;
```

```
        old_hd=new_hd;
        old_p=new_p;
        old_x=new_x;
        old_lambda=new_lambda;
        % 计算个体适应度（Calculating the individual fitness）
    for pop=1:popSize
        [assocUserNum,assocBSID] = assocBSIDNum(old_x(pop,:),BSNum,userNum);
        fitness(pop) = calculateIndividualFitness(assocUserNum,assocBSID,…
        c,d,old_bd(pop,:),old_hd(pop,:),FUE,FBS,r0,alpha,old_lambda(pop),eta,Rho,epsilon,
noise,…
        maxt,bandwidth,userNum,picoNum,BSNum,taskNum,channel,old_p(pop,:));
    end
        % 找到当前最佳个体（Find the best current individual）
        [currentBestIndividual_bd,currentBestIndividual_hd,currentBestIndividual_p,
currentBestIndividual_x,…
    currentBestIndividual_lambda,currentBestIndividualIndex,currentBestIndividualFitness]...
    =findCurrentBestIndividual(old_bd,old_hd,old_p,old_x,old_lambda,popSize,fitness,
old_Population);
        % 更新历史最佳个体（Update the best history individual）
        if historyBestIndividualFitness<currentBestIndividualFitness
            historyBestIndividualFitness=currentBestIndividualFitness;
            historyBestIndividualIndex=currentBestIndividualIndex;
            historyBestIndividual_bd=currentBestIndividual_bd;
            historyBestIndividual_hd=currentBestIndividual_hd;
            historyBestIndividual_p=currentBestIndividual_p;
            historyBestIndividual_x=currentBestIndividual_x;
            historyBestIndividual_lambda=currentBestIndividual_lambda;
        end
        obj1(iter1)=historyBestIndividualFitness;
        iter1=iter1+1;
    end
```

这个函数的主要作用就是通过遗传算法进行解的优化，以便找到更好的解。

（1）输入参数。

① 一系列问题参数，如任务信息、用户和基站数量、通信和计算资源限制等。

② 遗传算法的相关参数，如种群大小、迭代次数等。

（2）功能。

① 使用遗传算法来搜索问题的最优解。

② 在遗传算法的每一代中，执行选择、交叉和变异等操作。

③ 利用适应度函数对每个个体进行评估，以决定个体的生存和繁殖机会。
④ 通过遗传算法的迭代，逐步优化个体适应度，从而接近或达到最优解。
（3）输出结果。
① associationIndex：最终选择的用户关联基站的索引矩阵。
② userComputCapability：最终确定的用户计算能力矩阵。
③ transmitPower：最终确定的用户传输功率矩阵。

2.5.7 主函数

主函数的作用是执行这个实验，根据模型编写的各部分代码，通过在主函数中调用各个部分的代码，从而进行仿真，完成实验。

下面是主函数的具体代码：

```
tic;            %tic 计时的开始，toc 表示计时的结束
clc             %清除命令窗口的内容，对工作环境中的全部变量无任何影响
clear all;      %清除工作空间的所有变量、函数和 MEX 文件
maxTransmitPower=10^(23/10)*1e-3; % 用户最大发射功率
noise=1e-14;              % 噪声功率
bandwidth=2e7;            % 系统带宽 20 MHz
taskNum=3;                % 计算任务个数
distMacro=1000;           % 宏基站之间的距离
macroNum=1;               % 宏基站的数量
[macrox,macroy] = generateMBS( distMacro,macroNum);   % 生成宏基站
macroPoints=[macrox',macroy'];        % 宏基站的位置坐标
userNumPerMacroCell=5:5:35;           % 每个宏基站中用户的数量
ul=length(userNumPerMacroCell);       % 每次实验用户数量的个数
picoNumPerMacroCell=35; %   每个宏基站范围内微基站的数量

r0=1e9; % 有线回程速率, 1 Gbps
Rho=1e-25; % 用户设备能耗系数
eta=1e-3; % 有线链路每秒耗能
totalBSEnergyConsumption=zeros(ul,1);             %记录平均边缘能耗
totalLocalEnergyConsumption=zeros(ul,1);          %记录平均本地能耗
totalEnergyConsumption=zeros(ul,1);               %记录平均总能耗
totalDelay=zeros(ul,1);                           %记录平均总时延
supportRatio=zeros(ul,1);                         %记录平均总支持率

[ picox,picoy ] = generatePBS( macroPoints,picoNumPerMacroCell,distMacro);
% 在每个宏基站范围内生成微基站的坐标
```

```
picoPoints=[picox',picoy'];          % 微基站的坐标
BSx=[picox macrox];                  % 基站的横坐标
BSy=[picoy macroy];                  % 基站的纵坐标
picoNum=picoNumPerMacroCell*macroNum;  % 微基站的总数量
BSNum=length(BSx);                   % 基站的数量
FBS=ones(BSNum,1)*2e10;              % 基站的计算能力, 20 GHz
epsilon=1e-9*ones(BSNum,1);          % 基站每个 CPU 周期耗能
simLen=100;                          % 实验次数
for sim=1:simLen
    for u=1:ul

            userNum=macroNum*userNumPerMacroCell(u);    % 用户数量
            maxPower=maxTransmitPower*ones(userNum,1);  % 用户最大发射功率
            c=50+50*rand(userNum,taskNum);   % 计算 1 比特数据所需的 CPU 周期数
            d=(200+300*rand(userNum,taskNum))*8192;
            %用户计算任务的计算量 200-500 KB
            FUE=1e9*ones(userNum,1);   % 用户计算能力，1 GHz
            alpha=10*ones(userNum,1);   % 用户截止时延惩罚因子 1 000
            maxt=5+5*rand(userNum,1);   % 用户截止时延，5-10 s

        [userx,usery] = generateCellularUsers(macroPoints,
        picoPoints,userNumPerMacroCell(u),distMacro); %生成每个宏小区内用户的坐标
        [channel,pathloss]=channelCreation(userx,usery,BSx,BSy,picoNum);
            % 创建用户和基站之间的信道增益矩阵

            [x_GA,bd_GA,hd_GA,p_GA,lambda_GA] =…
  minEnergyConsumption_GA(c,d,FUE,FBS,r0,alpha,eta,Rho,epsilon,noise,maxt,bandwidth,
userNum,…
            picoNum,BSNum,taskNum,channel,maxPower); % 执行遗传算法

            [assocUserNum_GA,assocBSID_GA] = assocBSIDNum(x_GA,BSNum,userNum);
            uplinkRate_GA= calculateUplinkRate(assocUserNum_GA,lambda_GA,p_GA,
            bandwidth,userNum,picoNum,BSNum,channel,noise);
            % 计算执行遗传算法后的每个基站关联的用户数量和每个用户关联的基站
索引号

            [f_GA,bf_GA] = calculateComputationCapability(assocBSID_GA,c,d,bd_GA,…
             hd_GA,FUE,FBS,picoNum,BSNum,userNum,taskNum);
```

```
            % 计算执行遗传算法后的用户计算能力分配和基站计算能力分配
            [locEnergyConsumption_GA,BSEnergyConsumption_GA,overallEnergy
Consumption_GA] =… calculateTotalEnergyConsumption(assocBSID_GA,c,d,bd_GA,hd_GA,
f_GA,r0,uplinkRate_GA,eta,Rho,…
    epsilon,picoNum,BSNum,userNum,taskNum,p_GA);
            % 计算执行遗传算法后的用户本地能耗、边缘服务器产生的能耗以及总能耗
        totalBSEnergyConsumption(u,1)=totalBSEnergyConsumption(u,1)+BSEnergy
Consumption_GA/simLen;
            % 计算平均边缘服务能耗
    totalLocalEnergyConsumption(u,1)=totalLocalEnergyConsumption(u,1)+…
    locEnergyConsumption_GA/simLen;
             % 计算平均本地能耗
    totalEnergyConsumption(u,1)=totalEnergyConsumption(u,1)+overallEnergyConsumption_
GA/simLen;
            % 计算平均总能耗
    individualDealy_GA = calculateIndividualDelay(assocBSID_GA,c,d,bd_GA,
    hd_GA,f_GA,bf_GA,r0,uplinkRate_GA,picoNum,BSNum,userNum,taskNum);
            % 计算执行遗传算法后的每个用户计算时延
            totalDelay(u,1)=totalDelay(u,1)+sum(individualDealy_GA)/simLen;
            % 计算平均时延
            supportRatio_GA = calculateSupportRatio(maxt,userNum,individualDealy_GA);
            % 计算执行遗传算法后的支持率
            supportRatio(u,1)=supportRatio(u,1)+supportRatio_GA/simLen;
            % 计算平均支持率
        end
    end
    save results userNumPerMacroCell totalBSEnergyConsumption totalLocalEnergyConsumption…
totalEnergyConsumption totalDelay supportRatio;
    % 保存 每个宏小区内用户的数量、平均边缘服务器能耗、平均本地能耗、总能耗、总
时延、总支持率
    toc;
```

从整体来看，main 函数代码的主要功能如下：

（1）初始化。

① 定义实验参数，如最大传输功率、恒定功率、噪声功率谱密度、带宽等。

② 生成宏基站的坐标。

③ 定义一些与用户任务相关的参数，如任务数据大小、计算周期、截止时间、用户终端计算能力等。

④ 初始化其他实验参数，如变异节点数、权重、能量系数等。

（2）遗传算法优化。

① 迭代执行遗传算法的优化循环。

② 在每次迭代中，生成宏小区中的小基站坐标、用户坐标，并计算信道增益和路径损失。

③ 调用改进的遗传粒子群算法 minDelayResAlloc_GA 进行资源分配和用户关联，得到最优解。

④ 计算上传速率、计算延迟和能耗，并统计平均值。

（3）结果保存。

将实验结果存储在 results 变量中，包括小基站数量、平均边缘计算延迟、平均本地计算延迟、平均计算延迟、平均边缘能耗、平均本地能耗和平均能耗。

（4）循环实验。

循环执行一系列实验（100 次），并在每次实验中记录和统计结果。

（5）结束：显示实验总用时。

请注意，具体的优化过程和实验结果在 minDelayResAlloc_GA 函数中进行，该函数的实现超出了提供的代码片段的范围。如果需要详细了解算法的实现和优化过程，可能需要查看 minDelayResAlloc_GA 函数的代码。

3 粒子群优化算法

3.1 粒子群优化算法概述

3.1.1 发展状况

粒子群优化算法（Particle Swarm Optimization，PSO）是一种群体智能算法，灵感来自鸟群社会性群体的行为。PSO 由 Russell Eberhart 和 James Kennedy 于 1995 年提出，其设计初衷是模拟群体中个体之间的协作与信息共享，以实现全局最优解的搜索。随着近些年研究的深入，许多改进和变体的粒子群优化算法被提出。这些改进涉及参数的调整、新的拓扑结构、适应度函数的改进等方面。一些改进的变体包括混沌粒子群优化（CPSO）、自适应粒子群优化（APSO）、多种群粒子群优化等。其中自适应粒子群算法是一种趋势，旨在使算法能够自动调整参数，以适应问题的特定需求。这可以提高算法的鲁棒性（指算法对于输入数据、参数变化或者噪声的抵抗能力）和性能。针对多目标优化问题，研究者们开始关注如何改进粒子群优化算法以处理多目标情景，使得多目标粒子群优化（Multi-Objective Particle Swarm Optimization，MOPSO）等方法逐渐成为研究热点。并且针对大规模优化问题，研究者们致力于提高粒子群优化算法的效率和改进其收敛性。这包括并行 PSO、分布式 PSO 等。除此之外，PSO 算法也经常与其他优化算法或启发式算法进行混合，以获得更好的性能。这种混合方法可以结合 PSO 算法、模拟退火算法等。混合算法的目标是克服各自算法的局限性，改善全局搜索的效果。

3.1.2 应用场景

粒子群优化算法已经在多个领域得到了广泛应用，包括机器学习、数据挖掘、图像处理、电力系统、通信网络等。例如，PSO 可以用于调优机器学习模型、神经网络等的参数。通过调整参数，可以提高模型性能并提高对数据的拟合能力。而在神经网络的权重调整和拓扑结构优化中，PSO 被用来寻找最优的权重组合，以提高网络的性能和泛化能力。除此之外，在图像处理领域，PSO 被应用于图像分割、特征选择、图像重建等方面，帮助优化复杂的图像处理问题。在电力系统规划和调度中，PSO 被用于优化电网配置、能源调度、电池管理等问题，以提高能源利用效率。在通信网络中，粒子群算法常被用于资源分配问题的优化求解等场景。

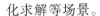

总体而言，粒子群算法的广泛适用性使得它成为解决复杂优化问题的一种有效工具。其简单的实现和全局搜索的特性使得它在许多领域都能取得良好的应用效果。

3.2 标准粒子群优化算法

3.2.1 算法原理

1. 基本思想

粒子群算法灵感来源于模拟鸟群中鸟类的行为，设计一种无质量的粒子来模拟鸟群中的鸟。粒子仅具有两种属性：速度和位置，速度代表移动的快慢，位置代表移动的方向。在 PSO 中，将问题的解空间看作是粒子在多维空间中的移动过程。每个粒子都有自己的速度和位置，以及一个与其相关的个体最优解和整个粒子群的全局最优解，粒子群中的所有粒子根据自己找到的当前个体极值和整个粒子群共享的当前全局最优解来调整自己的速度和位置。

2. 基本概念

（1）粒子：优化问题的候选解。
（2）位置：候选解所在的位置。
（3）速度：候选解移动的速度。
（4）适应度：评价粒子优劣的值，一般设置为目标函数值。
（5）个体最佳位置：单个粒子迄今为止找到的最佳位置。
（6）群体最佳位置：所有粒子迄今为止找到的最佳位置。

3. 粒子群算法更新规则

粒子群算法初始化为一群随机粒子（随机解），然后通过迭代找到最优解。在每一次的迭代中，粒子通过跟踪两个“极值”（当前个体最优值和全局最优值）来更新自己。在找到这两个最优值后，粒子通过式（3-1）和式（3-2）来更新自己的速度和位置。

$$v_i = \omega v_i + c_1 \times r_1 \times (p_{\text{best}} - x_i) + c_2 \times r_2 \times (g_{\text{best}} - x_i) \tag{3-1}$$

$$x_i = x_i + v_i \tag{3-2}$$

式中，$i = 1,2,\cdots,N$，N是种群中粒子的总数；ω是惯性权重；v_i是粒子的速度；p_{best}是个体最佳粒子的位置（个体最佳位置）；g_{best}是全局最佳粒子位置（群体最佳位置）；r_1, r_2为开区间$(0,1)$内均匀分布的随机数；x_i为粒子的当前位置；c_1和c_2是学习因子，通常$c_1 = c_2 = 2$；v_i的最大值为$V_{\max}$（大于 0），如果v_i大于$V_{\max}$，则$v_i = V_{\max}$。

式（3-1）、式（3-2）为 PSO 的标准形式。式（3-1）的第一部分称为“记忆项”，表示上次速度大小和方向的影响；第二部分称为“自身认知项”，是从当前点指向粒子自身最好点的一个向量，表示粒子的动作来源于自己经验的部分；第三部分称为“群体认知项”，是一个从当前点指向种群最好点的向量，反映粒子间的协同合作和知识共享。粒子就是通过自己的经验和同伴中最好的经验来决定下一步的运动。以上面两个公式为基础，形成了 PSO 的标准形式。

3.2.2　工作流程

粒子群算法流程如下：

（1）初始化粒子群（速度和位置）、惯性因子、加速常数、最大迭代次数和算法终止的最小误差。

（2）评价每个粒子的初始适应值。

（3）将初始适应度值作为每个粒子的最优值，并将适应度值对应的位置作为每个粒子最优的位置。

（4）将粒子中最好的适应度值作为全局最好的最优值，并将适应度值对应的位置作为粒子全局最优的位置。

（5）通过式（3-1）更新粒子速度。

（6）对飞行速度进行限速处理，使其不得超过最大飞行速度。

（7）通过式（3-2）更新粒子位置。

（8）比较每个粒子的适应度值是否比历史的最优值好，如果是，则替换。

（9）计算粒子全局最优的适应度值是否比历史的最优值好，如果是，则替换。

（10）重复步骤（5）至步骤（9），直到满足设定的最小误差或者达到最大迭代次数。

（11）输出最优粒子的全局最优值和其对应的位置以及每个粒子的局部最优值和对应的位置。

主体流程如图 3-1 所示。

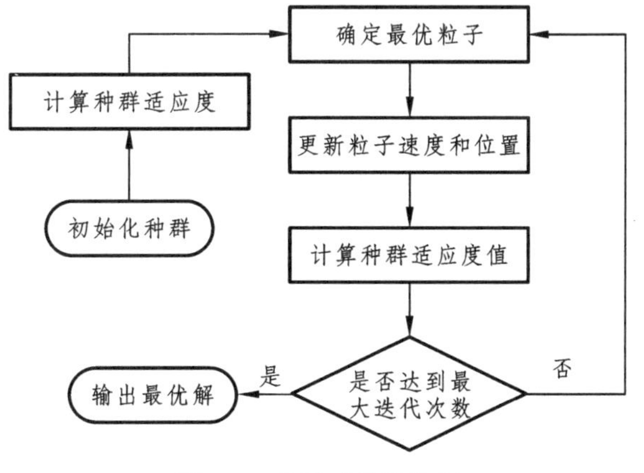

图 3-1　粒子群算法流程

3.3 粒子群优化算法理论分析

众所周知，基本粒子群算法是不收敛的。因此，很多研究提出改进的粒子群算法，并且证明改进后的粒子群算法是收敛的。一般证明粒子群算法的收敛性时采用不同的收敛随机解序列。

首先采用随机过程论由简到繁来分析标准粒子群算法的收敛性，开始时先对粒子位置的期望进行收敛性分析，而后通过计算得出粒子位置的期望 EX_t 迭代公式。

$$EX_{t+1}=\left(1+\omega-\frac{c_1+c_2}{2}\right)EX_t-\omega EX_{t-1}+\frac{c_1p_i+c_2p_g}{2} \tag{3-3}$$

其中，p_i 为第 i 个粒子当前最优位置；p_g 为种群中全局最优位置；X_t 为种群在 t 时刻的位置。式（3-3）的特征方程为

$$\lambda^2-\left(1+\omega-\frac{c_1+c_2}{2}\right)\lambda+\omega=0 \tag{3-4}$$

并且证明了，如果 $\omega,c_1,c_2\geqslant 0$，当且仅当 $0\leqslant\omega<0$ 和 $0<c_1+c_2<4(1+\omega)$ 有迭代序列 $\{EX_t\}$，收敛到 $(c_1p_i+c_2p_g)/(c_1+c_2)$。

然后对粒子位置的方差进行收敛性分析，通过计算得到粒子位置的方差迭代公式（3-5）。

$$\begin{aligned}DX_{t+2}=&(\psi^2+R-\omega)DX_{t+1}-\omega(\psi^2-R-\omega)DX_t+\omega^3DX_{t-1}+\\&R[(EX_{t+1}-\mu)^2+\omega(EX_t-\mu)^2]-\\&2T[EX_{t+1}-\mu+\omega(EX_t-\mu)]+Q(1+\omega)\end{aligned} \tag{3-5}$$

其中，$\mu=\dfrac{(c_1p_i+c_2p_g)}{(c_1+c_2)}$，$T=E\left[\left(c_1r_{1,t}+c_2r_{2,t}-\dfrac{c_1+c_2}{2}\right)\left(\dfrac{c_1c_2}{c_1+c_2}\right)(r_{2,t}-r_{1,t})(p_g-p_i)\right]$，$Q=D\left[\left(\dfrac{c_1c_2}{c_1+c_2}\right)(r_{2,t}-r_{1,t})(p_g-p_i)\right]$，$\psi=1+\omega-\dfrac{c_1+c_2}{2}$，$R=D\left(c_1r_{1,t}+c_2r_{2,t}-\dfrac{c_1+c_2}{2}\right)$。

式（3-5）的特征方程为

$$\lambda^3-(\psi^2+R-\omega)\lambda^2+\omega(\psi^2-R-\omega)\lambda-\omega^3=0 \tag{3-6}$$

此处 λ_1，λ_2，λ_3 是方程（3-6）的 3 个解，之后给出并证明结论，若 $0\leqslant\omega<0$ 和 $c_1+c_2>0$，那么 $f(1)>0$ 的充要条件是 $\max\{|\lambda_1|,|\lambda_2|,|\lambda_3|\}<1$。

然后证明了结论，若 $\omega,c_1,c_2\geqslant 0$，当且仅当 $0\leqslant\omega<1$，$c_1+c_2>0$ 和 $f(1)>0$ 都满足时，有迭代序列 $\{DX_t\}$ 收敛到 $\frac{1}{6}(c_1c_2/(c_1+c_2))^2(p_g-p_i)^2(1+\omega)/f(1)$，这里 $f(1)=-(c_1+c_2)\omega^2+\left(\frac{1}{6}c_1^2+\frac{1}{6}c_2^2+\frac{1}{2}c_1c_2\right)\omega+c_1+c_2-\frac{1}{3}c_1^2-\frac{1}{3}c_2^2-\frac{1}{2}c_1c_2$。

以上的分析是在假设 p_i 和 p_g 保持不变的条件下完成的，但对于解决实际问题时是不适用的。接下来 Jiang 等人假设 p_i 是不断变化的，p_g 保持不变，而且这种假设是合理的，因为

p_g 仅仅影响最终的收敛结果，而不影响所有的收敛性。基于一维空间单个粒子的简单粒子群系统给出了如下结论。

若 $\omega, c_1, c_2 \geqslant 0$，如果保证迭代过程 $\{DX_t\}$ 收敛，并且 $f(1) < \dfrac{c_2^2(1+\omega)}{6}$，那么迭代过程 $\{p_i(t)\}$ 以 1 概率收敛到 p_g。

最后给出了 M 个粒子在 D 维空间粒子群系统的收敛性分析，若 $\omega, c_1, c_2 \geqslant 0$，如果 $0 \leqslant \omega < 1$，$c_1 + c_2 > 0$ 和 $0 < f(1) < \dfrac{c_2^2(1+\omega)}{6}$ 均满足，那么标准粒子群系统是否均方收敛到 p_g 取决于参数组 $\{\omega, c_1, c_2\}$。

3.4 标准粒子群优化算法的 MEC 应用案例

3.4.1 问题简介

以下文模型为例，使读者充分了解 PSO 在 MEC 中的应用。如图 3-2 所示，在超密集异构边缘计算网络中，每个六边形的蜂窝网格包含 1 个宏基站（MBS）、N 个微基站（SBS）和 K 个移动设备（MT），并且每个基站上都配有一个边缘服务器。不失一般性，考虑在一个 MBS 的场景。假设基站的索引集合为 $\mathcal{N} = \{1, 2, \cdots, n, \cdots, N, N+1\}$，其中 MBS 的索引为 N+1，MT 集合表示为 $\mathcal{K} = \{1, 2, \cdots, k, \cdots, K\}$。

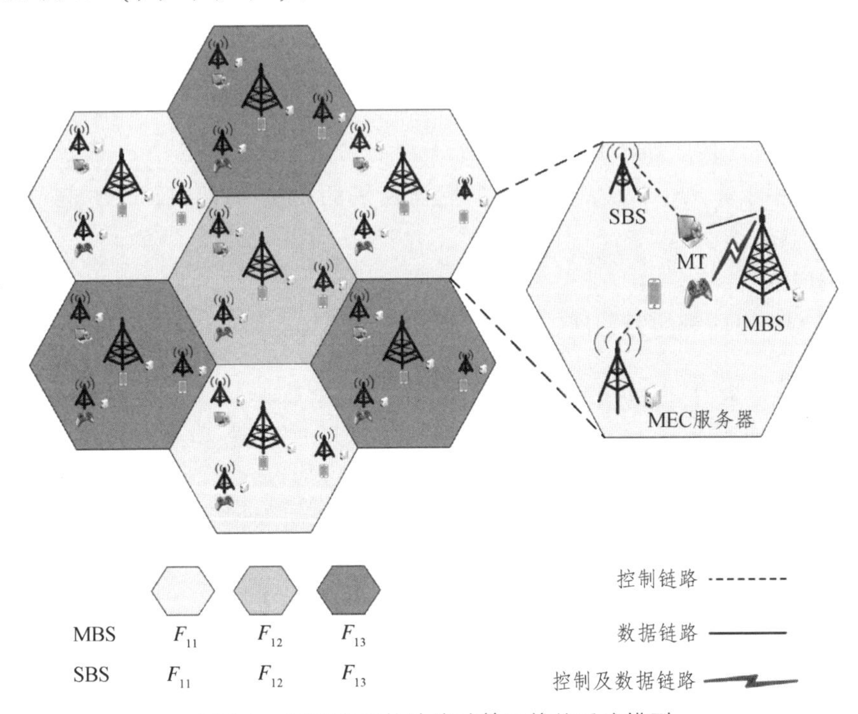

图 3-2 超密集异构边缘计算网络的系统模型

考虑到小（微）基站的超密集布署和及其具备较小的覆盖区域，为了降低控制开销，SBS 的控制信令可由 MBS 负责处理。将频带分割为 C 平面（控制面）和 U 平面（数据面），其中 C 平面用于传输控制信令，U 平面用于传输数据。

在图 3-2 中，MT 可以选择将自己的数据任务上传至 SBS 或者 MBS 进行处理，亦可自身完成计算任务。值得注意的是，MBS 不仅需要处理网格中的所有控制信令，还需处理由 MT 上传的数据，而 SBS 仅需完成数据处理任务。在计算卸载过程中，对于任何任务，如果其本地计算时延小于任务截止时间，MT 会选择本地计算以降低额外开销，否则 MT 将任务上传至基站进行计算以达到减少时延，并满足时延约束的目的。一般来说，计算卸载包括以下 3 个阶段。首先，MT 的计算任务通过无线信道上传到 BS；然后，BS 执行计算任务；最后，BS 反馈计算结果给 MT。考虑到计算结果的数据量相对较小，在计算卸载过程中，其反馈时间常被忽略。

根据频带的使用规则，MT_k 上传计算任务到 MBS 的上行速率为

$$r_{nk}=\frac{\mu W}{3\sum_{m\in\mathcal{K}}x_{nm}}\log_2\left(1+\frac{p_k h_{nk}}{\sigma^2}\right) \tag{3-7}$$

MT_k 上传计算任务到 SBS 的上行数据速率为

$$r_{nk}=\frac{(1-\mu)W}{3N\sum_{m\in\mathcal{K}}x_{nm}}\log_2\left(1+\frac{p_k h_{nk}}{\sigma^2}\right) \tag{3-8}$$

其中，$x_{nk}\in\{0,1\}$，x_{nk} 表示 MT_k 的卸载决策，若 $x_{nk}=1$，MT_k 和基站 n 关联，否则表明 MT_k 的任务在本地执行；p_k 表示 MT_k 的传输功率；h_{nk} 是 MT_k 和基站 n 之间的信道增益；σ^2 是基站的噪声功率。值得注意的是，任何一个 MT_k 最多关联一个基站，即 $\sum_{n\in\mathcal{N}}x_{nk}\leqslant 1$。

对于任意 MT_k，其计算任务由三元组 $T_k=\{d_k,l_k,T_k^{\max}\}$ 表示，其中 d_k 表示计算任务的数据大小，l_k 表示用于完成一位（比特）计算任务所需的 CPU 周期数，$T_k^{\max}$ 表示计算任务不能超过的最大时延。

1）本地计算

假设所有 MT 的计算能力相同，记为 f^{loc}。那么，MT_k 的本地计算时延（时间）为

$$t_k^{\text{loc}}=d_k l_k / f^{\text{loc}} \tag{3-9}$$

MT_k 的本地计算能耗为

$$E_k^{\text{loc}}=\alpha(f^{\text{loc}})^3 t_k^{\text{loc}}\left(1-\sum_{n\in\mathcal{N}}x_{nk}\right)=\alpha(f^{\text{loc}})^2 d_k l_k\left(1-\sum_{n\in\mathcal{N}}x_{nk}\right) \tag{3-10}$$

那么，MT_k 的能耗费用为

$$Y_k^{\text{loc}}=\omega_1 E_k^{\text{loc}}=\omega_1\alpha(f^{\text{loc}})^2 d_k l_k\left(1-\sum_{n\in\mathcal{N}}x_{nk}\right) \tag{3-11}$$

其中，ω_1（单位：元/kJ）为单位能耗下所需的费用；α 为依赖于芯片架构的能量系数。

2）边缘计算

当 MT_k 和基站 n 相关联时，需要将其计算任务传输到该基站。根据之前的考虑，边缘计算延迟应该包括上行传输延迟和远程计算延迟。于是，MT_k 上传至 MBS 的传输时延为

$$t_k^{\text{trans}} = \frac{d_k}{r_{nk}} = \frac{3d_k \sum_{m\in\mathcal{K}} x_{nm}}{\mu W \log_2\left(1+p_k h_{nk}/\sigma^2\right)} \tag{3-12}$$

MT_k 上传至 SBS 的传输时延为

$$t_k^{\text{trans}} = \frac{d_k}{r_{nk}} = \frac{3Nd_k \sum_{m\in\mathcal{K}} x_{nm}}{(1-\mu)W \log_2\left(1+p_k h_{nk}/\sigma^2\right)} \tag{3-13}$$

假设第 n 个 MEC 服务器分给 MT_k 的计算资源块个数记为 $\lambda_{nk}\in\mathbb{N}$，其中 $\mathbb{N}$ 为自然数集；f^{unit} 记为单个计算资源块的计算能力。然后，MT_k 在计算服务器上的处理时延为

$$t_k^{\text{edge}} = d_k l_k \big/ \lambda_{nk} f^{\text{unit}} \tag{3-14}$$

当用户需要借助 MEC 服务器来计算任务时，需要向运营商交付以下费用：一是任务上传时占用带宽而产生的开销，二是租用计算资源块进行计算所产生的开销。设用户使用无线资源的单价为 ω_2[单位：元/（MHz·s）]，那么 MT_k 传输任务时所产生的费用为

$$Y_k^{\text{trans}} = \sum_{n\in\mathcal{N}} x_{nk}\omega_2 \overline{w}_k t_k^{\text{trans}} \tag{3-15}$$

其中，$\overline{w}_k$ 表示 MT_k 所占用的频带宽度；若对于任意基站 n，$x_{nk}=0$，即 MT_k 不与任何基站关联，那么 $Y_k^{\text{trans}}=0$；当 $x_{nk}=1$ 且 $n=N+1$，即 MT_k 选择了 MBS 时，所占用的频带带宽为

$$\overline{w}_k = \mu W \Big/ 3\sum_{m\in\mathcal{K}} x_{nm} \tag{3-16}$$

其传输费用为

$$\begin{aligned} Y_k^{\text{trans}} &= \sum_{n\in\mathcal{N}} x_{nk}\,\mu\omega_2 W t_k^{\text{trans}} \Big/ \left(3\sum_{m\in\mathcal{K}} x_{nm}\right) \\ &= \sum_{n\in\mathcal{N}} x_{nk}\omega_2 d_k / \log_2\left(1+p_k h_{nk}/\sigma^2\right) \end{aligned} \tag{3-17}$$

若 $x_{nk}=1$ 且 $n\neq N+1$，即当 MT_k 选择了 SBS 时，所占用的频带带宽为

$$\overline{w}_k = (1-\mu)W \Big/ (3N\sum_{m\in\mathcal{K}} x_{nm}) \tag{3-18}$$

其传输费用为

$$\begin{aligned} Y_k^{\text{trans}} &= \sum_{n\in\mathcal{N}} x_{nk}\,(1-\mu)\omega_2 W t_k^{\text{trans}} \Big/ \left(3N\sum_{m\in\mathcal{K}} x_{nm}\right) \\ &= \sum_{n\in\mathcal{N}} x_{nk}\omega_2 d_k / \log_2\left(1+p_k h_{nk}/\sigma^2\right) \end{aligned} \tag{3-19}$$

通过观察式（3-11）和式（3-13），容易发现，MT$_k$的传输费用可以表示为

$$Y_k^{\text{trans}}=\sum_{n\in\mathcal{N}}x_{nk}\omega_2 d_k/\log_2\left(1+p_k h_{nk}/\sigma^2\right) \tag{3-20}$$

从式（3-20）来看，MT 传输费用和 d_k、p_k、h_{nk}、σ^2 有关。具体而言，当 MT 处理的数据量增加时，其所需的上传费用增加；当 MT 的发射功率增加时，由于传输时间减少，其所需的上传费用却反而下降。因此，在不考虑设备电量极度不足的情况下，为减少任务处理开销，最直观的方法是 MT 以最大功率发射，保证上传速率最大化，从而减少无线资源的费用。鉴于此，假设所有 MT 的发射功率恒定，均为最大功率 $p^{\max}$。

假设用户租用计算资源块的单价为 ω_3（单位：元/个），那么 MT$_k$的任务在 MEC 服务器上处理所产生的计算费用为

$$Y_k^{\text{edge}}=\sum_{n\in\mathcal{N}}x_{nk}\omega_3\lambda_{nk} \tag{3-21}$$

最后，MT$_k$完成计算任务所需要支付的总费用为

$$Y_k=Y_k^{\text{loc}}+Y_k^{\text{trans}}+Y_k^{\text{edge}} \tag{3-22}$$

3.4.2 问题建模

在保证任务满足最低处理时延的前提下，通过联合优化任务卸载决策 $\boldsymbol{X}=\{x_{n1},x_{n2},\cdots,x_{nK}\}$ 和计算资源块分配 $\boldsymbol{\lambda}=\{\lambda_{n1},\lambda_{n2},\cdots,\lambda_{nK}\}$ 以最小化所有 MT 的总开销。具体而言，优化问题可规划如下：

$$\begin{aligned}
&\min_{\boldsymbol{X},\boldsymbol{\lambda}}\sum_{k\in\mathcal{K}}Y_k\\
&\text{s.t. } \mathrm{C}_1: t_k\leqslant T_k^{\max},\forall k\in\mathcal{K},\\
&\qquad \mathrm{C}_2: x_{nk}=\{0,1\},\forall n\in\mathcal{N},\forall k\in\mathcal{K},\\
&\qquad \mathrm{C}_3: \sum_{n\in\mathcal{N}}x_{nk}\leqslant 1,\ \forall k\in\mathcal{K},\\
&\qquad \mathrm{C}_4: \lambda_{nk}\in\mathbb{N},\forall n\in\mathcal{N},\forall k\in\mathcal{K},\\
&\qquad \mathrm{C}_5: \sum_{k\in\mathcal{K}}\lambda_{nk}x_{nk}\leqslant U,\ \ \forall n\in\mathcal{N}
\end{aligned} \tag{3-23}$$

其中，$t_k=(1-\sum_{n\in\mathcal{N}}x_{nk})t_k^{\text{loc}}+\sum_{n\in\mathcal{N}}x_{nk}(t_k^{\text{trans}}+t_k^{\text{edge}})$；约束 C$_1$表示任何 MT$_k$的任务处理时延不能超过其任务截止时间 $T_k^{\max}$；约束 C$_2$表示任何 MT$_k$的计算任务只能在本地或者某一个基站上执行；约束 C$_3$表示任何 MT$_k$的计算任务最多只能卸载至一个基站执行；约束 C$_4$表示任何 MT$_k$能分配到的计算资源块数落于自然数集合 $\mathbb{N}$内；约束 C$_5$表示任意基站 n分配给所关联 MT 的计算资源块不能超其总量。

经过推导，容易得出所有 MT 总的费用为

$$\sum_{k\in\mathcal{K}} Y_k = A - Z(\boldsymbol{X},\lambda) = A - \sum_{k\in\mathcal{K}}\sum_{n\in\mathcal{N}} x_{nk}\left[\omega_1\alpha\left(f^{\text{loc}}\right)^2 d_k l_k - \frac{\omega_2 d_k}{\log_2\left(1+p^{\max}h_{nk}/\sigma^2\right)} - \omega_3\lambda_{nk}\right] \tag{3-24}$$

其中，$A_2 = \omega_1\alpha(f^{\text{loc}})^2\sum_{k\in\mathcal{K}} d_k l_k$ 可视为常数项。因此，最小化问题（3-23）的目标函数等价于最大化式（3-24）的后半部分 $Z(\boldsymbol{X},\lambda)$。在约束条件不变的情况下，问题（3-23）可转化为问题（3-25），即

$$\begin{aligned}&\max_{\boldsymbol{X},\lambda} Z(\boldsymbol{X},\lambda)\\&\text{s.t. } C_1 \sim C_5\end{aligned} \tag{3-25}$$

从问题（3-25）来看，不难发现，其目标函数和约束表现为混合整数及非线性的形式。显然，问题（3-25）是非凸优化问题。当用户和基站的数量较大时，问题（3-25）则是一个大规模的混合整数非线性规划问题。

3.5 粒子群优化 MEC 代码

3.5.1 适应度函数

在粒子群算法中，适应度函数用于评估每个粒子（个体）在搜索空间中的性能，以指导算法的迭代过程。

具体来说，这个适应度函数包含以下几个步骤：

（1）计算上传速率（uplink rate）。

利用给定的信道、传输功率、噪声等参数，计算每个用户的上传速率。

（2）计算费用相关的适应度成分。

利用上传速率、计算能力等参数，计算费用相关的适应度成分。这些成分包括用户设备的计算费用、无线信道费用、资源块费用等。

（3）计算时延约束相关的适应度成分。

对于每个用户，根据上传时延、MEC（Mobile Edge Computing）计算时延、本地计算时延等，计算与时延约束相关的适应度成分。

（4）计算罚函数项。

引入罚函数项，对超出时延约束的部分进行罚分。

（5）综合所有成分得到适应度值。

综合费用相关的适应度成分、时延约束相关的适应度成分和罚函数项，得到最终的适应度值。

这个适应度函数的设计目的是在搜索空间中引导粒子群算法，使得算法能够找到在多个方面（费用、时延等）表现良好的个体。

下面是这个函数的具体代码：

```
function [fitness]=min_cost_youMBS_calculateIndividualFitness(cost1,cost2,cost3,alpha,
lambda,transmitPower,kthResourceblock,bandwidth,channel,noise,userNum,BSNum,
assocUserNum,assocBSID,deadlineTime,computCycleEachTask,computDataSizeEachTask,
fixcomputCapabilityEdgeServer,fixcomputCapabilityUserTerminal,picoNumPerMacroCell)
    % 输入 cost1：用户设备单位能耗下所需的费用
    % 输入 cost2：用户设备使用单位无线信道的费用
    % 输入 cost3：用户设备使用计算资源的费用
    % 输入 alpha：用户设备芯片系数
    % 输入 lambda：分配给微基站的带宽比例系数
    % 输入 transmitPower：用户设备最大发射功率
    % 输入 kthResourceblock：第 k 个资源块
    % 输入 bandwidth：系统带宽
    % 输入 channel：信道增益
    % 输入 noise：噪声功率
    % 输入 userNum：用户数量
    % 输入 BSNum：基站数量
    % 输入 assocUserNum：每个基站关联用户的数量
    % 输入 assocBSID：每个用户关联的基站索引号
    % 输入 deadlineTime：任务截止时延
    % 输入 computCycleEachTask：每比特计算任务所需 CPU 周期数
    % 输入 computDataSizeEachTask：计算任务数据大小
    % 输入 fixcomputCapabilityUserTerminal：用户计算能力
    % 输入 picoNumPerMacroCell：每个宏小区内小基站的数量

    % 输出 fitness 适应度函数值
    uplinkRate=min_cost_youMBS_calculateUplinkRate(lambda,bandwidth,userNum,BSNum,
channel,…
    transmitPower,noise,assocUserNum,assocBSID,picoNumPerMacroCell); %计算上传速率
    [ULT,EDT,LCT]=min_cost_youMBS_calculateDelay(userNum,assocBSID,uplinkRate,…
    computCycleEachTask,computDataSizeEachTask,kthResourceblock,fixcomputCapability
EdgeServer,…
    fixcomputCapabilityUserTerminal); %计算时延
    eta=1e3*ones(userNum,1); %罚函数里面的罚因子 fitness=0;
    for k=1:userNum
        if  assocBSID(k)
           fitness=fitness+cost1*alpha*(fixcomputCapabilityUserTerminal)^2*computDataSiz
```

```
eEachTask(k)…
            *computCycleEachTask(k)-cost2*computDataSizeEachTask(k)/…
           (log2(1+transmitPower*channel(assocBSID(k),k)/noise))-cost3*kthResourceblock(k);
         else
            fitness=fitness+0;
         end
     end
     for k=1:userNum
         if assocBSID(k)
            fitness=fitness-eta(k)*max(0,ULT(k)+EDT(k)-deadlineTime(k));
         else   %否则考虑本地计算时延
            fitness=fitness-eta(k)*max(0,LCT(k)-deadlineTime(k)); %加了罚函数因子的适应
度函数
         end
     end
     end
```

3.5.2 粒子群算法优化函数

粒子群算法在 MEC 中的应用主要体现在对任务卸载、资源分配和能耗管理等问题的优化，通过全局搜索和自适应性，为边缘计算系统提供更有效的解决方案。通过粒子群算法的实现，用于解决某个优化问题。以下是针对此模型的主要步骤和功能的简要说明：

（1）初始化。

① 设置迭代次数 iterationNum2 和其他算法参数（例如，粒子群大小 popSize，速度更新参数 c1、c2、c3 等）。

② 初始化粒子的位置和速度，其中涉及决策变量 old_u 和 old_x，这些变量表示粒子的位置。

（2）粒子群算法迭代。

① 在每次迭代中，根据粒子群算法的规则，更新粒子的速度和位置。

② 利用一个适应度函数计算每个粒子的适应度，适应度函数涉及优化问题的目标函数、约束条件等。

③ 更新个体历史最佳位置和全局历史最佳位置。

（3）保存结果。

保存迭代过程中的适应度值，以便后续分析。

（4）最终结果。

最终输出具有最佳适应度的个体，即全局历史最佳位置 globalBest_u 和 globalBest_x。

在 MEC 中，任务卸载、资源分配和能耗管理通常是相互关联的。粒子群算法可以用于

解决联合优化问题，综合考虑多个因素，使得系统整体性能最优。

下面是具体代码示例：

```
% 粒子群算法
iter2 = 1;
obj2(iter2) = historyBestIndividualFitness;
_BestIndividual_u = historyBestIndividual_u;
_BestIndividual_x = historyBestIndividual_x;
iter2 = iter2 + 1;
% 初始化粒子速度
whether_offload = Judge_offload(chromlength, computDataSizeEachTask, …
computCycleEachTask, fixcomputCapabilityUserTerminal, deadlineTime);

% 不关联基站的不需要给速度
for i = 1:popSize
    for j = 1:chromlength
        if whether_offload(j)
            xVelocity(i, j) = rand(1);
            uVelocity(i, j) = rand(1);
        else
            xVelocity(i, j) = 0;
            uVelocity(i, j) = 0;
        end
    end
end
% 初始化粒子位置
personalBest_u = old_u;
personalBest_x = old_x;
personalBest_fitness = fitness;
% 种群的历史最佳位置及最佳适应度

[globalBest_fitness, idb] = max(personalBest_fitness);
% globalBest_fitness 中的值是 PSO 算法中当前最佳个体

globalBest_u = personalBest_u(idb, :);
globalBest_x = personalBest_x(idb, :);
while iter2 <= iterationNum2
    % 更新速度        速度更新参数 c1、c2、c3
    for i = 1:popSize
```

```
            for j = 1:chromlength
                if whether_offload(j)
                    xVelocity(pop, j) = c1 * xVelocity(pop, j) + c2 * rand * (personalBest_
x(pop, j) -…
                        old_x(pop, j)) + c3 * rand * (globalBest_x(j) - old_x(pop, j));
                    uVelocity(pop, j) = c1 * uVelocity(pop, j) + c2 * rand * (personalBest_
u(pop, j) – …
    old_u(pop, j)) + c3 * rand * (globalBest_u(j) - old_u(pop, j));
                else
                end
            end
        end
        % 要更新速度节点的序号
        Velocity_Point = find(whether_offload == 1);
        % 要更新速度节点的总数量
        wait_size = size(Velocity_Point);
        real_size = max(wait_size); % wait_size 不是一个数
        for pop = 1:popSize
            for k = 1:real_size
                if xVelocity(pop, Velocity_Point(k)) > xVelocityBound
                    xVelocity(pop, Velocity_Point(k)) = xVelocityBound;
                elseif xVelocity(pop, Velocity_Point(k)) < -xVelocityBound
                    xVelocity(pop, Velocity_Point(k)) = -xVelocityBound;
                elseif uVelocity(pop, Velocity_Point(k)) > uVelocityBound
                    uVelocity(pop, Velocity_Point(k)) = uVelocityBound;
                elseif xVelocity(pop, Velocity_Point(k)) < -uVelocityBound
                    uVelocity(pop, Velocity_Point(k)) = -uVelocityBound;
                end
            end
        end
        % 更新位置
        for pop = 1:popSize
            new_x(pop, :) = round(old_x(pop, :) + xVelocity(pop, :));
            new_u(pop, :) = round(old_u(pop, :) + uVelocity(pop, :));
        end
        % 位置上下界
        for pop = 1:popSize
            for k = 1:userNum
```

```
                if (new_x(pop, k)) > BSNum || (new_x(pop, k) < 1)
                    new_x(pop, k) = old_x(pop, k);      %
                end
                if (new_u(pop, k) > Resourceblock) || (new_u(pop, k) < 1)
                    new_u(pop, k) = old_u(pop, k);    %
                end
            end
        end
        old_x = new_x;
        old_u = new_u;
        % 判断是否溢出
        old_u = Judge_overflow(old_x, old_u, popSize, chromlength, Resourceblock);
        % 找到新的历史最佳粒子
        for pop = 1:popSize
            assocIndex = zeros(BSNum, userNum);        % 生成 BSNum 行 userNum 列的
零矩阵
            for k = 1:userNum
                id = old_x(pop, k);       %
                if id
                    assocIndex(id, k) = 1;
                end
            end
            [assocUserNum, assocBSID] = min_cost_youMBS_assocBSIDNum(assocIndex);
            fitness(pop) = min_cost_youMBS_calculateIndividualFitness(cost1, cost2, cost3,
alpha, lambda, maxTransmitPower, old_u(pop, :), bandwidth, channel, noise, userNum,…
                BSNum, assocUserNum, assocBSID, deadlineTime, computCycleEachTask, ...
              computDataSizeEachTask,fixcomputCapabilityEdgeServer,
fixcomputCapabilityUserTerminal, …
              picoNumPerMacroCell);
        end
        for pop = 1:popSize
            % 找到粒子当前的最佳位置及适应度
            if fitness(pop) > personalBest_fitness(pop)
                personalBest_fitness(pop) = fitness(pop);
                personalBest_u(pop, :) = old_u(pop, :);
                personalBest_x(pop, :) = old_x(pop, :);
            end
        end
```

```
        % 种群的历史最佳位置及最佳适应度


        [globalBest_fitness, idb] = max(personalBest_fitness);
        globalBest_u = personalBest_u(idb, :);
        globalBest_x = personalBest_x(idb, :);
        if globalBest_fitness > historyBestIndividualFitness
            obj2(iter2) = globalBest_fitness;
            iter2 = iter2 + 1;
        else
            obj2(iter2) = historyBestIndividualFitness;
            iter2 = iter2 + 1;
        end
    end
    associationIndex = zeros(BSNum, userNum);
    for k = 1:userNum
        if globalBest_fitness > historyBestIndividualFitness
            id = globalBest_x(k);
        else
            id = _BestIndividual_x(k);
        end
        if id
            associationIndex(id, k) = 1;
        end
    end
    if globalBest_fitness > historyBestIndividualFitness
        user inResourceblock = globalBest_u;
    else
        user inResourceblock = _BestIndividual_u;
    end
    save convergenceResult_PSO obj1 obj2     % 保存每次迭代的最优适应度值
```

3.5.3 主函数

主函数是一个程序的入口点，也是程序执行的起点。主函数通常是程序中的第一个被调用的函数。主函数定义了程序开始执行时所要执行的操作，包括初始化和配置程序所需的资源，接收输入数据，处理数据，生成输出等。主函数执行完成后，程序通常会退出或者调用其他函数执行更复杂的任务。

以下是通过主函数调用进行优化的代码：

```
distMacro=1000;   % Distance between two macro BSs，宏基站之间的距离 0
macroNum=1;          %实际上只有一个宏基站
[macrox,macroy] = min_cost_youMBS_generateMBS( distMacro,macroNum);      %返回宏基站的横纵坐标
macroPoints=[macrox',macroy'];                  %宏基站的位置表示
picoNumPerMacroCell=40; % 一个宏基站下所拥有的微基站数量  40
pl=length(picoNumPerMacroCell);        %这里 p1 的长度等于 3，因为 picoNumPerMacroCell 数组中有 3 个数（哪 3 个数）
fixcomputCapabilityUserTerminal=7*1e8; % 0.7 GHz 用户设备的计算能力
fixcomputCapabilityEdgeServer=1*1e9;        % 1 GHz 每个计算资源块固定的计算能力
userNumPerMacroCell=30;                                  %用户的数量
userNum=macroNum*userNumPerMacroCell;        %总的用户数量
computDataSizeEachTask=(2+3*rand(userNum,1))*1e6;
% 10^6-10^7 bits the amount of each computation task; d_k（任务的计算的数据大小）
computCycleEachTask=ones(userNum,1)*1e3;
% 1000 cycles/bit   the number of CPU cycles of each bit computation task; l_k（单位任务计算量）
deadlineTime=(1+9*rand(userNum,1));
% 1-10 s   the deadline of each computation task; tau_k（任务的截止时延）
%cost1 应为全本地计算
[picox,picoy]=min_cost_youMBS_generatePBS( macroPoints,picoNumPerMacroCell(p),distMacro);
%返回微基站的横纵坐标
picoPoints=[picox',picoy'];    %表示微基站的位置
BSx=[picox macrox];         %SBS 的横坐标和 MBS 的横坐标
BSy=[picoy macroy];         %SBS 的纵坐标和 MBS 的纵坐标
BSNum=length(BSx);       %这里的 BSNum 的长度为 N+1，即一个 MBS，N 个 SBS
picoNum=macroNum*picoNumPerMacroCell(p);      %总的微基站数量
%Generating users in each macro cell           %宏小区中的用户
[userx,usery] = min_cost_youMBS_generateCellularUsers…
(macroPoints,picoPoints,userNumPerMacroCell,distMacro);     %返回值为用户的位置
[channel,pathloss]=min_cost_youMBS_channelCreation(userx,usery,BSx,BSy,picoNum);
%返回值为信道增益矩阵和路径损耗
%执行用户关联与资源分配
associationIndex_NO =zeros(BSNum,userNum); % 不关联至任何基站，用户端自身完成计算任务，返回全 0 数组，基站行，用户列
associationIndex_BP = min_cost_youMBS_bestPowerAssociation(channel,BSNum,userNum);
```

```
% 最强信号关联：每个用户都和基站关联
    %----------------用 3 种 PSO 算法获得 3 个决策变量的最优解---------------
    [associationIndex_ _PSO,user inResourceblockmin_ _PSO] = min_cost_youMBS_ _PSO…
    (cost1,cost2_1,cost3,Resourceblock,alpha,lambda,bandwidth,channel,noise,userNum,
BSNum,…
    deadlineTime,computCycleEachTask,...
    computDataSizeEachTask,fixcomputCapabilityEdgeServer,fixcomputCapabilityUserTerminal,
…
    maxTransmitPower,picoNumPerMacroCell(p)); % 现有的 PSO 粒子群算法（HGP 算法)
    %load convergenceResult_ _PSO;
    %save convergenceResult_ _PSO_1 obj1 obj2;
    %[associationIndexmin_im PSO,user inResourceblockmin_im_PSO] = min_cost_youMBS_
im _PSO…
    (cost1,cost2_1,cost3,Resourceblock,alpha,lambda,bandwidth,channel,noise,userNum,
BSNum,deadlineTime,computCycleEachTask,...
    computDataSizeEachTask,fixcomputCapabilityEdgeServer,fixcomputCapabilityUserTerminal,
…
    maxTransmitPower,picoNumPerMacroCell(p));
    % load convergenceResult_im_PSO;
    % save convergenceResult_im_PSO_1 imObj1 imObj2;
     [associationIndex_ PSO,user inResourceblock_ PSO] = min_cost_youMBS_ PSO…
    (cost1,cost2,cost3,Resourceblock,alpha,lambda,bandwidth,channel,noise,userNum,BSNum,…
    deadlineTime,computCycleEachTask,...
    computDataSizeEachTask,fixcomputCapabilityEdgeServer,fixcomputCapabilityUserTerminal,
…
    maxTransmitPower,picoNumPerMacroCell);
```

4 鲸鱼优化算法

鲸鱼优化算法（Whale Optimization Algorithm，WOA）是一种基于座头鲸捕食行为的元启发式优化算法。该算法最初由 Mirjalili 于 2016 年提出，灵感来源于座头鲸的气泡网觅食法和围捕猎物的行为。WOA 模拟了座头鲸在捕猎过程中的搜索和围捕策略，通过模仿这些自然行为来寻找问题的最优解。自提出以来，鲸鱼优化算法在各个领域都得到了广泛的应用，其发展历程和应用背景具有重要意义。

4.1 鲸鱼优化算法概述

自 2016 年提出以来，WOA 受到了学术界和工业界广泛关注，引起了众多研究者的兴趣。许多学者对该算法进行了深入研究，探索其优化性能、收敛速度以及适用性等方面的特点，并通过不断改进和优化使其逐渐成熟。在发展过程中，WOA 不断融合其他计算智能算法的优点，如粒子群优化、遗传算法等，形成多种改进的变体算法，为实际问题的求解提供更多的选择。

WOA 在不同领域的应用呈现出多样性和广泛性。在工程领域，WOA 被成功应用于电力系统调度、控制系统优化、机械设计等方面，取得良好的优化效果。在信息技术领域，WOA 被用于图像处理、数据挖掘、模式识别等问题的求解，在这些领域中展现出强大的优化能力。此外，WOA 还在经济学、医学、生物学等学科领域得到应用，为解决复杂实际问题提供新的思路和方法。

总地来说，鲸鱼优化算法自提出以来，经过广泛的研究和探讨，在优化算法领域取得显著的进展。在不同领域的应用也证明了其实用性和有效性。随着对 WOA 的深入研究和改进，相信它将在更多领域发挥重要作用，为解决实际问题提供更加高效的优化方法。WOA 算法的发展与应用背景，不仅展示了科学研究的创新成果，也为实际问题的求解提供了有益的思路和工具。

4.1.1 发展状况

WOA 算法最初被提出时，其基本思想是将座头鲸群体看作一个种群，每只座头鲸代表一个解。通过模拟觅食行为中的位置调整和搜索策略，使座头鲸能够寻找最优解。

随着研究者对 WOA 的深入研究，发现原始算法在处理复杂问题时存在收敛速度慢、易陷入局部最优等问题，因此提出了一系列改进方法。

（1）多样性保持策略：为了增加算法的多样性和局部搜索能力，研究者们提出了一些多样性保持策略。例如，在 WOA 中引入“泡泡网”机制，通过调整鲸鱼的位置和速度，扩大解空间的探索范围，从而提高算法的全局搜索能力。

（2）参数调整：WOA 中的参数设置对算法的性能有着重要影响。研究者们通过优化参数设置，提高算法的收敛性和搜索能力。例如，使用自适应方法来动态调整参数值，使其能够更好地适应问题的特性。

（3）混合算法：为了进一步提高算法的性能，研究者们将 WOA 与其他优化算法进行混合。例如，结合粒子群优化算法、差分进化算法等，通过融合不同算法的优点，提高算法的搜索效率和求解精度。

除了目前的改进方向，WOA 在未来可能的发展方向还包括以下几个方面：

（1）理论研究的深入：研究者们可以继续深入研究 WOA 的理论基础，从数学模型和优化理论的角度进一步分析和解释算法的性能。

（2）算法融合与混合：WOA 可以与其他优化算法进行融合和混合，以形成更强大的优化框架。通过结合不同算法的优点，可以提高算法的搜索能力和求解精度。

（3）算法参数的自适应调整：研究者们可以进一步研究 WOA 中参数的自适应调整策略，以提高算法的鲁棒性和适应性。

（4）实际应用的拓展：WOA 可以进一步拓展到更多的实际应用领域，如电力系统优化、交通网络优化、金融投资决策等。通过将算法应用于实际问题，可以验证算法的有效性和实用性。

4.1.2 应用场景

WOA 可以进一步拓展到更多的实际应用领域，以下将详细介绍其在不同应用场景下的具体应用及其优势。

（1）工程优化应用：鲸鱼优化算法在工程领域有着广泛的应用，涉及结构设计、参数优化、控制系统设计等方面。在结构设计中，可以利用 WOA 优化建筑物、桥梁、航空航天器等的结构布局，以提高结构强度和稳定性；在参数优化方面，WOA 可用于优化工程系统中的参数配置，如电力系统参数优化、机械设备参数优化等；在控制系统设计中，WOA 可用于优化 PID 控制器参数、自适应控制器参数等，以提高控制系统的性能和鲁棒性。

（2）电力系统优化：在电力系统领域，WOA 可应用于电力系统调度、电网规划、风电场布局优化等问题。通过 WOA 优化电力系统调度方案，可以降低系统运行成本和减少环境影响；利用 WOA 进行电网规划，可以合理规划输电线路和变电站的布局，提高电网可靠性和经济性；在风电场布局优化中，WOA 可用于确定风电场的最佳布局，以最大程度地捕捉风能资源并降低风电设备的成本。

（3）智能机器人路径规划：在智能机器人领域，WOA 可应用于路径规划、运动控制、任务分配等问题。通过 WOA 优化机器人的路径规划，可以实现高效的路径规划和避障，提高机器人的自主导航能力；利用 WOA 进行运动控制，可以优化机器人的运动轨迹和速度，提高机器人的运动效率和精度；在任务分配方面，WOA 可用于优化多机器人协作完成任务的分配策略，提高整体任务执行效率。

（4）金融投资决策：在金融领域，WOA 可应用于股票投资组合优化、风险管理、期权定价等问题。通过 WOA 优化股票投资组合，可以实现投资组合的最优配置，降低投资风险并提高收益；在风险管理中，WOA 可用于优化风险控制策略，提高投资组合的抗风险能力；在期权定价方面，WOA 可用于优化期权定价模型的参数，提高定价模型的准确性和稳健性。

（5）智能交通系统优化：在智能交通领域，WOA 可应用于交通信号优化、车辆路径规划、交通拥堵预测等问题。通过 WOA 优化交通信号控制策略，可以降低交通拥堵概率、减少交通事故，并提高交通效率；利用 WOA 进行车辆路径规划，可以优化车辆行驶路线，降低能耗和排放；在交通拥堵预测中，WOA 可用于优化拥堵预测模型的参数，提高拥堵预测的准确性和时效性。

总之，鲸鱼优化算法在工程、电力系统、智能机器人、金融投资和智能交通等领域都有着广泛的应用场景。通过 WOA 的应用，可以有效解决各种复杂的优化问题，提高系统性能、降低成本、提高效率，推动相关领域的发展和进步。随着对 WOA 的深入研究和应用实践，相信其在更多领域将发挥重要作用，并为各行业带来更多的创新和价值。

4.2 标准鲸鱼优化算法

标准鲸鱼优化算法是一种模拟座头鲸狩猎行为的元启发式优化算法。与其他群体优化算法相比，该算法的主要区别在于使用随机或最佳搜索代理来模拟捕猎行为，并利用螺旋来模拟座头鲸的气泡网攻击机制。该算法具有简单、参数少、寻优能力强等优点。

4.2.1 算法原理

座头鲸以其特殊的捕猎方式而闻名，这种寻找食物的行为被称为气泡网觅食法。鲸鱼优化算法模拟座头鲸独特的搜索方法和捕食机制，主要包括围捕猎物、气泡网捕食和搜索猎物 3 个关键阶段。在该算法中，每个座头鲸的位置代表着一个潜在解，通过不断更新鲸鱼的位置来搜索最优解。

4.2.2 算法工作流程

1. 围捕猎物

鲸鱼优化算法（WOA）的搜索范围涵盖了全局解空间，为了有效搜索，需要先确定猎物的位置以便进行包围。由于在搜索过程中最优解的位置不是预知的，WOA 假设当前的最佳候选解是目标猎物或接近最优解。一旦确定了最佳搜索代理，其他搜索代理将尝试向最佳搜索代理更新它们的位置。这一行为由式（4-1）和式（4-2）表示。

$$\boldsymbol{D}=\left|\boldsymbol{C}\cdot\boldsymbol{X}^{*}(t)-\boldsymbol{X}(t)\right| \tag{4-1}$$

$$\boldsymbol{X}(t+1)=\boldsymbol{X}^{*}(t)-\boldsymbol{A}\cdot\boldsymbol{D} \tag{4-2}$$

式中，t 表示当前迭代的次数；$\boldsymbol{A}$ 和 $\boldsymbol{C}$ 是系数向量；$\boldsymbol{X}^{*}(t)$ 是目前解最佳的位置向量；$|\,|$ 表示向量的模；$\cdot$ 表示元素相乘。其中，向量 $\boldsymbol{A}$ 和 $\boldsymbol{C}$ 计算公式如式（4-3）和式（4-4）所示。

$$\boldsymbol{A}=2\boldsymbol{a}\cdot\boldsymbol{r}-\boldsymbol{a} \tag{4-3}$$

$$\boldsymbol{C}=2\cdot\boldsymbol{r} \tag{4-4}$$

其中，$\boldsymbol{a}$ 在整个迭代过程中从 2 线性降到 0；$\boldsymbol{r}$ 是开区间(0,1)中的随机向量。

2. 气泡网攻击

这是座头鲸捕食的一种机制，主要有两种方式：包围捕食和气泡网攻击捕食，如图 4-1 所示。

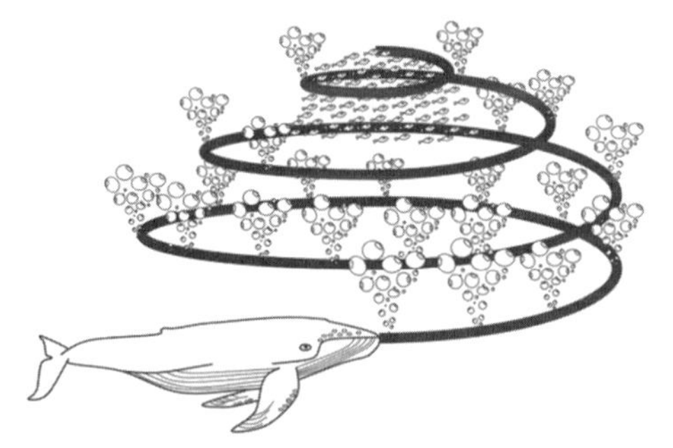

图 4-1 座头鲸的气泡网捕食方式

当座头鲸采用气泡网攻击捕食时，其与猎物之间的位置更新通过对数螺旋方程来表达，具体如式（4-5）和式（4-6）所示。

$$\boldsymbol{X}(t+1)=\boldsymbol{D}'\cdot\mathrm{e}^{bl}\cdot\cos(2\pi l)+\boldsymbol{X}^{*}(t) \tag{4-5}$$

$$\boldsymbol{D}'=\left|\boldsymbol{X}^{*}(t)-\boldsymbol{X}(t)\right| \tag{4-6}$$

其中，$\boldsymbol{D}'$ 表示当前搜索个体与当前最优解的距离；b 为对数螺旋参数；l 则表示为闭区间[−1, 1]内均匀分布的随机数。

在靠近猎物的过程中，WOA 根据概率 P 选择气泡网捕食或

者收缩包围两种捕食行为。其位置更新公式如式（4-7）所示。

$$\boldsymbol{X}(t+1)=\begin{cases}\boldsymbol{X}^{*}(t)-\boldsymbol{A}\cdot\boldsymbol{D} & ,P<0.5\\ \boldsymbol{D}'\cdot\mathrm{e}^{bl}\cdot\cos(2\pi l)+\boldsymbol{X}^{*}(t), & P\geqslant 0.5\end{cases} \tag{4-7}$$

其中，P 代表捕食机制概率值为闭区间[0, 1]内的随机数。随着迭代次数 t 的增加，参数 $\boldsymbol{A}$ 和收敛因子 $\boldsymbol{a}$ 逐渐减小，若 $|\boldsymbol{A}|<1$，则各鲸鱼逐渐包围当前最优解，在 WOA 中属于局部寻优阶段。

3. 搜索捕食

为了确保所有鲸鱼能充分搜索解空间，WOA 根据鲸鱼之间的距离来更新位置，以实现随机搜索的目的。因此，当$|\boldsymbol{A}|\geqslant 1$时，搜索个体会游向随机鲸鱼。这一行为由式（4-8）和式（4-9）所描述。

$$\boldsymbol{D}=\left|\boldsymbol{C}\cdot\boldsymbol{X}_{\text{rand}}-\boldsymbol{X}_{\text{rand}}\right| \tag{4-8}$$

$$\boldsymbol{X}(t+1)=\boldsymbol{X}_{\text{rand}}-\boldsymbol{A}\cdot\boldsymbol{D} \tag{4-9}$$

其中，$\boldsymbol{D}$ 表示当前搜索个体与随机个体的距离；$\boldsymbol{X}_{\text{rand}}$ 表示当前随机个体的位置。

鲸鱼优化算法流程如图 4-2 所示，具体步骤如下：

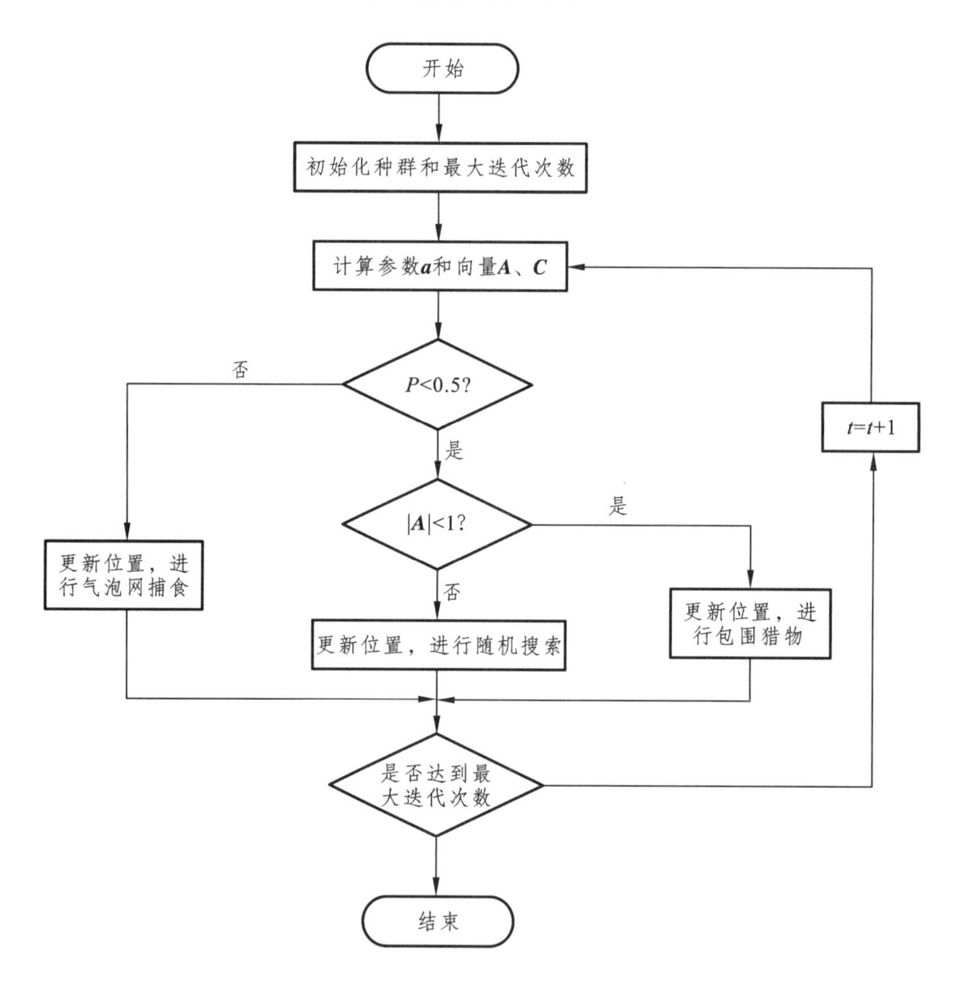

图 4-2　鲸鱼优化算法流程

步骤 1：设置鲸鱼数量 N 和算法的最大迭代次数 $T_{\max}$，初始化位置信息。

步骤 2：计算每条鲸鱼的适应度，找到当前最优鲸鱼的位置并保留。

步骤 3：计算参数 $\boldsymbol{a}$、P 和系数向量 $\boldsymbol{A}$、$\boldsymbol{C}$，判断概率 P 是否小于 50%，是则直接转入步骤 4，否则采用气泡网捕食机制进行位置更新。

步骤 4：判断系数向量 $\boldsymbol{A}$ 的模是否小于 1，是则按包围猎物更新位置；否则按照全局随机搜索猎物更新位置。

步骤 5：位置更新结束，计算每条鲸鱼的适应度，并与先前保留的最优鲸鱼的位置进行比较，若优于先前的，则利用新的最优解替换。

步骤 6：判断当前计算是否达到最大迭代次数，如果是，则获得最优解，计算结束；否则进入下一次迭代，并返回步骤 3。

4.3 鲸鱼优化算法的收敛性分析

无限状态的连续解空间可以离散化以方便进行算法的理论分析，假定离散空间中 WOA 的种群个体 i 在时刻 t 有 $X_i^{(t)}=x_i^t$，$x_i^t\in D$，D 为状态空间，x_i^t 为个体 i 在时刻 t 的状态。状态 $X_i^{(t)}$ 所构成的序列 $\{X_i^{(t)},t\geqslant 1\}$ 在离散空间中为取值离散的随机变量，根据 WOA 的种群更新公式[式（4-2）]可知，个体当前时刻的状态只与前一时刻状态有关，与现在所处的迭代次数无关，因此个体状态 $X_i^{(t)}$ 所构成的序列 $\{X_i^{(t)},t\geqslant 1\}$ 为齐次的马尔科夫链。

因为 WOA 在离散空间中的种群数量和状态个数是有限的，所以种群序列也可以看作是一个有限的马尔科夫链。每次算法找到的当前最优目标函数值都会被记录下来而不会丢弃，这表明 WOA 采用了精英保留策略。因此，该算法对应的马尔科夫过程是一个吸收态马尔科夫过程。

定理 1 只含有螺旋更新机制的 WOA 不能依概率全局收敛。

证明 假定 WOA 算法个体 i 在时刻 t 陷入局部最优状态 $g^{(t)}$，对于螺旋更新机制而言，在离散空间中，该算法的迭代形式可以被描述为

$$X_i^{(t+1)}=g^{(t)}+\left|g^{(t)}-X_i^{(t)}\right|\cdot \mathrm{e}^{bl}\cdot\cos(2\pi l) \tag{4-10}$$

该算法的一步转移概率可以被表示为

$$\begin{aligned}P(X_i^{(t+1)}=g^{(t+1)}|\,X_i^{(t)}=g^{(t)})&=P(X_i^{(t+1)}=g^{(t)}+|\,g^{(t)}-g^{(t)}\,|\cdot\mathrm{e}^{bl}\cdot\cos(2\pi l)|\,X_i^{(t)}=g^{(t)})\\&=P(X_i^{(t+1)}=g^{(t)}|\,X_i^{(t)}=g^{(t)})\\&=\begin{cases}1, & g^{(t)}=g^{(t+1)}\\0, & g^{(t)}\neq g^{(t+1)}\end{cases}\end{aligned} \tag{4-11}$$

因此，仅采用螺旋更新机制的 WOA 有可能进入局部最优解集的吸收态而无法跳出。也就是说，存在一个非空闭集 B，当迭代次数趋于无穷时，种群序列收敛到全局最优解集 B^* 的概率小于 1。因此，该算法不能保证以一定的概率全局收敛。

证毕。

定理 2 只含有收缩包围机制的 WOA 依概率全局收敛。

证明 只含有收缩包围机制的 WOA 个体 i 在时刻 t 陷入局部最优状态 $g^{(t)}$，则种群序列 $\{X_i^{(t)},t\geqslant 1\}$ 的一步转移概率为

$$P(X_i^{(t+1)}=g^{(t+1)}|\ X_i^{(t)}=g^{(t)})=P(X_i^{(t+1)}=g^{(t)}-A|C\cdot g^{(t)}-X_i^{(t)}||\ X_i^{(t)}=g^{(t)})$$
$$=\begin{cases}1, g^{(t)}=g^{(t+1)}, A=0或C=1\\0, g^{(t)}\neq g^{(t+1)}, A\neq 0或C\neq 1\end{cases} \tag{4-12}$$

由于在每次迭代过程中参数 A 和 C 都是随机取值的，因此仅采用收缩包围机制的 WOA 很难陷入局部最优解。

假设 WOA 的全局最优解集为 B^*，若仅采用收缩包围机制的 WOA 中个体 i 在第 t 次迭代时仍未进入全局最优解集 B^*，则有

$$P(X_i^{(t)}\notin B^*)=P(X_i^{(t)}\notin B^*|\ X_i^{(t-1)}\in B^*)P(X_i^{(t-1)}\in B^*)+$$
$$P(X_i^{(t)}\notin B^*|\ X_i^{(t-1)}\notin B^*)P(X_i^{(t-1)}\notin B^*) \tag{4-13}$$

由于 WOA 对应的马尔科夫过程是吸收态的，所以 $P(X_i^{(t)}\notin B^*|\ X_i^{(t-1)}\in B^*)=0$，由此可得

$$P(X_i^{(t)}\notin B^*)=P(X_i^{(t)}\notin B^*|\ X_i^{(t-1)}\notin B^*)P(X_i^{(t-1)}\notin B^*) \tag{4-14}$$

由于 WOA 对应的马尔科夫过程是吸收态的，因此在该过程中存在一个或多个吸收态，即局部最优解集。根据收缩包围机制的一步转移概率，可以确定该机制不容易陷入局部最优状态。因此，在迭代过程中，个体 i 会以一定的概率进入全局最优解集并保持在其中，即

$$0<P(X_i^{(t)}\in B^*|\ X_i^{(t-1)}\notin B^*)<1 \tag{4-15}$$

其中 $P(X_i^{(t)}\notin B^*)=P(X_i^{(t)}\notin B^*|\ X_i^{(t-1)}\notin B^*)P(X_i^{(t-1)}\notin B^*)$ 可变形为

$$P(X_i^{(t)}\notin B^*)=[1-P(X_i^{(t)}\in B^*|\ X_i^{(t-1)}\notin B^*)]P(X_i^{(t-1)}\notin B^*) \tag{4-16}$$

同理可得

$$\begin{cases}P(X_i^{(t-1)}\notin B^*)=[1-P(X_i^{(t-1)}\notin B^*|\ X_i^{(t-2)}\notin B^*)]\times P(X_i^{(t-2)}\notin B^*)\\P(X_i^{(t-2)}\notin B^*)=[1-P(X_i^{(t-2)}\notin B^*|\ X_i^{(t-3)}\notin B^*)]\times P(X_i^{(t-3)}\notin B^*)\\\vdots\end{cases} \tag{4-17}$$

则

$$\mathrm{P}\{X_i^{(t)}\notin B^*\}=\prod_{k=1}^{t}[1-P(X_i^{(k)}\in B^*|\ X_i^{(k-1)}\notin B^*)]P(X_i^{(0)}\notin B^*) \tag{4-18}$$

由于 $0<P(X_i^{(k)}\in B^*|\ X_i^{(k-1)}\notin B^*)<1, k=1,2,\cdots,t$，因此当迭代次数趋于无穷时有

$$\lim_{t\to\infty}\left\{\prod_{t}^{k=1}[1-P(X_i^{(k)}\in B^*|\ X_i^{(k-1)}\notin B^*)]\right\}=0 \tag{4-19}$$

因此 $\lim\limits_{t\to\infty}P(X_i^{(t)}\notin B^*)=0$，即 $\lim\limits_{t\to\infty}P(X_i^{(t)}\in B^*)=1$。

由此可知，仅采用收缩包围机制的 WOA 算法在迭代次数趋于无穷大时，依概率收敛于全局最优解。

证毕。

定理 3 鲸鱼优化算法依概率全局收敛。

证明 由于 WOA 在迭代后期始终满足 $|\boldsymbol{A}|<1$ 的条件，因此当 WOA 仅包含螺旋更新机

制和收缩包围机制并且两种机制的选择概率相等时，即使某个鲸鱼个体在螺旋更新阶段陷入局部最优解中，也可以很快在收缩包围阶段跳出局部最优解。根据定理 1 和定理 2，WOA 在迭代次数趋于无穷大时，最终可以依概率收敛于全局最优解。

证毕。

4.4 鲸鱼优化算法的参数选择研究

尽管 WOA 可能会在全局范围内以概率收敛，但在实际应用中，所有智能优化算法都不可能进行无限次迭代。因此，在完成 WOA 的收敛性分析基础上，为了加速 WOA 的收敛速度，由定理 1 可知，WOA 的螺旋更新机制易陷入局部最优解集而无法以概率全局收敛。因此，本节主要研究 WOA 收缩包围机制稳定收敛时的合理参数选择范围。

有限差分近似是一种有效的方法，用于解决线性偏微分方程初值问题。在离散化后的 WOA 连续解空间中，首先对求解区域进行网格剖分，然后构造双层有限差分格式来表示差分方程。最后，使用冯诺依曼稳定准则来判断该差分格式的稳定性以及在方程稳定时参数的取值。

鲸鱼优化算法中的收缩包围机制可表示为如式（4-20）所示的形式：

$$X_{i,\xi}(t+1)=X_{\text{best},\xi}(t)-A\,|\,CX_{\text{best},\xi}(t)-X_{i,\xi}(t)\,| \tag{4-20}$$

式中，$i\in\{1,2,\cdots,\mathcal{I}\},\xi\in\{1,2,\cdots,D_m\}$。其中，$\mathcal{I}$ 表示算法种群中的个体总数；D_m 表示所求解目标函数的维度；t 表示当前算法的迭代次数；$X_{i,\xi}(t)$ 和 $X_{i,\xi}(t+1)$ 分别表示第 t 次和第 $t+1$ 次迭代时，第 i 个候选解在第 ξ 维上的值；$X_{\text{best},\xi}(t)$ 表示第 t 次迭代时，当前鲸鱼种群的最优解在第 ξ 维上的值。

由于 WOA 中鲸鱼个体更新自身位置时按照每个维度单独进行，因此可以不失一般性地将高维的 WOA 降低到一维进行分析。因此可得

$$X_i(t+1)=X_{\text{best}}(t)-A\,|\,CX_{\text{best}}(t)-X_i(t)\,| \tag{4-21}$$

作为当前最优解的鲸鱼个体 $X_{\text{best}}(t)$，可以假定其为种群中的第 ∂ 个鲸鱼个体 $X_\partial(t)$，且 $\partial=i+a,a\in\{1,2,\cdots,\mathcal{I}\}$，$\partial\in\{1,2,\cdots,\mathcal{I}\}$，将其代入式（4-21）中可以得到

$$X_i(t+1)=X_{i+a}(t)-A\,|\,CX_{i+a}(t)-X_i(t)\,| \tag{4-22}$$

式（4-22）的差分形式如下：

$$X_i^{t+1}=X_{i+a}^t-A\,|\,CX_{i+a}^t-X_i^t\,| \tag{4-23}$$

由于方程在 i-t 离散网格节点上的近似解可以表示为 $X_{m,n}=X(i_m,t_n)$，因此在 $X_{m,n}$ 上双层有限差分格式如式（4-24）所示：

$$X_m^{n+1}=X_{m+a}^n-A\,|\,CX_{m+a}^n-X_m^n\,| \tag{4-24}$$

根据冯诺依曼稳定准则可知，式（4-24）差分格式的 X_m^n 用其分解后的第 ξ 阶傅里叶分量

$\wp^n(\xi)\mathrm{e}^{\mathrm{i}\xi m\Delta x}$代替，而第$n$阶和第$n+1$阶傅里叶系数之间的关系满足$\wp^{n+1}(\xi)=g(\xi)\wp^n(\xi)$，代入式（4-24）可得：

$$g(\xi)\wp^n(\xi)\mathrm{e}^{\mathrm{i}\xi m\Delta x}=\wp^n(\xi)\mathrm{e}^{\mathrm{i}\xi(m+a)\Delta x}-A|\ C\wp^n(\xi)\times\mathrm{e}^{\mathrm{i}\xi(m+a)\Delta x}-\wp^n(\xi)\mathrm{e}^{\mathrm{i}\xi m\Delta x}| \tag{4-25}$$

下面分3种情况对式（4-25）进行讨论：

（1）当$A=0$或者$C\wp^n(\xi)\mathrm{e}^{\mathrm{i}\xi(m+a)\Delta x}-\wp^n(\xi)\mathrm{e}^{\mathrm{i}\xi m\Delta x}=0$，式（4-25）可化简为

$$g(\xi)=\mathrm{e}^{\mathrm{i}\xi a\Delta x} \tag{4-26}$$

此时，$|g(\xi)|=1$恒成立，因此，算法处于边缘稳定状态。

由于WOA中参数A和C是随机取值的，根据定理2可知收缩包围机制不容易陷入局部最优状态。因此，在WOA的迭代过程中$A=0$或者

$$C\wp^n(\xi)\mathrm{e}^{\mathrm{i}\xi(m+a)\Delta x}-\wp^n(\xi)\mathrm{e}^{\mathrm{i}\xi m\Delta x}=0 \tag{4-27}$$

成立的概率极小，在后续研究中可忽略不计。

（2）当$C\wp^n(\xi)\mathrm{e}^{\mathrm{i}\xi(m+a)\Delta x}-\wp^n(\xi)\mathrm{e}^{\mathrm{i}\xi m\Delta x}>0$时，可以得到

$$g(\xi)\wp^n(\xi)\mathrm{e}^{\mathrm{i}\xi m\Delta x}=\wp^n(\xi)\mathrm{e}^{\mathrm{i}\xi(m+a)\Delta x}-A(C\wp^n(\xi)\times\mathrm{e}^{\mathrm{i}\xi(m+a)\Delta x}-\wp^n(\xi)\mathrm{e}^{\mathrm{i}\xi m\Delta x}) \tag{4-28}$$

对式（4-28）进行化简可得

$$g(\xi)=\mathrm{e}^{\mathrm{i}\xi a\Delta x}-A(C\mathrm{e}^{\mathrm{i}\xi a\Delta x}-1) \tag{4-29}$$

令$\theta=\xi a\Delta x$，则$\mathrm{e}^{\mathrm{i}\xi a\Delta x}=\mathrm{e}^{\mathrm{i}\theta}=\cos\theta+\mathrm{i}\sin\theta$，整理可得

$$g(\xi)=(\cos\theta-AC\cos\theta+A)+\mathrm{i}(\sin\theta-AC\sin\theta) \tag{4-30}$$

由于式（4-30）中只含有一个独立变量，根据冯诺依曼稳定性准则，其稳定的充要条件是$|g(\xi)|\leqslant1$，等价于式（4-31）成立。

$$(\cos\theta-AC\cos\theta+A)^2+(\sin\theta-AC\sin\theta)^2\leqslant1 \tag{4-31}$$

对式（4-31）进行简化可得

$$(1-AC)^2+A^2+2A(1-AC)\cos\theta\leqslant1 \tag{4-32}$$

因为$\cos\theta=1-2\sin^2(0.5\theta)$，代入式（4-32）可得

$$(1-AC-A)^2\leqslant1-4A(1-AC)\cos^2(0.5\theta) \tag{4-33}$$

由于$0\leqslant\cos^2\left(\dfrac{\theta}{2}\right)\leqslant1$，对任意$\theta$均使式（4-33）成立的充分条件是

$$\begin{cases}A(1-AC)\leqslant0\\(1-AC-A)^2\leqslant1\end{cases}\text{或}\begin{cases}A(1-AC)>0\\0\leqslant(1-AC-A)^2\leqslant1-4A(1-AC)\end{cases} \tag{4-34}$$

此时参数A和C的取值范围为

$$\begin{cases}0 < A < \dfrac{2}{3}\\ 1 \leqslant C \leqslant 2\end{cases} \text{或} \begin{cases}\dfrac{2}{3} \leqslant A < 1\\ 1 \leqslant C \leqslant \dfrac{2}{A}-1\end{cases} \tag{4-35}$$

又因为式（4-33）成立的必要条件是

$$\begin{cases}A(1-AC) \leqslant 0\\ (1-AC-A)^2 \leqslant 1-4A(1-AC)\end{cases} \text{或} \begin{cases}A(1-AC) > 0\\ (1-AC-A)^2 \leqslant 1\end{cases} \tag{4-36}$$

此时仅部分θ的取值能满足要求，对应参数A和C的取值范围为

$$\begin{cases}-1 < A \leqslant 0\\ 0 \leqslant C \leqslant 1\end{cases}, \begin{cases}0 \leqslant A \leqslant \dfrac{1}{4}\\ 0 \leqslant C \leqslant 2\end{cases} \text{或} \begin{cases}\dfrac{1}{4} \leqslant A < 1\\ \dfrac{1}{A}\left(1-\dfrac{1}{4A}\right) \leqslant C \leqslant 2\end{cases} \tag{4-37}$$

（3）当$C\wp^n(\xi)\mathrm{e}^{\mathrm{i}\xi(m+a)\Delta x} - \wp^n(\xi)\mathrm{e}^{\mathrm{i}\xi m\Delta x} < 0$时，方程稳定条件如式（4-38）所示：

$$(1+AC-A)^2 \leqslant 1-4A(1+AC)\sin^2\left(\frac{\theta}{2}\right) \tag{4-38}$$

同理，式（4-38）对任意θ成立的充分条件为

$$\begin{cases}A(1+AC) \leqslant 0\\ (1+AC-A)^2 \leqslant 1\end{cases} \text{或} \begin{cases}A(1+AC) > 0\\ (1+AC-A)^2 \leqslant 1-4A(1+AC)\end{cases} \tag{4-39}$$

此时，参数A和C的取值范围为

$$\begin{cases}-1 < A < -\dfrac{2}{3}\\ 1 \leqslant C \leqslant -1-\dfrac{2}{A}\end{cases} \text{或} \begin{cases}-\dfrac{2}{3} \leqslant A < 0\\ 1 \leqslant C \leqslant 2\end{cases} \tag{4-40}$$

又因为仅部分θ的取值能满足要求，使得式（4-38）成立的必要条件是

$$\begin{cases}A(1+AC) \leqslant 0\\ (1+AC-A)^2 \leqslant 1-4A(1+AC)\end{cases} \text{或} \begin{cases}A(1+AC) > 0\\ (1+AC-A)^2 \leqslant 1\end{cases} \tag{4-41}$$

此时，参数A和C的取值范围为

$$\begin{cases}-1 < A \leqslant -0.683\\ 0 \leqslant C \leqslant \dfrac{1}{A}\left(\dfrac{1}{4A}-1\right)\end{cases}, \begin{cases}-0.683 < A \leqslant 0\\ 0 \leqslant C \leqslant 2\end{cases}, \begin{cases}0 < A \leqslant 0.207\\ 0 \leqslant C \leqslant 1\end{cases} \text{或} \begin{cases}0.207 < A \leqslant 0.25\\ 0 \leqslant C \leqslant \dfrac{1}{A}\left(\dfrac{1}{4A}-1\right)\end{cases} \tag{4-42}$$

综上所述，对于依概率搜索的鲸鱼优化算法而言，即使在收缩包围机制确定稳定的参数A和C选择区域内取值，使得收缩包围机制能够确定收敛，但是由于螺旋更新机制容易陷入局部最优解集，鲸鱼优化算法在后期的全局探索能力会受到限制，可能无法保证在该条件下收敛到全局最优解。

4.5 鲸鱼优化算法的 MEC 应用案例

随着物联网移动设备（IMD）应用爆炸式增长，电池容量和计算资源问题异常突出。此外，在超密集异构网络（Ultra-Dense Heterogeneous Networks，UDHNs）中超密集布署小基站会导致大量能耗。为了延长 IMD 使用寿命以及缓解 IMD 计算资源限制，移动边缘计算的出现可以在网络边缘为 IMD（用户）提供大量计算资源，从而及时处理延迟敏感型任务，且有效解决了计算密集型任务。

因此，在满足有限的网络资源约束下，需要致力于研究联合安全计算卸载、用户（设备）关联以及资源分配去降低全网能耗，以及如何延长 IMD 和 SBS 的待机时间。此外，需要阐明的是，安全计算卸载是指 IMD 的计算任务如果在边缘服务器执行，需要进行加密传输。而用户（设备）关联决定着 IMD 与基站之间的具体选择情况。

4.5.1 问题简介

在 UDHNs 中，超密集的 SBS 被布署到每个宏小区中，并且每个 BS 都配备了一台 MEC 服务器。通常，在任何宏小区中，SBS 的数量都大于或等于 IMD 数量。为了不失一般性，在启用 MEC 的超密集网络中考虑一个 MBS 和 $\bar{\mathcal{J}}$ 个 SBS，其中 SBS 的集合表示为 $\bar{\mathcal{J}}=\{1,2,\cdots,\bar{J}\}$，MBS 的索引由 0 给出。$\mathcal{J}=\bar{\mathcal{J}}\cup\{0\}$ 表示所有基站的集合。I 个 IMD 用户集合 $\mathcal{I}=\{1,2,\cdots,I\}$ 表示。在本书中，假设所有 SBS 都通过有线链路连接到 MBS，并且任何 IMD 都有一个计算密集型和延迟敏感的应用程序要在安全漏洞成本范围内以及一定期限内执行。此外，任何 IMD 的每个应用程序都有 K 个相对独立的任务，表示为 $\mathcal{K}=\{1,2,\cdots,K\}$。

为减少全网能耗，延长 IMD 和 SBS 的待机时间，针对超密集多用户、多任务物联网网络，联合用户关联、安全计算卸载和资源分配，进行最小化 IMD 时延和安全漏洞总成本约束下的全网能耗。具体而言，问题可规划为

$$
\begin{aligned}
&\min_{\boldsymbol{X},\boldsymbol{E},\boldsymbol{p},\eta,\bar{\boldsymbol{D}},\hat{\boldsymbol{D}}} \sum_{i\in\mathcal{I}} E_i^{\mathrm{Sq}} \\
&\text{s.t. } \mathrm{C}_1: T_i^{\mathrm{Sq}} \leqslant T_i^{\max}, \forall i\in\mathcal{I}, \\
&\mathrm{C}_2: \omega_i \leqslant \omega_i^{\max}, \forall i\in\mathcal{I} \\
&\mathrm{C}_3: \sum_{j\in\mathcal{J}} x_{i,j}=1, \forall i\in\mathcal{I}, \\
&\mathrm{C}_4: \sum_{l\in\mathcal{L}} e_{i,k,l}=1, \forall i\in\mathcal{I}, \forall k\in\mathcal{K}, \\
&\mathrm{C}_5: \theta \leqslant p_i \leqslant p_i^{\max}, \forall i\in\mathcal{I}, \\
&\mathrm{C}_6: \theta \leqslant \eta \leqslant 1, \\
&\mathrm{C}_7: x_{i,j}\in\{0,1\}, \forall i\in\mathcal{I}, j\in\mathcal{J}, \\
&\mathrm{C}_8: e_{i,k,l}\in\{0,1\}, \forall i\in\mathcal{I}, \forall k\in\mathcal{K}, l\in\mathcal{L}, \\
&\mathrm{C}_9: \theta \leqslant \hat{d}_{i,j,k} \leqslant \bar{d}_{i,j,k} \leqslant d_{i,k}, \forall i\in\mathcal{I}, j\in\mathcal{J}, k\in\mathcal{K}
\end{aligned} \tag{4-43}
$$

其中，$\boldsymbol{X}=\{x_{i,j},\forall i\in\mathcal{I},\forall j\in\mathcal{J}\}$表示卸载决策，$x_{i,j}=1$表示IMD$_i$与SBS$_j$相关联，否则，$x_{i,j}=0$；$\boldsymbol{E}=\{e_{i,k,l},\forall i\in\mathcal{I},\forall l\in\mathcal{L}\}$表示任务的安全保护决策变量，$e_{i,k,l}=1$表示 IMD$_i$ 的第k个任务与安全保护级别的加密算法l相关联，否则，$e_{i,k,l}=0$，它表示 IMD$_i$ 的第k个任务的安全保护级别为 1；$\boldsymbol{p}=\{p_i,\forall i\in\mathcal{I}\}$表示 IMD$_i$的上行链路发射功率；$\bar{\boldsymbol{D}}=\{\bar{d}_{ijk},\forall i\in\mathcal{I},\forall j\in\mathcal{J},\forall k\in\mathcal{K}\}$表示IMD$_i$卸载至 BS 的数据量；$\hat{\boldsymbol{D}}=\{\hat{d}_{ijk},\forall i\in\mathcal{I},\forall j\in\mathcal{J},\forall k\in\mathcal{K}\}$表示 SBS 卸载至 MBS 的数据量，$\theta$取一个足够小的值，如$10^{-20}$来避免除 0；频带划分因子为$\eta$以及$\omega_i$表示 IMD$_i$的安全漏洞总成本。$C_1$表示 IMD$_i$的任务执行时间不能超过最大允许时延$T_i^{\max}$，$C_2$表示 IMD$_i$的安全漏洞总成本$\omega_i$不能超过 IMD$_i$的最大允许成本$\omega_i^{\max}$；$C_3$和$C_7$表示一个 IMD$_i$只能与一个基站相关联；$C_4$和$C_8$表示 IMD$_i$的第$k$个任务只能与一个安全保护加密算法相关联；$C_5$给出 IMD$_i$的传输功率下界（$\theta$）和上界（$p_i^{\max}$）；$C_6$给出频带划分因子的下界（$\theta$）和上界（1）；$C_9$表示当 IMD$_i$与 SBS$_j$相关联时，这个 IMD 可以将任务$k$卸载$\bar{d}_{ijk}$比特至 SBS$_j$上处理，然后，SBS j可以将接收到的第k个任务的部分$\hat{d}_{ijk}$比特卸载至 MBS。显而易见，$\bar{d}_{ijk}$和$\hat{d}_{ijk}$要大于等于θ且小于等于 IMD$_i$的任务k的数据大小d_{ik}，与此同时，$\bar{d}_{ijk}$要大于等于$\hat{d}_{ijk}$。

4.5.2 算法设计

由于问题（4-43）为非凸问题，且优化参数多，参数高度耦合，用传统的方法解决过于复杂，为了解决该问题，本节采用了一种鲸鱼优化算法。鲸鱼优化算法是一种受座头鲸捕食行为启发的智能算法，它将优化问题分为包围猎物、螺旋气泡网捕食和搜索猎物 3 个阶段。每个座头鲸在解空间中代表一个可行解，并且通过不断更新位置来寻找全局最优解。在本书中，单个普通鲸鱼个体$z\in\mathcal{Z}$。

为了利用 WOA 求解上述最优化问题，需要合理完成鲸鱼个体编码。首先，定义目标函数为鲸鱼个体的适应度值。其次，将优化参量$\boldsymbol{X},\boldsymbol{E},\boldsymbol{p},\eta,\bar{\boldsymbol{D}},\hat{\boldsymbol{D}}$分别编码为$\boldsymbol{B}_z,\boldsymbol{O}_z,\boldsymbol{Q}_z,v_z,\boldsymbol{G}_z,\boldsymbol{H}_z$，其中，$\boldsymbol{B}_z=\{b_{zi},i\in\mathcal{I}\}$，$b_{zi}$表示鲸鱼个体$z$中与 IMD$_i$相关联的 BS 指数；$\boldsymbol{O}_z=\{o_{zi},i\in\mathcal{I}\}$，$o_{zi}$表示鲸鱼个体$z$中与 IMD$_i$相关联的安全加密算法级别；$\boldsymbol{Q}_z=\{q_{zi},i\in\mathcal{I}\}$，$q_{zi}$表示鲸鱼个体$z$中 IMD$_i$的发射功率；$v_z$表示鲸鱼个体$z$的频带划分因子；$\boldsymbol{G}_z=\{g_{zi},i\in\bar{\mathcal{I}}\}$，$g_{zi}$表示鲸鱼个体$z$中 IMD$_i$卸载到关联 SBS 上的数据量；$\boldsymbol{H}_z=\{h_{zi},i\in\bar{\mathcal{I}}\}$，$h_{zi}$表示鲸鱼个体$z$中 IMD$_i$卸载到关联 MBS 上的数据量。$\bar{\mathcal{I}}=\{1,2,\cdots,K,K+1,K+2,\cdots,2K,\cdots,IK\}$代表虚拟 IMD 的集合。它的长度为$\bar{I}=IK$，任何虚拟 IMD 的指标都很容易转化为真实 IMD 以及任务指标。相反，任何 IMD 以及任务的指标都很容易转换为虚拟 IMD 指标。

4.5.3 适应度函数

适应度函数是用来评估鲸鱼个体适应程度的一种常用方法。然而，直接观察到的约束条件往往是非线性、混合整数和耦合形式的，这使得满足这些约束条件变得困难。为了解决这个问题，引入一个惩罚函数作为适应度函数的一部分，明确地防止鲸鱼个体落入不可行区域。这样，通过惩罚函数的引入，建立的种群总能找到可行的最优值。

为了降低网络能耗，可以使用最优化问题的负目标函数作为适应度函数。然而，为了同时满足 IMD 的延迟约束和安全漏洞总成本的限制，需要将约束条件 C_1 与 C_2 作为惩罚项加入适应度函数中。因此，适应度函数可以被定义为

$$\text{Fitness}\left(\boldsymbol{X},\boldsymbol{E},\boldsymbol{p},\eta,\bar{\boldsymbol{D}},\hat{\boldsymbol{D}}\right)=-\sum_{i\in\mathcal{I}}\left[E_i^{\text{Sq}}+\alpha_i\max\left(0,T_i^{\text{Sq}}-T_i^{\max}\right)+\beta_i\max\left(0,\omega_i-\omega_i^{\max}\right)\right] \quad (4\text{-}44)$$

其中，α_i 和 β_i 均为 IMD_i 的罚因子。

计算适应度的代码如下所示：

```
% 计算适应度
alpha=1e12*ones(userNum,1); % 用户惩罚函数
beta=1e12*ones(userNum,1);   % 用户惩罚函数
lb=length(tbd);
bd=zeros(BSNum,userNum,taskNum);%卸载到宏基站的任务量
hd=zeros(BSNum,userNum,taskNum);%卸载到小基站的任务量
for i=1:lb   % 将序号转换成矩阵下标指示
    [I2,I3]=ind2sub([userNum taskNum],i);
    I1=assocBSID(I2);
    bd(I1,I2,I3)=tbd(i);
    hd(I1,I2,I3)=thd(i);
end
R=calculateUplinkRate(assocUserNum,lambda,uplinkPower,bandwidth,userNum,picoNum,
BSNum,channel,noise); %计算上行速率
[f,bf] = calculateComputationCapability(assocBSID,ySecLevel,c,d,bd,hd,bt,ht,FUE,FBS,
picoNum,BSNum,userNum,taskNum); %计算计算能力
individualDealy = calculateIndividualDelay(assocBSID,ySecLevel,bt,ht,c,d,bd,hd,f,bf,r0,
R,picoNum,BSNum,userNum,taskNum); %计算用户时延
%计算总能耗
[locEnergyConsumption,BSEnergyConsumption,overallEnergyConsumption]=calculateTot
alEnergyConsumption(assocBSID,ySecLevel,tt,c,d,bd,hd,f,r0,R,eta,Rho,epsilon,picoNum,BSNum,
userNum,taskNum,uplinkPower);
pro = calculateSecurityFailPro(v,rho,userNum,taskNum,securityNum,coef);%计算总能耗
individualCost = calculateIndividualCost(mu,pro,userNum,taskNum,assocBSID,ySecLevel); %
计算用户费用
fitness=0; % 适应度函数初始化为 0
for i=1:userNum
fitness=fitness-alpha(i)*max(individualDealy(i)-maxt(i),0)-beta(i)*max(individualCost(i)-
maxCost(i),0);
```

```
end
fitness=fitness-overallEnergyConsumption;
end
```

4.5.4 鲸鱼优化算法核心步骤函数

1. 收缩包围

座头鲸以其独特的捕食技巧闻名，它们能够围绕猎物追逐并将其包围。这种行为启发了鲸鱼优化算法的设计，该算法将鲸鱼视为寻找最佳解决方案的代理人。在传统的鲸鱼优化算法中，假设当前最佳解决方案就是目标猎物，并且所有鲸鱼在迭代过程中不断更新其位置以寻找更好的解决方案。为了促进算法的全局收敛并提高收敛速度，引入历史最佳解决方案的概念。历史最佳解决方案指的是上一次迭代和当前迭代中适应度值最高的个体。通过使用历史最佳解决方案作为参考，鲸鱼优化算法能够更好地探索搜索空间并找到更优的解决方案。核心代码如下：

```
% A、C 个体位置更新系数
% leader_bd leader_hd leader_y leader_p leader_p 当前最优个体对应的鲸鱼位置
% 计算第一组染色体当前位置与领导个体之间的差值
% 根据差值调整当前位置
for k = 1:chromlength1
    D_leader1 = abs(C * leader_bd(k) - bd(pop, k));
    bd(pop, k) = leader_bd(k) - A * D_leader1;

    D_leader2 = abs(C * leader_hd(k) - hd(pop, k));
    hd(pop, k) = leader_hd(k) - A * D_leader2;

    D_leader3 = abs(C * leader_y(k) - y(pop, k));
    y(pop, k) = round(leader_y(k) - A * D_leader3);
end

% 计算第二组染色体当前位置与领导个体之间的差值
% 根据差值调整当前位置
for k = 1:chromlength2
    D_leader4 = abs(C * leader_p(k) - p(pop, k));
    p(pop, k) = leader_p(k) - A * D_leader4;

    D_leader5 = abs(C * leader_x(k) - x(pop, k));
    x(pop, k) = round(leader_x(k) - A * D_leader5);
end
```

```
% 计算第三组染色体当前位置与领导个体之间的差值
% 根据差值调整当前位置
D_leader6 = abs(C * leader_lambda - lambda(pop));
    lambda(pop) = leader_lambda - A * D_leader6;
```

在数学上，个体 z 包围猎物位置 $\bar{z}$ 的行为可以表述为

$$b_{z,i} = \mathrm{round}(b_{\bar{z},i} - A\,|\,Cb_{\bar{z},i} - b_{z,i}\,|), \forall i \in \mathcal{I}, \tag{4-45}$$

$$o_{z,i} = \mathrm{round}(o_{\bar{z},i} - A\,|\,Co_{\bar{z},i} - o_{z,i}\,|), \forall i \in \bar{\mathcal{I}}, \tag{4-46}$$

$$q_{z,i} = q_{\bar{z},i} - A\,|\,Cq_{\bar{z},i} - q_{z,i}\,|, \forall i \in \mathcal{I}, \tag{4-47}$$

$$g_{z,i} = g_{\bar{z},i} - A\,|\,Cg_{\bar{z},i} - g_{z,i}\,|, \forall i \in \bar{\mathcal{I}}, \tag{4-48}$$

$$h_{z,i} = h_{\bar{z},i} - A\,|\,Ch_{\bar{z},i} - h_{z,i}\,|, \forall i \in \bar{\mathcal{I}}, \tag{4-49}$$

$$v_z = v_{\bar{z}} - A\,|\,Cv_{\bar{z}} - v_z\,| \tag{4-50}$$

其中，$\mathrm{round}(\cdot)$表示对 · 向下取整的函数；$|\cdot|$为 · 的绝对值，$\bar{z}$ 表示为猎物位置，即是历史最佳鲸鱼（个体）；A 和 C 是系数，用来更新个体的位置。

2. 螺旋气泡网攻击

座头鲸在使用螺旋气泡网攻击时，会同时进行收缩环绕和螺旋运动，而且这两种攻击的发生概率是相等的。在鲸鱼优化算法中模拟了这种攻击方式，并使用它来寻找最佳解决方案。具体来说，每个个体的新位置将位于其当前位置和历史最佳解决方案之间，这可以帮助找到优化问题的一个局部最优解。通过使用这种攻击策略，鲸鱼优化算法能够更好地探索搜索空间，并找到更优的解决方案。核心代码如下：

```
% 计算第一组染色体当前位置与领导个体之间的距离
% 根据距离和角度调整当前位置
for k=1:chromlength1
    distance2leader1 = abs(C*leader_bd(k)-bd(pop,k));
    bd(pop,k) = leader_bd(k)+ B*distance2leader1*exp(L)*cos(L*2*pi) ;
    distance2leader2 = abs(C*leader_hd(k)-hd(pop,k));
    hd(pop,k) = leader_hd(k)+B*distance2leader2*exp(L)*cos(L*2*pi);
    distance2leader3 = abs(C*leader_y(k)-y(pop,k));
    y(pop,k) = round(leader_y(k)+B*distance2leader3*exp(L)*cos(L*2*pi));
end

% 计算第二组染色体当前位置与领导个体之间的距离
% 根据距离和角度调整当前位置
for k=1:chromlength2
    distance2leader4 = abs(C*leader_p(k)-p(pop,k));
```

```
        p(pop,k) = leader_p(k) + B*distance2leader4*exp(L)*cos(L*2*pi);
        distance2leader5 = abs(C*leader_x(k)-x(pop,k));
        x(pop,k) = round(leader_x(k)+B*distance2leader5*exp(L)*cos(L*2*pi));
    end
        % 计算第三组染色体当前位置与领导个体之间的距离
        % 根据距离和角度调整当前位置
        distance2leader6 = abs(C*leader_lambda-lambda(pop));
        lambda(pop) = leader_lambda + B*distance2leader6*exp(L)*cos(L*2*pi);
```

为了模拟鲸鱼的螺旋形运动，任何个体 z 的猎物位置 $\bar{z}$ 之间的螺旋方程可以由式（4-51）至式（4-56）更新：

$$b_{z,i} = \text{round}(b_{\bar{z},i} + \kappa \mid Cb_{\bar{z},i} - b_{z,i} \mid), \forall i \in \mathcal{I}, \tag{4-51}$$

$$o_{z,i} = \text{round}(o_{\bar{z},i} + \kappa \mid Co_{\bar{z},i} - o_{z,i} \mid), \forall i \in \bar{\mathcal{I}}, \tag{4-52}$$

$$q_{z,i} = q_{\bar{z},i} + \kappa \mid Cq_{\bar{z},i} - q_{z,i} \mid, \forall i \in \mathcal{I}, \tag{4-53}$$

$$g_{z,i} = g_{\bar{z},i} + \kappa \mid Cg_{\bar{z},i} - g_{z,i} \mid, \forall i \in \bar{\mathcal{I}}, \tag{4-54}$$

$$h_{z,i} = h_{\bar{z},i} + \kappa \mid Ch_{\bar{z},i} - h_{z,i} \mid, \forall i \in \bar{\mathcal{I}}, \tag{4-55}$$

$$v_z = v_{\bar{z}} + \kappa \mid Cv_{\bar{z}} - v_z \mid \tag{4-56}$$

其中，κ 用于调节螺旋幅值，避免陷入局部最优，可由

$$\kappa = \mathrm{e}^{bl} \cdot \cos(2\pi l) \tag{4-57}$$

确定。其中 b 为对数螺旋参数；l 表示值域为闭区间[−1, 1]内均匀分布的随机数。

3. 搜索猎物

在传统的鲸鱼优化算法中，为了寻找目标猎物，鲸鱼会被引导向随机选择的其他鲸鱼移动。这种操作的目的是扩展算法的搜索空间，从而增加找到最佳解的机会。通过引入随机移动，鲸鱼优化算法能够更广泛地探索可能的解决方案，并避免陷入局部最优解。这样做有助于提高算法的全局收敛性和搜索效率。核心代码如下：

```
    rand_leader_index = floor(popSize*rand+1); % 随机选择领导个体的索引
    for k=1:chromlength1
        X_rand1=bd(rand_leader_index,k);              % 获取随机选择的领导个体的位置
        D_X_rand1=abs(C*X_rand1-bd(pop,k));           % 计算当前位置与随机选择的领导
个体之间的差值
        bd(pop,k)=X_rand1-A*D_X_rand1;                % 根据差值调整当前位置
        X_rand2=hd(rand_leader_index,k);
        D_X_rand2=abs(C*X_rand2-hd(pop,k));
        hd(pop,k)=X_rand2-A*D_X_rand2;
        X_rand3=y(rand_leader_index,k);
```

```
        D_X_rand3=abs(C*X_rand3-y(pop,k));
        y(pop,k)=round(X_rand3-A*D_X_rand3);
    end
    for k=1:chromlength2
        X_rand4=p(rand_leader_index,k);                % 获取随机选择的领导个体的位置
        D_X_rand4=abs(C*X_rand4-p(pop,k));             % 计算当前位置与随机选择的领导
个体之间的差值
        p(pop,k)=X_rand4-A*D_X_rand4;                  % 根据差值调整当前位置
        X_rand5=x(rand_leader_index,k);
        D_X_rand5=abs(C*X_rand5-x(pop,k));
        x(pop,k)=round(X_rand5-A*D_X_rand5);
    end
        X_rand6=lambda(rand_leader_index);             % 获取随机选择的领导个体的位置
        D_X_rand6=abs(C*X_rand6-lambda(pop));          % 计算当前位置与随机选择的领导
个体之间的差值
        lambda(pop)=X_rand6-A*D_X_rand6;               % 根据差值调整当前位置
```

在数学上，任意个体 z 的猎物搜索行为可以表示为

$$b_{z,i} = \text{round}(b_{z,i} + A\tan(\pi(r_1 - 0.5))), \forall i \in \mathcal{I} \tag{4-58}$$

$$o_{z,i} = \text{round}(o_{z,i} + A\tan(\pi(r_1 - 0.5))), \forall i \in \bar{\mathcal{I}} \tag{4-59}$$

$$q_{z,i} = q_{z,i} + A\tan(\pi(r_1 - 0.5)), \forall i \in \mathcal{I} \tag{4-60}$$

$$g_{z,i} = g_{z,i} + A\tan(\pi(r_1 - 0.5)), \forall i \in \bar{\mathcal{I}} \tag{4-61}$$

$$h_{z,i} = h_{z,i} + A\tan(\pi(r_1 - 0.5)), \forall i \in \bar{\mathcal{I}} \tag{4-62}$$

$$v_z = v_z + A\tan(\pi(r_1 - 0.5)) \tag{4-63}$$

其中，权重 A 用于自适应调节突变的大小；r_1 是 0 到 1 之间的随机数。

4.5.5 主函数

边缘计算是一种新型的计算模式，它将计算和存储资源从云端移动到更接近终端用户的边缘设备上，以提高应用程序的响应速度、降低网络负载和传输延迟。在边缘计算中，计算任务可以在不同的节点上执行，包括终端设备、边缘服务器和云服务器等。计算卸载是一种常见的优化技术，用于将计算任务从终端设备转移到边缘服务器或云服务器上进行处理，以提高计算效率和减少终端设备能耗。主函数核心代码如下：

```
distMacro=1000; % 宏基站之间的距离
macroNum=1;   % 宏基站的数量
[macrox,macroy] = generateMBS(distMacro,macroNum);   % 宏基站的位置坐标
macroPoints=[macrox',macroy'];
```

```
userNumPerMacroCell=15:5:35; % 每个宏小区的用户数
picoNumPerMacroCell=35; % 每个宏小区的小基站个数
ul=length(userNumPerMacroCell);    % 用户数量的个数
popSize=64; %种群规模，即种群中个体数量
r0=1e9; % 有线回程速率，1 Gbps
Rho=1e-25; % 基于移动用户芯片架构的有效开关电容
eta=1e-3; % 通过有线线路进行功率卸载，功率为 1 mW
[picox,picoy] = generatePBS(macroPoints,picoNumPerMacroCell,distMacro);
% 生成微基站的位置坐标
picoPoints=[picox',picoy']; % 微基站的坐标
BSx=[picox macrox];      % 基站的横坐标
BSy=[picoy macroy];      % 基站的纵坐标
picoNum=picoNumPerMacroCell*macroNum; % 微基站的数量
BSNum=length(BSx);       % 所有基站的数量
FBS=ones(BSNum,1)*2e10; % 基站的计算能力，20 GHz
epsilon=1e-9*ones(BSNum,1); % SBS 和 MBS 每个 CPU 周期的能耗是 1 W/GHz
simLen=1000;%外循环次数设为 1 000 次并求平均值，降低实验结果的偶然性，提高结果准确度
for sim=1:simLen
for u=1:ul
    userNum=macroNum*userNumPerMacroCell(u);
    c=50+50*rand(userNum,taskNum);%用户计算任务所需计算能力 50-100 cycles/bit
    d=(200+300*rand(userNum,taskNum))*8192;%用户计算任务的计算量 200-500 kB
    FUE=1e9*ones(userNum,1); % 用户计算能力，1 GHz
    maxt=5+5*rand(userNum,1); % dead time of users, 5-10 s
    coef=1+2*rand(userNum,taskNum); % 1-3 安全系数
    rho=randi([5 6],userNum,taskNum); %随机产生预期安全级别
    pro = calculateSecurityFailPro(v,rho,userNum,taskNum,securityNum,coef);
    mu=1+4*rand(userNum,taskNum); %安全费用 1 000-5 000 $
    maxCost=5+5*rand(userNum,1); %安全最大费用 5 000-10 000 $
%每个宏小区生成用户的位置
[userx,usery]=generateCellularUsers(macroPoints,picoPoints,userNumPerMacroCell(u),distMacro);
[channel,pathloss]=channelCreation(userx,usery,BSx,BSy,picoNum);%信道增益
maxPower=maxTransmitPower*ones(userNum,1); % 最大发射功率
%初始化种群
[x,y,bd,hd,p,lambda,population,chromlength1,chromlength2] = initialization(d,userNum,BSNum,taskNum,securityNum,popSize,maxPower);
```

```
% 下面鲸鱼优化算法返回种群（全部个体）位置，最佳个体位置（WOA 领导者位置）
% 最佳个体位置就是优化问题的解
[bd_WOA,hd_WOA,p_WOA,x_WOA,y_WOA,lambda_WOA,leader_bd_WOA,leader_hd_WOA,…
leader_p_WOA,leader_x_WOA,leader_y_WOA,leader_lambda_WOA,convergeRes_WOA]=WOA(c,…
d,bd,hd,p,x,y,lambda,securityNum,coef,bt,ht,tt,v,rho,mu,maxCost,r0,FUE,FBS,eta,Rho,…
maxt,maxPower,epsilon,noise,bandwidth,popSize,BSNum,userNum,picoNum,…
taskNum,channel,chromlength1,chromlength2,population);
[xUserNum_WOA,xBSID_WOA,ySecLevel_WOA] = associationState(leader_x_WOA,…
leader_y_WOA,BSNum,userNum,taskNum);% 找到每个用户关联的基站序号及每个基站的关联用户数量
fitness_WOA =calculateIndividualFitness(xUserNum_WOA,xBSID_WOA,ySecLevel_WOA,…
securityNum,coef,bt,ht,tt,v,rho,mu,maxCost,c,d,leader_bd_WOA,leader_hd_WOA,FUE,…
FBS,r0,leader_lambda_WOA,eta,Rho,epsilon,noise,maxt,bandwidth,userNum,…
picoNum,BSNum,taskNum,channel,leader_p_WOA);
% 计算适应度
fitnessValue(u,1)=fitnessValue(u,1)+fitness_WOA/simLen;
%最佳个体对应的就是最优解，将其转化成优化变量对应的值
[bd_WOA,hd_WOA,p_WOA,x_WOA,y_WOA,lambda_WOA] =
individual2variable(userNum,BSNum,taskNum,securityNum,leader_bd_WOA,…
leader_hd_WOA,leader_p_WOA,leader_x_WOA,leader_y_WOA,leader_lambda_WOA,…
xBSID_WOA,chromlength1);
uplinkRate_WOA= calculateUplinkRate(xUserNum_WOA,lambda_WOA,p_WOA,…
bandwidth,userNum,picoNum,BSNum,channel,noise);%计算上行速率
%计算计算能力
[f_WOA,bf_WOA] = calculateComputationCapability(xBSID_WOA,ySecLevel_WOA,c,d,…
bd_WOA,hd_WOA,bt,ht,FUE,FBS,picoNum,BSNum,userNum,taskNum);
%计算总能耗
[locEnergyConsumption_WOA,BSEnergyConsumption_WOA,…
overallEnergyConsumption_WOA] = calculateTotalEnergyConsumption(xBSID_WOA,…
ySecLevel_WOA,tt,c,d,bd_WOA,hd_WOA,f_WOA,r0,…
uplinkRate_WOA,eta,Rho,epsilon,picoNum,BSNum,userNum,taskNum,p_WOA);
%计算所有用户的时延
individualDealy_WOA = calculateIndividualDelay(xBSID_WOA,ySecLevel_WOA,bt,ht,c,d,…
bd_WOA,hd_WOA,f_WOA,bf_WOA,r0,uplinkRate_WOA,picoNum,BSNum,userNum,taskNum);
totalDelay(u,1)=totalDelay(u,1)+sum(individualDealy_WOA)/simLen;
```

```
%计算所有用户的安全成本
cost_WOA = calculateIndividualCost(mu,pro,userNum,taskNum,xBSID_WOA,
ySecLevel_WOA);
totalCost(u,1)=totalCost(u,1)+sum(cost_WOA)/simLen;
%计算支持率，耗时低于截止时间的用户占总用户的比例
supportRatio_WOA= calculateSupportRatio(maxt,userNum,individualDealy_WOA);
supportRatio(u,1)=supportRatio(u,1)+supportRatio_WOA/simLen;
```

上述代码是关于边缘计算中计算卸载问题的模拟实验代码，它主要包含以下几个方面的内容：

（1）生成随机的用户计算能力和计算量：通过随机数生成函数，生成指定数量的用户和任务，并为每个用户和任务分配随机的计算需求和计算能力。

（2）初始化种群：构建一个基于鲸鱼优化算法的优化模型，初始化种群包括位置、速度等信息。

（3）使用鲸鱼优化算法进行优化：通过鲸鱼优化算法对种群进行优化，得到最佳个体位置和适应度值。

（4）计算用户关联的基站序号、每个基站的关联用户数量和适应度值：根据最佳个体位置，计算每个用户关联的基站序号和每个基站的关联用户数量，并计算适应度值。

（5）计算上行速率和计算能力：根据计算能力和计算量计算上行速率和计算能力。

（6）计算各项指标：根据各项参数计算总能耗、总时延、总安全成本和支持率。其中，总能耗包括基站能耗和本地能耗，总时延包括所有用户的时延，总安全成本是指满足预期安全级别所需的花费。

最后，在每次循环中，将各项指标累加并除以循环次数，得到平均值，以便对实验结果进行分析和比较。

该代码通过模拟实验研究边缘计算中的计算卸载问题，并对多个指标进行优化，包括能耗、时延、安全成本等。它可以帮助研究人员更好地理解边缘计算中的计算卸载问题，并为实际应用提供参考。

5 免疫算法

5.1 免疫算法的生物背景

免疫系统是一种保护生物体免受病原体入侵的天然防御系统。针对这类病原体的免疫反应的永久循环表现出许多动态特征。生物免疫系统是一种高度进化的生物系统，其目的是区分外部有害抗原和内部组织，从而维持生物体的稳定。从计算角度看，生物免疫系统具有高度并发性、分布性、自适应性和自组织性，以及学习、识别和记忆能力方面的优势。生物免疫系统层次示意如图 5-1 所示。

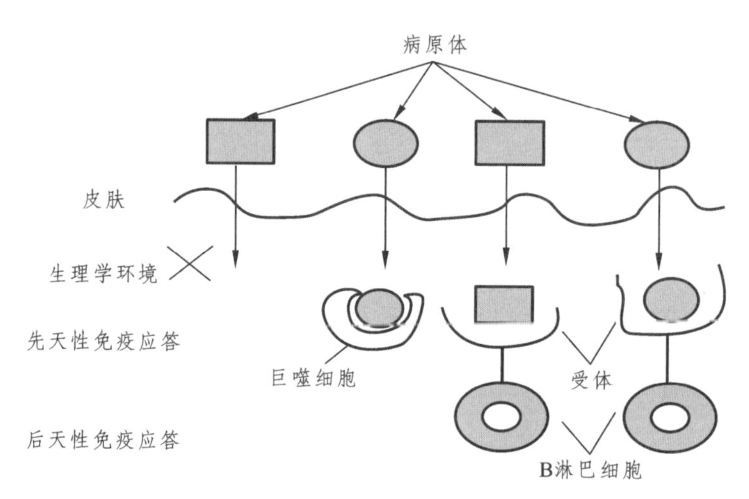

图 5-1　生物免疫系统层次示意

基于人工免疫的基本理论，提出了一种免疫算法，是对人工免疫理论的应用和研究的扩展和发展。免疫算法主要参考免疫系统的抗原识别、免疫记忆、免疫调节等特性，将免疫系统的概念和理论应用到计算中。抗原识别是通过表达抗原表面的表位与抗体表面的对位之间的相互匹配和选择来完成识别的过程。由于人工免疫是以生物免疫系统的基本概念和理论为基础的，生物免疫系统理论被认为是免疫算法的直接来源。

免疫算法和遗传算法都采用全局搜索策略，优先考虑群体中个体之间的信息交换。因此，它们有很多共同之处。例如，它们具有几乎相同的算法结构，都是由初始种群的生成、评估标准的计算、种群中个体之间的信息交换和新种群的生成组成的迭代过程。一个问题的最优解是通过其较高的概率获得的。此外，这两种算法具有并行性和固有的优势，可以与其他智能计算方法相结合。

5.2 免疫算法概述

免疫算法的核心概念是“抗原”和“抗体”。在免疫算法中，问题的解被表示为抗原，而与抗原相对应的解空间中的搜索个体则被称为抗体。抗体通过与抗原进行亲和作用，并根据亲和度的强弱来调整自身的状态，从而实现在解空间中的搜索和优化。免疫算法中的演化过程主要包括克隆、突变和选择等操作，通过这些操作，系统能够在搜索空间中快速、有效地收敛到最优解附近。

免疫算法充分借鉴免疫系统产生多样性和维持机制的特性，保证种群的多样性，并成功克服寻优过程中的“早熟”问题，从而能够有效地获取全局最优解。与其他优化算法相比，免疫算法具有以下几个显著的优势：

（1）全局搜索能力。模仿免疫应答过程提出的免疫算法是一种具有全局搜索能力的优化算法。

（2）免疫算法中的多样性保持机制通过对抗体浓度进行计算，并将浓度作为评价抗体优劣的一个重要标准。这一机制使浓度高的抗体受到抑制，确保抗体种群具有良好的多样性，也是保证算法全局收敛性能的一个重要方面。

（3）鲁棒性强。基于生物免疫机理的免疫算法不针对特定问题，也不强调算法参数设置和初始解的质量。它利用启发式的智能搜索机制，即使起步于劣质解种群，最终也能够搜索到问题的全局最优解。这使得该算法对问题和初始解的依赖性很低，具有很强的适应性和鲁棒性。

（4）并行分布式搜索机制。免疫算法不需要集中控制，可以实现并行处理。尤其适合于多模态的优化问题。

免疫算法是一种模拟生物免疫系统的算法，具备全局搜索、模式识别和优化等优势，因此在多个领域得到了广泛应用。以下是免疫算法在各个领域的常见应用，如图 5-2 所示。

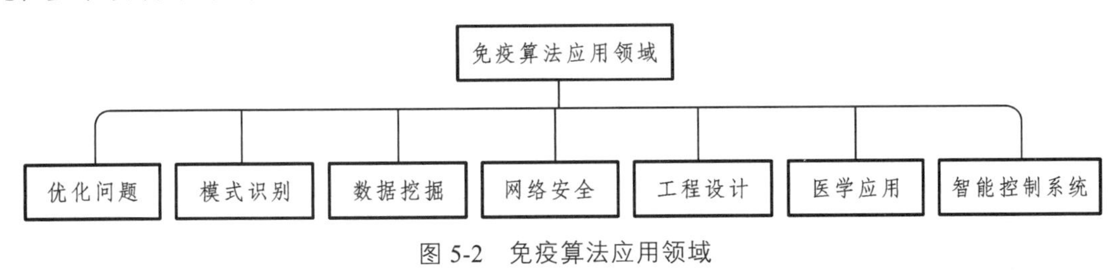

图 5-2 免疫算法应用领域

（1）优化问题是研究数学中定义的最优解问题，即从众多方案中选出最佳方案的过程。在国民经济的各个领域，如国防军事、工农业生产、交通运输、金 7 融、贸易、管理和科学研究中，优化问题普遍存在。目前，免疫算法被广泛应用于解决优化问题。

（2）模式识别：免疫算法在模式识别领域的应用是为了解决识别模式或分类样本的问

题。模式识别涉及识别数据中的规律、结构或特征，以便对数据进行分类、聚类或识别。

（3）数据挖掘：在数据挖掘中，免疫算法可应用于聚类分析、关联规则挖掘等任务，有助于从大规模数据集中发现有用的信息和模式。

（4）网络安全：在网络安全领域，免疫算法被广泛应用于入侵检测、恶意代码检测和网络防御。其模拟免疫系统的检测和适应机制使其能够有效地对抗各类网络威胁。

（5）工程设计：免疫算法在工程设计上的应用十分广泛，它能够有效地解决各种工程设计问题，包括结构优化、参数优化、电子电路设计、管道网络设计、机械设计、飞行器设计等。

（6）医学应用：免疫算法在医学领域中用于生物信息学、药物设计、医学图像处理等方面，有助于解决与生物学和医学相关的复杂问题。

（7）智能控制系统：在智能控制系统中，免疫算法应用于优化控制策略，以提高系统的性能和鲁棒性。免疫算法的特性使其在智能控制领域展现出卓越的应用潜力。

免疫算法在其发展过程中经历多次改进，以提高性能、适应更广泛的问题领域。以下是一些免疫算法的现有改进方向：

（1）混合免疫算法：通过与其他优化算法或机器学习方法的混合，形成混合算法，如与遗传算法、粒子群优化等相结合。这样的混合方法能够充分发挥各算法的优势，提高整体性能。

（2）自适应免疫算法：引入自适应机制，使免疫算法能够根据问题的性质和进化的过程自动调整参数，提高算法的鲁棒性和适应性。

（3）并行免疫算法：通过并行计算，加速免疫算法的执行速度，尤其对于大规模问题或高维度优化问题具有显著的性能提升。

（4）局部搜索优化：结合局部搜索方法，如梯度下降，以更有效地在局部空间中进行优化，提高算法的局部搜索能力。

（5）提出新的免疫操作子：通过研究免疫学理论，引入新的免疫操作子，如抗体多样性保持机制、混沌免疫等，以改善算法的探索和利用能力。

5.2.1 免疫算法的种类

免疫算法的种类包括以下 4 种。

（1）反向选择算法：这是一种用于优化问题求解的算法，其目的是维持种群的多样性和防止早熟收敛。与传统的选择操作相反，反向选择算法倾向于选择适应度值较低的个体，以增加种群的多样性。在反向选择阶段，根据个体的适应度值从种群中选择适应度值较低的个体作为下一代种群，适应度值较低的个体被选择的概率更大。通过选择适应度值较低的个体，反向选择算法保留了种群的多样性，防止种群过早陷入局部最优解，从而提高了算法的搜索能力和收敛速度。

（2）免疫遗传算法：实质上是改进的遗传算法。根据体细胞和免疫网理论改进遗传算法的选择操作，从而保持群体的多样性，提高算法的全局寻优能力。通过在算法中加入免疫记忆功能，提高算法的收敛速度。免疫遗传算法把抗原看作目标函数，将抗体看作问题的可行解，抗体与抗原的亲和度看作可行解的适应度。免疫遗传算法引入抗体浓度的概念，并用信息熵来描述，表示群体中相似可行解的多少。免疫遗传算法根据抗体与抗原的亲和度和抗体的浓度进行选择操作，亲和度高且浓度小的抗体被选择率大，这样就抑制了群体中浓度高的抗体，保持了群体的多样性。

（3）克隆选择算法：该算法模拟生物免疫系统中的克隆和选择过程。其主要步骤包括初始化种群、克隆阶段、变异阶段、选择阶段和判断终止条件。在克隆阶段，根据个体的适应度值确定个体被克隆的数量，适应度值越高的个体被克隆的数量越多；在变异阶段，对克隆的个体进行变异操作以增加种群的多样性；在选择阶段，根据个体的适应度值从克隆集合中选择一定数量的个体作为下一代种群。克隆选择算法通过克隆和选择操作，保留种群中的优秀个体，并利用变异操作增加种群的多样性，从而提高算法的搜索能力和收敛速度。

（4）基于疫苗的免疫算法：该算法是免疫算法的一种变种，其灵感源自生物免疫系统中的疫苗原理。该算法通过引入虚拟的"疫苗"来增加种群的多样性，增强种群的搜索能力。其基本步骤包括初始化种群、疫苗注入、克隆、变异、选择以及判断终止条件。在疫苗注入阶段，根据一定规则向种群中注入虚拟的"疫苗"，从而增加种群的多样性；随后的克隆、变异和选择阶段与传统免疫算法类似。通过引入"疫苗"操作，基于疫苗的免疫算法能够有效地增加种群的多样性，提高算法的搜索能力和收敛速度，从而更好地应用于解决各种优化问题。

5.2.2 基本免疫算法的工作流程

免疫算法与生物免疫系统概念的对应关系如表 5-1 所示。

表 5-1 生物免疫系统在免疫算法中的对应

生物免疫系统	免疫算法
抗原	优化问题
抗体（B 细胞）	优化问题的可行解
亲合度	可行解的质量
细胞活化	免疫选择
细胞分化	抗体克隆
亲合度成熟	变异
克隆抑制	克隆抑制
动态维持平衡	种群刷新

免疫算法的实现步骤如下：

输入：抗体种群大小、克隆的规模、选择克隆抗体的数量。

输出：第 t 次迭代时，历史最佳抗体。

（1）初始化所有抗体。

（2）设置 $t=1$。

（3）计算所有抗体适应度值，并找到当前最佳抗体，以当前最佳抗体更新历史最佳抗体。

（4）若 $t \leqslant T$，执行后续步骤，否则终止算法。

（5）同时建立一个空的抗体记忆库和一个空的子群。

（6）计算所有抗体的适应度和激励度，将适应度最高的部分抗体同时纳入抗体记忆库与子群。

（7）按激励度降序排列，从剩余抗体中独立选择两组数量不同的抗体，并将所选择的抗体分别记入抗体记忆库和临时子群。

（8）对临时子群中的所有抗体进行克隆以形成子群。

（9）在固定概率下对子群中的所有抗体执行单点交叉操作。

（10）在固定概率下对子群中的所有抗体执行变异操作。

（11）从子群中选择适应度较高的部分抗体以形成新子群。

（12）组合新子群和抗体记忆库以形成新种群。

（13）计算所有抗体适应度值；更新当代最佳抗体和历史最佳抗体。

（14）令 $t=t+1$，并回到步骤（4）。

免疫算法的流程如图 5-3 所示。

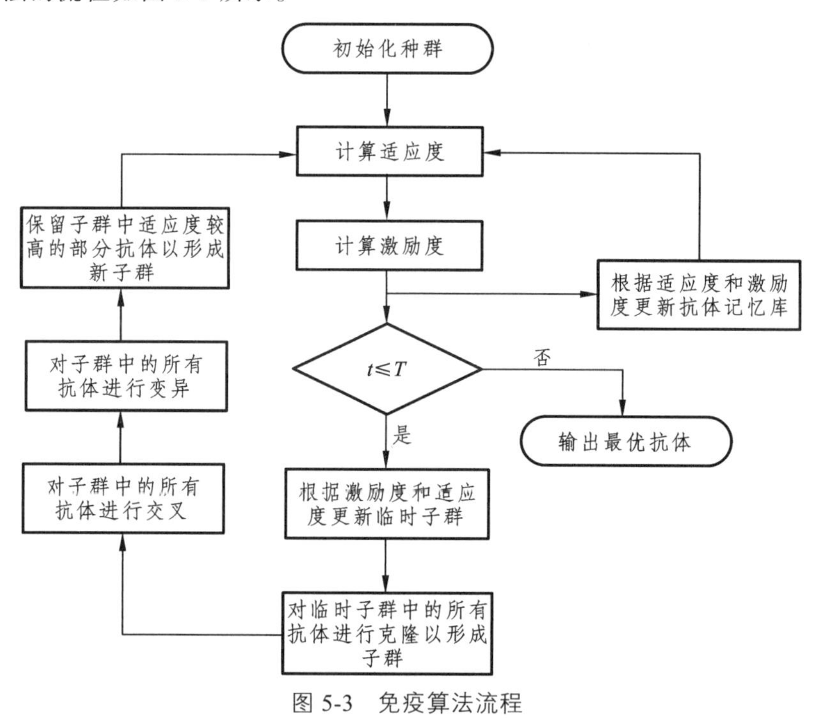

图 5-3 免疫算法流程

5.3 免疫算法理论分析

5.3.1 免疫算法初始化

在算法初始化阶段，设抗体种群大小为 N，每个抗体的维度为 D。种群中的抗体索引集记为 $\mathcal{X}=\{1,2,\cdots,i,\cdots,N\}$，对于第 i 个抗体，$\boldsymbol{X}_i=(x_{i,1},x_{i,2},\cdots,x_{i,D})$ 对应于搜索空间中的解。

因此，对于任意的抗体 i，可由式（5-1）随机产生初始解：

$$x_{i,j}=\varphi(x_{i,j}^{\max}-x_{i,j}^{\min})+x_{i,j}^{\min} \tag{5-1}$$

其中 φ 表示开区间(0,1)内均匀分布的随机数，$i\in\mathcal{X}$，j 为闭区间[1,D]内的任意整数。$x_{i,j}^{\min}$ 和 $x_{i,j}^{\max}$ 分别表示优化变量的下界和上界。

5.3.2 免疫算法激励度计算

免疫算法中的抗体浓度用于表征抗体种群多样性。抗体浓度通常定义为

$$\rho(x_i)=\frac{1}{N}\sum_{k=1}^{N}ay_{i,k} \tag{5-2}$$

$$ay_{i,k}=\begin{cases}1, & \text{若 } ax_{i,k}>\zeta \\ 0, & \text{其他}\end{cases} \tag{5-3}$$

$$ax_{i,k}=\sqrt{\sum_{j=1}^{D}(x_{i,j}-x_{i,k})^2} \tag{5-4}$$

其中，$ay_{i,k}$ 表示抗体 i 和抗体 k 的欧几里得度规判断值，只能取 0 或者 1；$ax_{i,k}$ 表示抗体 i 和抗体 k 的欧几里得度规；ζ 为预设的欧几里得度规阈值。

设免疫算法中种群中的任意抗体 i 的适应度函数值为 $G(x_i)$，为综合评价抗体质量，抗体激励度是一个关键指标，它需要综合考虑抗体的浓度和适应度。其计算公式如式（5-5）所示：

$$\varphi(x_i)=\xi_1\frac{G(x_i)}{\sum_{i=1}^{N}G(x_i)}-\xi_2\frac{\rho(x_i)}{\sum_{i=1}^{N}\rho(x_i)} \tag{5-5}$$

其中，ξ_1 和 ξ_2 表示抗体激励度系数。如式（5-5）所示，在最大化适应度函数的情况下，通常适应度大、浓度低的抗体会得到较大的激励。

5.3.3 抗体记忆库

在免疫算法中，抗体记忆库（Antibody Memory）是用于存储和管理已经发现的优秀解的数据结构。抗体记忆库的作用类似于记忆或经验回溯，有助于算法在搜索空间中更加智能地利用已有的信息。具体地，对于每一代的种群序列，首先将适应度较高的部分抗体纳入抗体记忆库，其次从剩余抗体中选择激励度较高的部分抗体，再将其纳入抗体记忆库。抗体记忆库的主要作用包括：

（1）保留优秀解：抗体记忆库存储在先前迭代中找到的高质量解。这些解通常被认为是具有良好性能的抗体，可能是全局最优解或局部最优解。通过保存这些解，算法能够保留有价值的搜索信息，避免在搜索过程中遗漏优秀解。

（2）避免重复搜索：抗体记忆库中存储的解可以用于避免重复搜索相同的区域。如果算

法已经在先前的迭代中发现了某个解，而且这个解仍然被认为是有价值的，那么在后续迭代中就可以避免浪费计算资源重新搜索相同的解，提高搜索效率。

（3）引导搜索：抗体记忆库中的解可以用于引导搜索，指导算法集中在先前发现的优秀解附近进行更深入的探索。这样可以加速算法收敛到潜在的优秀解。

（4）维持多样性：通过控制抗体记忆库的大小和更新策略，可以在一定程度上维持搜索空间的多样性，防止算法陷入局部最优解。

5.3.4 对抗体进行克隆操作

免疫算法中的克隆操作模拟免疫系统中的克隆过程。在克隆选择中，算法会根据抗体的适应度值和激励度的大小，从父代种群中选择部分抗体以形成临时子群并对其进行克隆，以产生新子群。这种方法可以有效地保留适应度高和激励度较高的抗体，并在搜索空间中快速收敛到最优解。克隆选择在优化问题中具有广泛的应用，特别是在组合优化和参数优化问题中表现出色。对于第 t 次迭代中的临时子群 $A(t)$ 进行克隆操作 R_C^P 后的新子群 $A'(t)$ 为

$$\begin{aligned}A'(t) &= R_C^P(x_1(t), x_2(t), \cdots, x_q(t)) \\ &= R_C^P(x_1(t)) + R_C^P(x_2(t)) + \cdots + R_C^P(x_q(t)) \\ &= \{x_1^1(t), x_1^2(t), \cdots, x_1^{m_c}(t)\} + \cdots + \{x_2^1(t), x_2^2(t), \cdots, x_2^{m_c}(t)\} + \{x_q^1(t), x_q^2(t), \cdots, x_q^{m_c}(t)\}\end{aligned} \tag{5-6}$$

其中 m_c 表示克隆的倍数，q 表示选择克隆的抗体的数量。

5.3.5 对抗体进行交叉操作

在免疫算法中，交叉的目的是通过结合两个抗体的信息，产生新的抗体，以期望获得具有更好性能的后代。免疫算法中的抗体通常表示问题的解，而交叉操作则是通过组合两个抗体的信息，生成新的解。通过随机数选取一个交叉点，从而对相邻的染色体基因片段进行交换，交叉如图 5-4 所示。

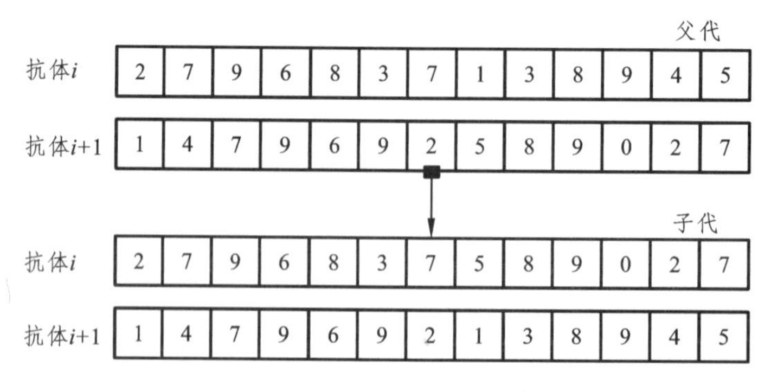

图 5-4 交叉示意

总地来说，免疫算法中的交叉操作旨在通过结合抗体的信息，产生具有更好性能的后代，以推动算法在搜索空间中的探索和优化过程。

5.3.6 对抗体进行变异操作

在免疫算法中，“变异”是指对抗体的基因型或表现型进行随机的、有一定概率的突发性改变。这种改变旨在增加算法搜索空间的多样性，有助于在搜索过程中发现新的、可能更优的解。具体来说，免疫算法中的变异操作通常包括以下几个步骤：

（1）选择抗体：此时需要变异的抗体即为交叉后的新子群。

（2）变异操作：对选定的抗体进行随机的、小范围的变异。变异的方式可以包括基因的突变、参数的微调等。这样的变异操作有助于引入一些随机性，从而在搜索空间中进行更广泛的探索。

免疫算法的变异操作如图 5-5 所示。

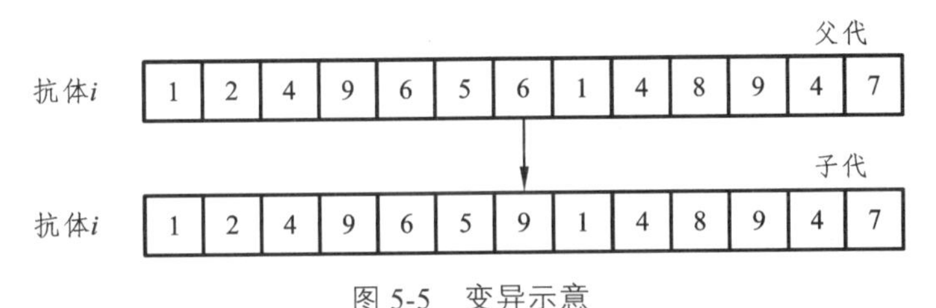

图 5-5 变异示意

对于任意的抗体 i 变异规则可以由式（5-7）给出：

$$x_{i,j}^{t+1}=\begin{cases}\mu L+(1-\mu)x_{i,j}^{t}, & \lambda>0.5\\ (1-\mu)x_{i,j}^{t}, & \lambda\leqslant 0.5\end{cases} \tag{5-7}$$

其中，t 表示当前迭代次数；L 表示变量的搜索空间上限值；μ 和 λ 为开区间(0,1)内均匀分布的随机数。

5.4 免疫算法收敛性分析

免疫算法收敛性的基本定义和原理如下。

定义 1 设抗体在第 t 次迭代时的种群序列为 $\mathcal{X}_t$，种群中每个抗体的适应度函数为 $G_t(x_i)$，全局最优解记为 $G^*(\bar{x})$，其中 $\bar{x}$ 表示全局最优抗体；那么满足抗体种群集记为 $M=\left\{\bar{\mathcal{X}}\middle|G_t(\bar{\mathcal{X}})=\max\limits_{x_{i_t}\in\mathcal{X}_t}\left\{G_t(x_i)\mid i=1,2,\cdots,|\mathcal{X}_t|\right\}\right\}$。

定义 2 设 $G_t=\max\limits_{x_{i_t}\in\mathcal{X}_t}\left\{G_t(x_i)\mid i=1,2,\cdots,|\mathcal{X}_t|\right\}$，则 $\lim\limits_{t\to\infty}P(G_t=G^*)=1$ 成立。其中 P 为概率，则算法的收敛概率为 1。

引理 1 免疫算法是一个有限齐次马尔科夫链。

众所周知，免疫算法是一种进化算法，它在有限的搜索空间中进行处理。免疫算法旨在随着迭代次数的增加以最大化目标函数并找到最优解。其中，在每次迭代 t 中，进行克隆 T_c、交叉 T_{cr}、变异 T_m 和抑制 T_s。在变异的情况下，如果新抗体的适应度值大于原抗体，则将其带到下一代，否则保留原抗体。因此，抗体群体的状态转换可以表示为随机过程，如式（5-8）所示：

$$\mathcal{X}_{t+1}=T(\mathcal{X}_t)=T_{\mathrm{c}}\to T_{\mathrm{cr}}\to T_{\mathrm{m}}\to T_{\mathrm{s}} \tag{5-8}$$

很明显，算法的每个状态都是有限的，其中状态用每次迭代更新的种群 t 表示；因此，当前状态的分布特性不受后一状态的影响；因此，这种转变可以表示为有限马尔科夫链。因此 $\{\mathcal{X}_t,t\geqslant 0\}$ 是一个有限齐次马尔科夫链。

引理 2　免疫算法中的最优状态集合 M 是一个单调递增的马尔科夫链，使得 $\forall t\geqslant 0$，$G(\mathcal{X}_{t+1})\geqslant G(\mathcal{X}_t)$。

证明　在免疫算法的克隆中，只有适应度最高的或者激励度较高的抗体才能复制一定次数，交叉和变异确保克隆的抗体发生显著变化。在每个阶段，都有可能过渡到一个新的状态，这是纯粹的精英状态，因为只有那些更好的抗体被保留下来，抗体的适应度值才不会随着迭代次数的增加而降低。进一步证明了其收敛性。

定理 1　免疫算法是收敛的。

证明　假设抗体种群大小为 N，处于状态为 s 的情况下，状态数量为 $|S|$，单个状态表示为 $s_i\in S$，其中 $s_i=\left\{c_1,c_2,\cdots,c_{|Ab|}\right\}$，而 $s^*=\{C\in Ab\mid G(C)=\max G(Ab)\}$。$Ab_t^i$ 表示抗体种群第 i 代状态 s 的随机变量。设 $P_{ij}(t)$ 表示从 Ab_t^i 到 Ab_{t+1}^j 的转移概率。

$$P_{ij}(t)=P(Ab_{t+1}^j\mid Ab_t^i) \tag{5-9}$$

假设 $I=\{i|s_i\cap s^*\neq\varnothing\}$，可能有 3 种情况需要说明：

（1）如果 $i\in I$，$j\in I$，那么根据引理 1 有 $P_{ij}(t)=0$。

（2）如果 $i\notin I$，$j\in I$，那么 $G(Ab_{t+1}^j)>G(Ab_t^j)$，因此 $P_{ij}(t)>0$。

（3）对于一般情况，考虑 $P_i(t)=P(Ab_t=s_i)$，且 $P_t=\sum_{i\notin I}P_i(t)$。那么根据引理 1，有式（5-10）成立。

$$\begin{aligned}P_{t+1}&=\sum_{s_i\in S}\sum_{j\notin I}P_i(t)P_{ij}(t)=\sum_{i\in I}\sum_{j\notin I}P_i(t)P_{ij}(t)+\sum_{i\notin I}\sum_{j\notin I}P_i(t)P_{ij}(t)\\&=\sum_{i\notin I}\sum_{j\in I}P_i(t)P_{ij}(t)+\sum_{i\notin I}\sum_{j\notin I}P_i(t)P_{ij}(t)=\sum_{i\notin I}P_i(t)=P_t\end{aligned} \tag{5-10}$$

因此

$$\sum_{i\notin I}\sum_{j\notin I}P_i(t)P_{ij}(t)=P_t-\sum_{i\notin I}\sum_{j\in I}P_i(t)P_{ij}(t) \tag{5-11}$$

从式（5-11）可以得出

$$0\leqslant P_{t+1}\leqslant\sum_{i\notin I}\sum_{j\in I}P_i(t)P_{ij}(t)+P_t=P_t \tag{5-12}$$

因此 $\lim_{t\to\infty}P_t=0$，因为

$$\lim_{t\to\infty}P(G_t=G^*)=1=1-\lim_{t\to\infty}\sum_{i\notin I}P_i(t)=1-\lim_{t\to\infty}P_t \tag{5-13}$$

由此证明：$\lim_{t\to\infty}P(G_t=G^*)=1$。因此，该算法具有全局收敛性。

5.5 基本免疫算法的MEC应用案例

5G蜂窝网络的快速发展带动了智能设备的广泛应用，导致需要大量计算能力并对延迟敏感的应用激增。这些应用涉及生物识别访问、增强/虚拟现实、自然语言处理、互动游戏、物联网医疗保健和自动驾驶等多个领域。传统设备面临计算能力和电池容量的限制，给用户的最佳体验带来了挑战。移动边缘计算（MEC）通过在无线网络边缘布署计算资源来解决这一问题，使设备能够将计算任务卸载到边缘服务器上。

在超密集边缘计算网络，存在一组移动用户 $\mathcal{U}=\{1,2,\cdots,U\}$，一组带有边缘服务器的微型基站 $\mathcal{N}=\{1,2,\cdots,N\}$ 和一个带有云服务器的宏基站 C。假设每个基站都有一个覆盖区域，移动用户只能被一个覆盖区域关联。假设其相关的微基站通过有线链路相互连接，允许移动用户由非本地微基站提供服务。每个移动用户可以将计算请求卸载到其区域内的微基站。假设使用宏基站作为中央控制器，它负责收集任务信息、微基站中边缘云的计算资源信息和网络状态。假设每个移动用户 $u\in\mathcal{U}$ 一次生成一个计算请求，给定为 $q_u=<w_q,s_q,pr_q,Tg_q,Tb_q>$。其中，$w_q$ 表示请求 q 的工作负载；s_q 表示请求输入数据的大小；pr_q 表示代表不同请求重要性的请求优先级；Tg_q 和 Tb_q 为理想延迟阈值和可容忍延迟阈值。考虑到移动用户的位置随时间变化，使用 $l_u^t=(x_u,y_u,0)$ 来表示移动用户 u 在时刻 t 的位置，所有微基站的位置和高度是固定的，微基站 n 的位置和高度可以定义为 $l_n^t=(x_n,y_n,H)$。

5.5.1 时延模型

本节考虑采用非正交多址接入技术（Non-Orthogonal Multiple Access，NOMA）作为移动用户与微基站 n 之间的通信方案，因此，同一区域内的移动用户可以在不受干扰的情况下同时向微基站传输数据。将发送功率分配策略定义为 $\mathcal{P}=\{p_{un},\forall u\in\mathcal{U},n\in\mathcal{N}\}$，其中 p_{un} 表示移动用户 u 到微基站 n 的发射功率。假设每个移动用户在时间间隔内的位置不变，则移动用户 u 到微基站 n 的上行速率 $v_{un}(t)$ 可表示为

$$v_{un}(t)=B\log_2\left(1+\frac{p_{un}(t)g_{un}(t)}{\sum_{u'\in\mathcal{U}/\{u\}}p_{u'n}(t)g_{u'n}(t)+\sigma^2}\right) \tag{5-14}$$

其中，B 表示系统带宽；σ^2 表示噪声功率。移动用户 u 到微基站 n 之间的信道增益为

$$g_{un}(t)=\frac{g_0}{(x_u-x_n(t))^2+(y_u-y_n(t))^2+H^2},u\in\mathcal{U},n\in\mathcal{N},t\in\mathcal{T} \tag{5-15}$$

其中，g_0表示参考距离$d_0=1\,\text{m}$处的信道功率增益，发射功率为 1 W；H表示基站的高度。

定义请求卸载策略为$\boldsymbol{X}=\{\overline{x}_{qn},\forall q\in\mathcal{Q},\forall n\in\mathcal{N}\}$，其中$\mathcal{Q}$表示移动用户生成的请求集合；$\overline{x}_{qn}$为二进制变量，$\overline{x}_{qn}=1$表示将请求$q$卸载到微基站$n$，$\overline{x}_{qn}=0$表示将请求$q$卸载到宏基站。则从移动用户$u$传输数据$I_q$进行卸载所花费的时间为

$$t_{\text{up}}^q=I_q/v_{un}(t) \tag{5-16}$$

定义计算资源调度策略为$\overline{\boldsymbol{Y}}=\{\overline{y}_{qn},\forall q\in\mathcal{Q},\forall n\in\mathcal{N}\}$，其中$\overline{y}_{qn}$表示微基站$n$调度请求$q$的计算资源量，则请求$q$在微基站或宏基站上的执行时间为

$$t_{\text{pro}}^q=\begin{cases}I_q/\overline{y}_{qn}, & \overline{x}_{qn}=1\\ I_q/\overline{y}_c, & \overline{x}_{qn}=0\end{cases} \tag{5-17}$$

其中$\overline{y}_c$表示宏基站的计算能力。因此，可以得到卸载请求q的总延迟为

$$t_q=t_{\text{up}}^q+t_{\text{pro}}^q \tag{5-18}$$

5.5.2　能耗模型

在t时刻从移动用户u到微基站n的数据卸载传输能耗为

$$E_u^{\text{tra}}(t)=p_{un}(t)t_{\text{up}}^q \tag{5-19}$$

根据微基站和宏基站的平均功耗，定义执行请求q所消耗的能量为

$$E_u^{\text{pro}}(t)=\begin{cases}p_{\text{BS}}t_{\text{pro}}^q, & x_{qn}=1\\ p_C t_{\text{pro},c}^q, & x_{qn}=0\end{cases} \tag{5-20}$$

其中p_{BS}和p_C为微基站和宏基站的平均功耗。

5.5.3　问题规划

假设每个移动用户都是自私的，并努力使自己传输数据的能量消耗最小化。在这种情况下，移动用户使用更大的发射功率可以减少传输延迟，但可能会导致更多的干扰和能耗。为了使整个系统在t时刻传输数据所消耗的能量最小，将功率分配（Power Allocation，PA）问题表述为

$$\begin{aligned}&\min_{\mathcal{P}} E=\sum_{u\in\mathcal{U}}\sum_{n\in\mathcal{N}}E_u^{\text{tra}}(t)\\&\text{s.t. } 0\leqslant p_{un}(t)\leqslant p_{\max},\forall u\in\mathcal{U},\forall n\in\mathcal{N}\end{aligned} \tag{5-21}$$

式（5-21）表示在保证每个移动用户的传输功率小于$p_{\max}$且大于 0，使传输能耗最小。显然，移动用户的目的是减少卸载请求的响应延迟，以获得理想的结果。一般情况下，

同一区域内的移动用户为了在理想延迟内完成请求，会竞争同一微基站的计算资源。此模型将处理请求q的边缘系统效用定义为

$$k_q=\begin{cases}1, & t_q\leqslant Tg_q\\ 1-\dfrac{1}{1+\mathrm{e}^{\alpha(T_{\mathrm{ave}}-t_q)/(T_{\mathrm{ave}}-Tg_q)}}, & Tg_q<t_q\leqslant T_{\mathrm{ave}}\\ 1-\dfrac{1}{1+\mathrm{e}^{\alpha(t_q-T_{\mathrm{ave}})/(Tb_q-T_{\mathrm{ave}})}}, & T_{\mathrm{ave}}<t_q\leqslant Tb_q\\ 0, & t_q>Tb_q\end{cases} \tag{5-22}$$

其中，

$$T_{\mathrm{ave}}=0.5\left(Tg_q+Tb_q\right) \tag{5-23}$$

定义处理请求q的边缘系统成本为

$$c_q=\alpha\int_{E_0-E_{\mathrm{r}}^t}^{E_0-E_{\mathrm{r}}^t+E_u^{\mathrm{pro}}}\mathrm{e}^{x/10}\mathrm{d}x \tag{5-24}$$

其中，α为用户自定义常数，以保证c_q在开区间(0,1)内；E_0和E_{r}^t为微基站在时刻t的初始能量和剩余能量。随着执行请求能耗的增加，边缘服务器的能源成本c_q也随之增加。由于计算资源固定，微基站未必能及时处理所有要求。因此，移动用户可以选择将请求发送到宏基站进行处理，边缘系统应该为此付出代价。卸载到宏基站的额外成本定义为

$$e_q=\varepsilon k_q+(1-\varepsilon)E_q^{\mathrm{pro}} \tag{5-25}$$

其中，ε是一个常数，表示总延迟和执行能耗的相对重要性。因此，系统总效益定义为

$$W=\sum_{n\in\mathcal{N}}\sum_{q\in\mathcal{Q}}(\bar{x}_{qn}(k_q-c_q)-(1-\bar{x}_{qn})e_q) \tag{5-26}$$

最后将联合请求卸载和计算资源调度问题表述为系统效益最大化问题：

$$\begin{aligned}&\max_{\bar{X},\bar{Y}} W\\ &\text{s.t. } \mathrm{C}_1:\sum_{n\in\mathcal{N}}\bar{x}_{qn}\leqslant 1,\forall q\in\mathcal{Q},\\ &\mathrm{C}_2:\bar{x}_{qn}\in\{0,1\},\forall q\in\mathcal{Q},\forall n\in\mathcal{N},\\ &\mathrm{C}_3:\sum_{q\in\mathcal{Q}}\bar{y}_{qn}\leqslant\bar{y}_n,\forall n\in\mathcal{N},\\ &\mathrm{C}_4:\bar{y}_{qn}>0,\forall q\in\mathcal{Q},\forall n\in\mathcal{N}\end{aligned} \tag{5-27}$$

其中，约束C_1和C_2意味着移动用户生成的每个请求只能卸载到一个微基站或宏基站。由于计算资源固定，微基站未必能及时处理所有要求。因此，移动用户可以选择将请求发送到云中心进行处理。约束C_3确保调度给请求的总计算资源不超过微基站的计算能力。约束C_4确保 SBS 必须为卸载给它的每个请求调度一个大于 0 的计算资源。

5.5.4 MATLAB 代码

以下为解决问题（5-21）的主函数的代码：

```
% 步骤 1：初始化仿真参数
u = 32; % 移动用户数量
n = 8; % 带有边缘服务器的基站数量
B = 20*(10^6); % 固定带宽
H = 10; % 基站的固定高度
Iq = 700*(2^10); % 请求 q 的输入数据量
Tgq = 0.5; % 请求 q 的理想延迟
Tbq = 0.65; % 请求 q 的可容忍延迟
Tavg = (Tgq + Tbq)/2; % 请求 q 的平均延迟
pmax = 5; % 移动用户的最大发射功率
PBS = 7500; % 基站的平均功耗
sig2 = 0.01; % 背景白噪声功率
PC = 15000; % 宏基站的平均功耗
Rn = 70*10^9; % 基站（边缘服务器）n 的计算容量
Rc = 120*10^9; % 具有云服务器宏基站 C 的计算容量
Rqn = randi(Rn,u,1); % 基站 n 分配给请求 q 的计算资源
numvar = u; % PSO 中的变量数
U = 1:u; % 移动用户集合
N = 1:n; % 带有边缘服务器的基站集合
xqn = zeros(u,1); % 将请求 q 分配给基站 n 的指示符（0 表示宏基站，1 表示基站 n）
put = zeros(u,2); % 移动用户的位置（第 u 行为用户 u 的坐标）
pnt = zeros(n,2); % 基站的位置（第 n 行为基站 n 的坐标）
for user = U
    xu = randi([0 50],1); % t 时刻移动用户的 X 坐标
    yu = randi([0 50],1); % t 时刻移动用户的 Y 坐标
    put(user,1) = xu;
    put(user,2) = yu;
end
for bs = N
    xn = randi([0 50],1); % t 时刻基站的 X 坐标
    yn = randi([0 50],1); % t 时刻基站的 Y 坐标
    pnt(bs,1) = xn;
    pnt(bs,2) = yn;
end
punt = pmax * ones(u,n); % 从移动用户 u 到基站 n 的传输功率
```

```
alloted_bs = zeros(1,length(U)); % 每个用户分配的基站（最近的基站）
for u = U
   dmin = 100000;     %用户和基站之间的最小距离
   for n = N
            d = ((put(u,1)- pnt(n,1))^2 + (put(u,2)- pnt(n,2))^2)^0.5;
            if d < dmin
                  dmin = d;
                  nopt = n;
            end
   end
   alloted_bs(u) = nopt;
end
for u = 1:length(U)
       n = alloted_bs(u);
       user_profile(u) = punt(u,n);     % 用户发射功率
end
g0 = 0.1; % 参考距离 d0 处的信道功率增益
gunt = zeros(u,n); % 移动用户 u 到基站 n 之间的信道功率增益
for u = U
      for n = N
            d = (put(u,1)-pnt(n,1))^2 + (put(u,2)-pnt(n,2))^2 + H^2;
            gun = g0 / d;
            gunt(u,n) = gun;
      end
end
PA_fun = @(user_profile) PA(user_profile,alloted_bs,gunt,U,sig2,B,Iq);
chromlength = length(U);
num_antibody_size = [1 chromlength];
ub = pmax;          % 最大功率
lb = 0;             % 最小功率
antibody_size = 25;           % 抗体大小
num_iterations = 200;         % 迭代次数
m = antibody_size;            % 抗体种群大小
n = 4;           % 记忆库大小
q = 21;          % 克隆选择抗体的数量
s = 3;           % 克隆的倍数
current_iteration_cost = ones(num_iterations,1);   % 存储每次迭代的最优适应度值
crossoverProbability = 0.8 * ones(s*q,1);          % 设置交叉概率
```

```
mutationProbability = 0.1 * ones(s*q,1);                %   设置变异概率
for i = 1:antibody_size
    old_p(i,:) = (ub-lb) * rand(num_antibody_size) + lb;
    fitness(i) = PA(old_p(i,:));
end
for it = 1:num_iterations
    excellent = CalculateAntibodyStimulation(antibody_size, fitness, old_p);   % 计算抗
体激励度

    old_p1 = bestselect(fitness,old_p,excellent,m,n,ND);                          % 设置抗
体记忆库

    old_p2 = bestselect(fitness,old_p,excellent,m,q,ND);            % 设置参与克隆交叉
变异的子群大小

    % old_p1 作为抗体记忆库不参与后续的交叉和变异，old_p2 用于后续的克隆、交
叉和变异

    old_p3 = repmat(old_p2,s,1);              % 克隆后的新子群

    crossPopulation = randperm(s*q, s*q); % 生成随机交叉种群

    % 对选择出的 old_p2 抗体进行克隆生成新子群 old_p3，并生成随机交叉种群
    new_p2 = crossover(old_p3, s*q, chromlength, crossoverProbability, crossPopulation); %
交叉

    new_p2 = mutation(new_p2, s*q, chromlength, mutationProbability, pmax);   % 变异

    for i = 1:s*q
        fitnesscl(i) = PA_fun(new_p2(i,:));     %计算新子群的适应度函数值
end

    [Sortfitness, index] = sort(fitnesscl, 'ascend');
    for i = 1:antibody_size
        new_p(i) = new_p2(index,:);
    end
    % 保留适应度函数较高的部分抗体以更新子群
    old_p = [old_p1; new_p];           % 合并子群和抗体记忆库，以形成新一代种群
```

```
        for i = 1:antibody_size
            fitness(i) = PA_fun(old_p(i,:));
        end
        current_iteration_cost(it) = min(fitness);
    end
```

代码分析：以上内容涉及免疫算法参数的设定，明确了抗体种群大小、用户发射功率边界值、抗体记忆库大小，以及克隆选择抗体的数量和克隆倍数。同时，建立了一个空数组，用于存储每次迭代中获得的最优适应度值，并预设交叉和变异的概率，最后计算随机生成的种群的适应度值大小。

解决问题（5-21）目标函数代码：

```
    function etrat = PA(user_profile, alloted_bs, gunt, U, sig2, B, Iq)
    % 输入 user_profile：用户发射功率
    % 输入 alloted_bs：用户关联的基站
    % 输入 gunt：用户至基站的信道增益
    % 输入 U： 用户的集合
    % 输入 sig2：背景白噪声功率
    % 输入 B：系统带宽
    % 输入 Iq：请求 q 的输入数据量

    % 输出 etrat：所用用户设备数据卸载传输能耗
        etrat = 0; % 初始化能耗
        for u = 1:length(U)
            n = alloted_bs(u);
            spunt = sum(user_profile);
            sgunt = sum(gunt);
            x = user_profile(u) * gunt(u, n) / (sig2 + (spunt * sgunt(n)) - (user_profile(u) *
gunt(u, n)));
        vun = B * log2(1 + x);                    % 移动用户 u 到基站 n 的上行速率
        tqup = Iq / vun;                           % 请求 q 到基站 n 的上行传输时间
        etrat = etrat + (user_profile(u) * tqup); % 从移动用户 u 到基站 n 的数据卸载的
传输能耗
        end
    end
```

代码分析：这个 MATLAB 函数（Power Allocation, PA）用于计算从多个移动用户到它们各自基站的数据卸载所涉及的能耗。函数通过迭代每个移动用户，计算每个用户到其分配的基站的上行传输时间，然后将其与用户配置和信道增益等参数结合起来，计算总的能耗。最终，函数返回总的能耗值。

以下代码用于计算抗体激励度。

```
function excellent = CalculateAntibodyStimulation(antibody_size, fitness, p)
% 计算抗体激励度函数
% 输入 antibody_size: 抗体群体的大小
% 输入 fitness:        抗体的适应度值
% 输入 p:              抗体基因对应的序列

% 输出 excellent:      包含计算得到的抗体激励度的向量

    ndp = zeros(1, antibody_size);     % 为抗体浓度预分配内存空间

    % 循环遍历每个抗体
    for i = 1:antibody_size
        % 再次循环遍历每个抗体以计算距离
        for j = 1:antibody_size
            % 计算抗体 i 和抗体 j 之间的欧几里得度规
            ndp(j) = sum(sqrt((p(i, :) - p(j, :)).^2)); % 通过阈值确定距离是否小于 0.2
            if ndp(j) < 0.2
                ndp(j) = 1;     % 如果距离小于 0.2，则设为 1
            else
                ndp(j) = 0;     % 否则设为 0
            end
        end
        ND(i) = sum(ndp) / antibody_size;    % 计算抗体浓度
    end
    % 计算抗体激励度
    for i = 1:antibody_size
        excellent(i) = fitness(i) - ND(i);
    end
end
```

代码分析：在这段代码中，ndp 数组存储了当前抗体与其他抗体的距离处理结果，然后通过计算适应度值和抗体浓度（ND）的差来计算抗体的激励度（excellent）。

以下代码用于根据抗体的激励度和适应度进行选择：

```
function p = bestselect(fitness, p, excellence, m, n, ND)
% 初始化记忆库，依据 excellence，将群体中高适应度低相似度的 overbest 个抗体存
入记忆库
% 输入 fitness：适应度函数
% 输入 p：抗体父代对应的基因序列
```

```
% 输入 excellence：抗体激励度
% 输入 m：抗体数
% 输入 n：记忆库抗体数\父代群规模
% 输入 ND：抗体浓度
% 输出 p：抗体子代对应的基因序列

% 精英保留策略，将 fitness 最好的 s 个抗体先存起来，避免因其浓度高而被淘汰
s = 3;
[fitness, index] = sort(fitness, 'ascend');
for i = 1:s
    fitness(i) = fitness(index(i));
    excellence(i) = excellence(index(i));
    p(i, :) = p(index(i), :);
end

leftfitness = zeros(m - s, 1);          % 剩余 m-s 个抗体
leftexcellence = zeros(m - s, 1);
leftND = zeros(m - s, 1);
for k = 1:m - s
    leftfitness(k) = fitness(index(k + s));
    leftND(k) = ND(index(k + s));
    p1(k, :) = p(index(k + s), :);
end
for i = 1:m - s
    leftexcellence(i) = leftfitness(i) - leftND(i);
end

% 将剩余抗体按 excellence 值排序
[excellence, index] = sort(leftexcellence, 'ascend');

% 在剩余抗体群中按 excellence 再选 n-s 个最好的抗体
for i = s + 1:n
    fitness(i) = leftfitness(index(i - s));
    excellence(i) = leftexcellence(index(i - s));
    p(i, :) = p1(index(i - s), :);
end
end
```

代码分析：此代码实现了一个函数 bestselect，其目的是进行抗体选择，保留适应度较

高的抗体并选择剩余抗体中激励度（excellence）较高的一部分抗体。以下是代码的解释：

（1）精英保留：通过对适应度进行排序，保留适应度最好的前 s 个抗体，其中 s 被设置为 3。

（2）剩余抗体处理：将剩余的 m-s 个抗体的适应度、激励度存储在相应的数组中，计算剩余抗体的激励度。

（3）剩余抗体排序：将剩余抗体按照激励度值从低到高排序，并记录排序后的索引。

以下代码用于执行抗体之间的交叉

```
function new_p = crossover(p, popSize, chromlength, crossoverProbability, crossPopulation)
% 交叉操作，不改变种群规模，一个交叉点
% 输入 p：父代抗体基因序列
% 输入 popSize：种群大小
% 输入 chromlength：抗体基因长度
% 输入 crossoverProbability：交叉概率
% 输入 crossPopulation：交叉种群

% 输出 new_p：子代抗体基因序列
new_p = p;
for pop = 1:2:popSize - 1
    if (rand < crossoverProbability(pop)) % 交叉概率判断
        crossoverPoint = randperm(chromlength2 - 1, 1);
        % 生成一个 1 到 chromlength-1 之间的随机整数
        % 交叉操作
        new_p(crossPopulation(pop), :) = [p(crossPopulation(pop), 1:crossoverPoint),…
        p(crossPopulation(pop+1), crossoverPoint1+1:chromlength)];
        p(crossPopulation(pop+1), :) = [p(crossPopulation(pop+1), 1:crossoverPoint),…
        p(crossPopulation(pop), crossoverPoint1+1:chromlength)];
    end
end
end
```

代码分析：

（1）初始化新种群：new_p = p; 将新种群初始化为与原始种群相同。

（2）循环遍历抗体进行交叉操作：for pop = 1:2:popSize-1，使用步长为 2 的循环，因为每次交叉涉及两个抗体。

（3）判断是否进行交叉：if rand < crossoverProbability(pop)，通过比较随机数与交叉概率，判断是否对当前抗体进行交叉操作。

（4）随机选择交叉点：crossoverPoint = randperm(chromlength-1, 1); 生成一个 1 到 chromlength-1 之间的随机整数，作为交叉点的位置。

以下代码用于执行抗体之间的变异：

```
function new_p = mutation(old_p, popSize, chromlength, mutationProbability, pmax)
% 变异操作，随机产生两个变异点
% 输入 old_p：父代抗体基因序列
% 输入 popSize：种群大小
% 输入 chromlength：抗体基因长度
% 输入 mutationProbability：变异概率
% 输入 pmax：用户最大发射功率

% 输出 new_p：子代抗体基因序列


new_p = p;
for pop = 1:popSize
    a = rand;
    b = rand;
    c = rand;
    if c < mutationProbability(pop)
        mutationPoint = randperm(chromlength, chromlength);    % 生成变异点
        if b > 0.5
            % 变异操作，根据概率选择变异方向
            new_p(pop, mutationPoint2) = a * pmax + (1 - a) * p(pop, mutationPoint2);
        else
            new_p(pop, mutationPoint2) = (1 - a) * p(pop, mutationPoint2);
        end
    end
end
end
```

代码分析：

（1）初始化新种群：new_p = old_p; 将新种群初始化为与原始种群相同。

（2）循环遍历抗体进行变异操作：for pop = 1:popSize，遍历每一个抗体。

（3）判断是否进行变异：if c < mutationProbability(pop)，通过比较随机数 c 与变异概率，判断是否对当前抗体进行变异。

（4）随机选择变异点：mutationPoint = randperm(chromlength, chromlength)；随机生成一个包含 1 到 chromlength 的随机排列，用作变异的基因点。

（5）执行变异操作：如果随机数 b 大于 0.5，将变异点的基因按照公式进行线性变异；否则，直接替换为 (1 - a) * old_p。

为解决问题（5-27），主函数如下：

```
% 请求 wq 的工作负载
wq = 1 500;
% 请求 q 的输入数据
Iq = 700*(2^3);
% 定义函数句柄
JRORS_fun = @(xqn)JRORS(xqn, user_profile, alloted_bs, gunt, U, sig2, B, Iq, wq, Rc, 
Rqn, Tgq, Tbq,…
Tavg, PBS, PC);
chromlength = length(U);
num_antibody_size = [1 chromlength];
ub = pmax;          % 约束条件 1：功率上限
lb = 0;             % 约束条件 2：功率下限
antibody_size = 35;
num_iterations = 500;  % 迭代次数
m = antibody_size;
n = 5;          % 记忆库大小
q = 30;         % 克隆选择抗体的数量
s = 3;          % 克隆的倍数
current_iteration_cost = ones(num_iterations,1); % 保存每次迭代的最优抗体
crossoverProbability = 0.8*ones(s*q,1);          % 交叉概率
mutationProbability = 0.1*ones(s*q,1);           % 变异概率

% 初始化抗体群
for i = 1:antibody_size
    old_x(i,:) = rand(num_antibody_size);
    fitness(i) = JRORS_fun(old_x(i,:));
end

% 迭代更新抗体群
for it = 1:num_iterations
    % 计算抗体间的距离
    for i = 1:antibody_size
        for j = 1:antibody_size
            ndx(j) = sum(sqrt((old_x(i,:) - old_x(j,:)).^2));
            if ndx(j) < 0.2
                ndx(j) = 1;
            else
```

```
                ndx(j) = 0;
            end
        end
        ND(i) = sum(ndx) / antibody_size;
    end

    % 计算抗体的激励度
    for i = 1:antibody_size
        excellent(i) = fitness(i) - ND(i);
    end

    % 选择优质的抗体
    old_x1 = bestselect2(fitness, old_x, excellent, m, n, ND);
    old_x2 = bestselect2(fitness, old_x, excellent, m, q, ND);
    old_x3 = repmat(old_x2, s, 1);

    % 交叉操作
    crossPopulation = randperm(s*q, s*q);
    new_x = crossover(old_x3, s*q, chromlength, crossoverProbability, crossPopulation);

    % 变异操作
    [new_x2] = mutation(new_x, s*q, chromlength, mutationProbability, 1);

    % 计算新群体的适应度
    for i = 1:s*q
        fitnesscl(i) = JRORS_fun(new_x2(i,:));
    end

    % 根据适应度排序，选择最佳抗体
    [Sortfitness, index] = sort(fitnesscl, 'descend');
    for i = 1:antibody_size
        new_x(i) = new_x2(index,:);
    end

    % 更新抗体群
    old_x = [old_x1; new_x];
    for i = 1:antibody_size
```

```
            fitness(i) = JRORS_fun(old_x(i,:));
        end

        % 记录当前迭代的系统效益
        current_iteration_cost(it) = max(fitness);
    end
```

代码分析：以上代码是一个基于免疫算法的优化算法实现，通过初始化抗体群并迭代更新，在每次迭代中根据抗体间的距离和适应度进行选择、克隆、交叉和变异操作，最终寻找问题的最优解，以最大化系统效益。

解决问题（5-27）的目标函数代码如下：

```
    function W = JRORS(xqn, user_profile, alloted_bs, gunt, U, sig2, B, Iq, wq, Rc, Rqn, Tgq,
Tbq, Tavg, PBS, PC)
    % JRORS 问题求解函数
    % 输入 xqn 指示符：将请求分配给基站还是宏基站
    % 输入 user_profile：移动用户的传输功率
    % 输入 alloted_bs：分配给每个用户的基站
    % 输入 gunt：信道功率增益
    % 输入 U：移动用户集合
    % 输入 sig2：背景白噪声功率
    % 输入 B：带宽
    % 输入 Iq：请求的输入数据量
    % 输入 wq：请求的处理时间
    % 输入 Rc：微基站的计算容量
    % 输入 Rqn：边缘服务器的计算资源
    % 输入 Tgq：请求的理想延迟
    % 输入 Tbq：请求的可容忍延迟
    % 输入 Tavg：请求的平均延迟
    % 输入 PBS：基站的平均功耗
    % 输入 PC：宏基站的平均功耗

    % 输出 W 系统效益函数值
    W = 0;
    for u = U
        n = alloted_bs(u);
        spunt = sum(user_profile);
        sgunt = sum(gunt);
        x = user_profile(u) * gunt(u,n) / (sig2 + (spunt * sgunt(n)) - (user_profile(u) *
```

```
gunt(u,n)));
        vun = B * log2(1 + x); % 移动用户 u 到基站 n 的上行速率

        tqup = Iq / vun; % 请求 q 到基站 n 的上行传输时间
        if xqn(u) == 1
            tqpro = wq / Rqn(u,1); % 请求 q 在边缘服务器上的处理时间
        else
            tqpro = wq / Rc; % 请求 q 在微基站上的处理时间
        end
        tq = tqup + tqpro; % 请求 q 的总响应时间
        alpha = 0.15;
        if tq <= Tgq
            kq = 1; % 边缘系统效用
        elseif Tgq < tq && tq <= Tavg
            kq = 1 - 1 / (1 + exp(alpha * (Tavg - tq) / (Tavg - Tgq)));
        elseif tq > Tbq
            kq = 0;
        else
            kq = 1 / (1 + exp(alpha * (tq - Tavg) / (Tbq - Tavg)));
        end
        if xqn(u) == 1
            eprot = PBS * tqpro; % 处理请求 q 的能耗
        else
            eprot = PC * tqpro; % 处理请求 q 的能耗
        end
        cq = 10 * alpha * (exp(((user_profile(u) * tqup) + eprot) / 10) - exp((user_profile(u) *
tqup) / 10)); % 处理请求 q 的边缘系统成本
        epsilon = 0.99;
        eq = epsilon * kq + (1 - epsilon) * eprot; % 将请求 offload 到宏基站的额外成本
        W = W + (xqn(u) * (kq - cq)) - ((1 - xqn(u)) * eq); % 系统福利
    end
    end
```

代码分析：这段代码是一个用于解决联合任务卸载与资源分配（Joint Request Offloading and Resource Scheduling，JRORS）问题的求解函数。该函数计算了系统的效益，考虑请求的处理时间、延迟、能耗等因素，并通过一系列判断条件计算出每个请求的系统福利，最终汇总得到整个系统的效益。

免疫算法应用于优化问题（5-21）的仿真结果如图 5-6 所示。免疫算法应用于优化问题

（5-27）的仿真结果如图 5-7 所示。图 5-6 与图 5-7 均显示免疫算法在少数迭代后，能耗与系统效益均能快速收敛。

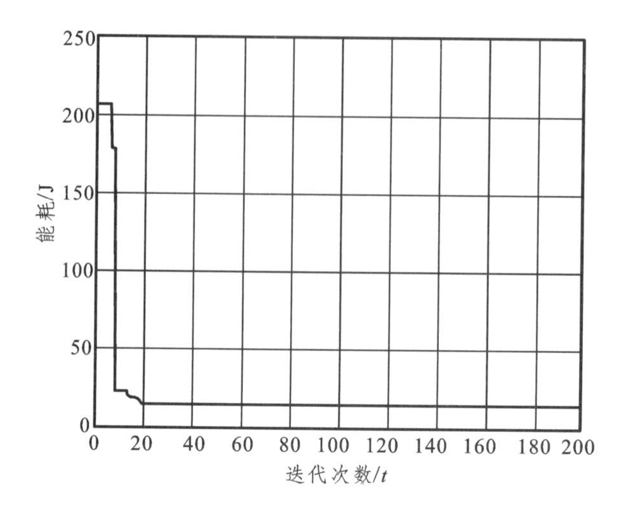

图 5-6　免疫算法对于能耗的收敛性

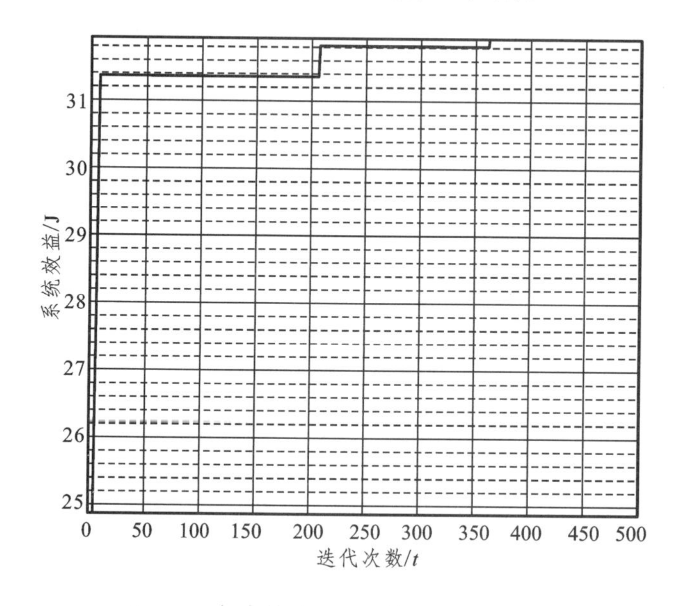

图 5-7　免疫算法对于系统效益的收敛性

6 水波优化算法

6.1 水波优化算法概述

水波优化（Water Wave Optimization，WWO）算法是一种元启发式优化算法，由郑宇军在 2015 年首次提出。该算法的设计灵感来源于对沿海区域水波传播的模拟，以及水波与海床和洋流之间的相互作用。WWO 算法的主要优点包括控制参数少、种群规模小、实现简单以及计算开销小。这些特性使得算法在各种高维复杂问题中能够发挥出色的性能。此外，算法还具有平衡其探索（explore）和利用（exploit）行为的自适应机制，提高避免陷入局部最优的概率。本章将详细介绍 WWO 算法的模型，探讨其在超密集移动边缘计算网络中的应用，通过实例来展示如何在该网络环境中提供优化解决方案。

6.1.1 提出背景

水波是地球表面水体，如海洋、湖泊和河流，受到风力、地震、潮汐、重力等各种力的作用而产生的波动现象。当水波进入浅水区域时，表面波会发生变化。一方面，由于水域深度的变化，水波的波速会减小，波长会缩短，波高会增大，这种现象称为拍岸浪；另一方面，由于水流的存在，水波的方向会发生偏转，这种现象称为折射。海床突出的地形特征，如海脊或海沟，会对水波的传播造成阻碍，使其丧失部分能量，这种现象称为衰减。水波持续向前传播并积累能量，每一个波峰都变得更加陡峭和强大，直到达到破碎点，即水波的波高超过波长的 1/7，水波就会倾覆并形成浪花。水波最终抵达海岸线释放其能量，形成涌浪。

水波理论是研究水波的形成、传播和变化规律的学科，它涉及流体力学、波动力学、偏微分方程、复变函数等数学和物理知识。水波理论的起源可以追溯到 1687 年牛顿反对阿基米德的流体静力学，认为流体是由不可压缩的质点组成的，因此可以用牛顿运动定律来描述流体的运动。牛顿在 *Principia* 中提出深水波的频率必须与“波的宽度”的平方根的倒数成正比，即

$$f = g\sqrt{\lambda^{-1}}/2\pi \tag{6-1}$$

其中，f 是水波的频率；g 是重力加速度；λ 是水波的波长。这个公式是水波理论的基础，也是牛顿第一次将波动现象用数学公式表达出来。

拉普拉斯于 1776 年提出描述水波运动的拉普拉斯方程，其是一个二阶线性偏微分方程，

它可以用分离变量法求解，得到线性平面波的周期解，即

$$\phi = A\sin(kx - \omega t) \quad (6\text{-}2)$$

其中，A是水波的振幅，k是水波的波数，ω是水波的角频率。拉普拉斯方程建立了线性平面波理论，它是水波理论的一个重要分支，它可以用来分析水波的干涉、衍射、反射等现象。

线性平面波是一种简单的水波形式，它假设水波的波高很小，水深很大，水波的形状不随时间变化，而只随空间位置变化。这些假设使得水波的运动可以用线性方程来描述，但是也忽略了水波的非线性和色散效应。线性平面波的一个重要特征是，水波的波速只取决于水波的波长，而与水波的波高无关，即

$$c = \sqrt{g\lambda/2\pi} \quad (6\text{-}3)$$

其中，c是水波的波速。这个公式说明，波长越长的水波，波速越快，因此在风暴后，长波会先到达海岸，而短波会后到达。

Kelland 利用非线性自由表面边界条件，推导出描述任意深度流体中水波位移的隐式公式，即

$$\eta = A\cos(kx - \omega t)\Big/\sqrt{1+k^2h} \quad (6\text{-}4)$$

其中，η是水波的位移，h是水波的深度。这个公式展示了水波的非线性特征，它说明，水波的位移不仅取决于水波的波长和波高，还取决于水深。当水深变小，水波的位移会变大，这就是水波在浅水区域变陡的原因。式（6-4）也说明，水波的波速不仅取决于水波的波长，还取决于水波的波高，即

$$c = \sqrt{g\lambda\left(1+0.5A^2k^2\right)/2\pi} \quad (6\text{-}5)$$

式（6-5）说明，波高越大的水波，波速越快，因此在浅水区域，水波会形成拍岸浪，波峰和波谷的位置不随时间变化，只随空间位置变化。这种现象在海浪中很常见，它会导致海浪的破碎和浪花的产生。

现代水波理论主要分为深水波理论和浅水波理论两大类，它们分别适用于不同的水域条件和水波类型。深水波理论关注深水区域的重力波之间的弱非线性相互作用，即水波的波高相对于波长很小，水深相对于波长很大。

浅水波理论则考虑浅水区域的波流底相互作用，即水波的波高相对于波长不可忽略，水深相对于波长很小，水波的能量会向水深方向传播，水波会受到水流、海底、海岸等因素的影响，水波之间的相互作用需要用非线性方程来描述。浅水波理论可以用来分析沿海的涌浪、拍岸浪、破碎、浪花等现象。由于沿海地区的海底地形复杂，浅水波的研究没有深水波那么深入。海流的影响，以及水波与海流、海底的相互作用，构成了沿海水域最基本的动力机制，表现为水波的折射、衍射、散射和共振波-波相互作用，这些都涉及水波能量的变化。

现代浅水波模型用数值技术描述水波的高度、周期和传播方向的演化，考虑风力、非线性水波相互作用、摩擦耗散等因素的影响。风力是水波的主要能量来源，它会使水波的波高增加，波长延长，波速加快。非线性水波相互作用是水波的主要能量转移机制，它会使水波的波形变得复杂，波高变得不均匀，波速变得不一致。摩擦耗散是水波的主要能量损失机

制，它会使水波的波高减小，波长缩短，波速减慢。

WWO 算法受现代浅水波模型的启发，模拟水波在浅水区域可能遇到的场景，提出了传播（propagation）、折射（refraction）和碎浪（breaking）的水波变化操作，用以求解最大化问题。传播操作是指水波在没有其他因素影响的情况下，按照其波长和波高向前传播的操作，它会使水波的位置发生变化，但不会改变水波的其他特征。折射操作是指当水波在传播过程中耗尽能量后，补充折射产生的新的水波。碎浪操作是指水波在达到破碎点时，按照碎浪模型产生浪花的操作，新产生的能量最高的水波将取代原水波。WWO 算法控制执行这 3 种操作，模拟水波在浅水区域的传播和变化，寻找最大化问题的最优解。

6.1.2 发展状况与应用场景

水波优化算法具有良好的全局搜索能力和局部搜索能力，可以解决各种复杂的优化问题。目前有关水波优化算法的改进的相关研究已有一定数量，主要集中在以下几个方面：

（1）自适应水波优化算法，通过采用对数或指数递减改进碎浪系数，使算法能更好地在迭代后期进行精细化局部搜索。传统的水波优化算法中，碎浪系数是一个线性递减的参数，不能很好地适应算法在不同迭代时间的局部搜索需求。改进后的碎浪系数使算法在迭代前期在较大范围内更好地进行局部搜索，在迭代后期缩小局部搜索的范围。

（2）可变种群的水波优化算法，使得算法在迭代过程中逐渐减少种群数量，更好地平衡全局和局部搜索，并节省大量计算资源。种群数量是影响算法性能的重要因素，它决定了算法的搜索范围和搜索深度。传统的水波优化算法中，种群数量是一个固定的常数，这会导致算法在迭代过程中存在冗余的水波，浪费计算资源。可变种群的水波优化算法中，种群数量是一个随着迭代次数增加而递减的函数，它可以使算法在迭代初期具有较大的种群数量，扩大算法的搜索范围和增加其多样性，提高全局搜索能力；在迭代后期具有较小的种群数量，缩小算法的搜索范围和减少冗余，提高局部搜索能力和收敛速度。

（3）将其他算法与水波优化算法进行有机结合的改进，例如采用双种群进化结构的自适应协同学习水波优化算法、解决后期早熟收敛问题的基于模拟退火算法改进的水波优化算法等。这些改进的目的是借鉴其他算法的优点，弥补水波优化算法的不足，提高算法的性能和适应性。双种群进化结构的自适应协同学习水波优化算法，是将水波优化算法与差分进化算法结合，形成两个互相协作和竞争的种群，分别执行水波优化算法和差分进化算法，通过自适应的学习策略，实现水波和差分个体之间的信息交流和知识迁移，增强算法的探索和开发能力。基于模拟退火算法改进的水波优化算法，是将水波优化算法与模拟退火算法结合，引入模拟退火算法的温度参数和概率接受准则，使算法在迭代过程中具有一定的随机跳跃能力，可以接受一些劣解，从而跳出局部最优，寻找全局最优。

水波算法已经被广泛应用于许多领域，如组合优化问题、机器学习、图像处理、电力系统、智能控制等。其中，水波优化算法在组合优化问题中的应用较为突出，这是因为组合优化问题具有高度的非线性和离散性，难以用传统的数学方法求解，而水波优化算法具有良好的全局搜索能力和局部搜索能力，可以有效地处理这类问题。例如，水波优化算法可以用于解决整数规划问题，即在一组整数变量的约束条件下，寻找目标函数的最大值或最小值的问题。水波优化算法可以用水波的位置来表示整数变量的取值，用适应度函数来表示目标函数的值，从而寻找最优解。水波优化算法也可以用于解决无等待流水车间调度问题，即在一个由多个机器组成的流水线上，安排一组作业的执行顺序，使得每个作业在完成一个机器的加工后，不需要等待就可以进入下一个机器的加工，从而使得所有作业的完成时间最短的问题。水波优化算法可以用水波的位置来表示作业的执行顺序，用适应度函数来表示所有作业的完成时间，用水波的传播、折射和碎浪的操作来模拟作业的调度，从而寻找最优解。

6.2 水波优化算法模型

假设在浅水海域存在水波与海床，如图 6-1 所示。水波处于海底的三维空间中，可以将其位置看作问题的解。海床则被假设为解空间，越是接近海床，或水平面的水波，其位置越趋近于最优。浅水海域的海底本身是凹凸不平的，它会影响水波的传播和变化。对于同一水波而言，更容易接近凸起的海床，因为凸起的海床会使水深变浅。浅水海域中也有相对的浅水域和深水域，方才提及的凸起海床所在的区域可以看作浅水域，而低洼海床处看作深水域。显然，算法的目的是使水波在经历一系列操作后最终抵达浅水域。

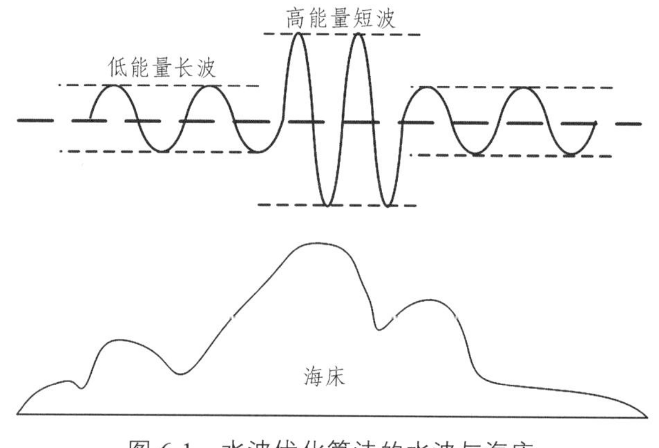

图 6-1 水波优化算法的水波与海床

每个水波拥有水平方向的波长和竖直方向的波高两个动态变化的属性，波长是指相邻两个波峰或波谷之间的水平距离，它能够反映水波在单位时间内传播的距离，也就是水波的波速。波高是指水波的最高点和最低点之间的垂直距离，它能直观地反映水波的能量大小，也就是水波的强度。水波自身具有一定能量，它来源于风力或其他外力的作用，它决定了水波的形成和变化。在经历不同操作以及场景后，水波会累积或释放一定能量，从而改变水波的波长和波高。能量高的水波往往表现为较高的波高和较短的波长，更容易在传播过程中保留；能量低的水波往往表现为较低的波高和较长的波长，容易发生能量衰减或直接消失。

波长越长的水波越倾向于传播，这是因为长波长的水波具有较快的波速，它们可以在较短的时间内覆盖较大的水域范围。相应地，波长短的水波更倾向于维持现在的位置。算法设计使长波长的水波在初始时刻位于深水域，这是为了利用长波长水波的传播优势，使其能够快速地探索解空间。在传播的过程中，水波的波长逐渐缩短，波高逐渐增大，波速逐渐减慢，最终抵达浅水域，这时水波的位置已经趋近于最优，得到问题的解。

在算法中，波高用以控制水波的更迭，即水波的更新和替换。丧失能量的水波其波高最终会变为0，这意味着水波不再具备变化的能力，也就失去了探索解空间的能力，这时候就需要通过折射引入新的水波，即从其他水域的水波中选择一些具有较高能量的水波，替换掉能量低的水波，使得算法能够继续运行，避免陷入局部最优。此外，算法还设计了碎浪操作用以生成新水波，即利用水波的破碎现象，产生新的水波。水波在抵达海滨区域时，受海底特征或水流影响不断累积能量，最后破碎为新的水波，这个过程被称作碎浪。碎浪能够帮助算法进一步寻找可能的最优解。

水波在海域中持续运动，在大部分情况下不断进行传播，积蓄能量。但海域的复杂状况使得水波不得不面对需要折射和碎浪的情况。算法通过这3种操作模拟水波在浅水域中的运动，使水波在经历一系列操作后最终抵达浅水域，最后得到令人满意的水波位置，也就是优化问题的解。上述模型建立在水波处于三维空间中的情形，显然可以将其推广为 n 维空间，即水波的位置由 n 个坐标来表示。仍然借鉴水波模型进行仿真，即用水波的传播、折射和碎浪的操作来模拟水波在 n 维空间中的运动，这样便可以用算法求解高维度优化问题。

6.3 水波优化基本算法

假设种群 $\mathcal{M}$ 有 M 个水波，水波 m 对应一个潜在解（位置），表示为 X_m。水波 m 的波长为 λ_m，波高为 h_m。设目标函数为 f，水波的适应度值表示为 $f(X_m)$。水波距离海平面越近，适应度值越高。一般情况下，水波种群规模设置为30，波长初始值设置为0.5，波高 h_m 设置为一个常数 $h^{\max}$，通常为5。

6.3.1 传　播

水波在浅水海域持续运动积聚能量，这个过程称作传播。在每次迭代中，种群中的每个水波都要传播一次。水波传播后得到的新位置 X'_m 可表示为

$$X'_m = X_m + r\lambda_m L \tag{6-6}$$

其中，r 为在闭区间[−1,1]内服从均匀分布的随机数；λ_m 为水波的波长；L 为水波 m 的位置 X_m 的搜索空间的长度，即 X_m 取值范围的极差。若 X'_m 在可行域之外，需要将其规范至可行范围内的随机位置。

在进行传播操作后，计算水波 m 的旧位置 X_m 和传播生成的新位置 X'_m 的适应度值 $f(X_m)$ 和 $f(X'_m)$。若 $f(X'_m) > f(X_m)$，则用新位置 X'_m 取代 X_m。同时因为水波通过传播操作积蓄了能量，将水波的波高 h_m 重置为 $h^{\max}$；若 $f(X'_m) \leqslant f(X_m)$，保留原位置 X_m，并使 $h_m = h_m - 1$，这模拟了水波 m 通过传播更新位置失败，并由于惯性阻力、漩涡脱落和底部摩擦等因素造成

能量耗散。

由 6.2 节已知，深水区的水波具有较长的波长和较低的波高，而位于浅水区的水波具有较短的波长和较高的波高。水波通过传播变优的过程就是从深水区过渡到浅水区的过程，在传播操作之后水波的波长按照如式（6-7）所示的规则进行更新：

$$\lambda_m = \lambda_m \alpha^{-\frac{f(X_m) - f^{\min} + \varepsilon}{f^{\max} - f^{\min} + \varepsilon}} \tag{6-7}$$

其中，$f^{\max}$ 和 $f^{\min}$ 为当前种群中最大和最小的适应度值；α 为波长衰减系数；ε 是一个足够小的正数，用以避免出现除零问题。

6.3.2 折 射

在水波传播过程中，如果水波不垂直于等深线，其方向便会发生偏转。如图 6-2 所示，水波在深水区发散，在浅水区汇聚，从而导致折射。

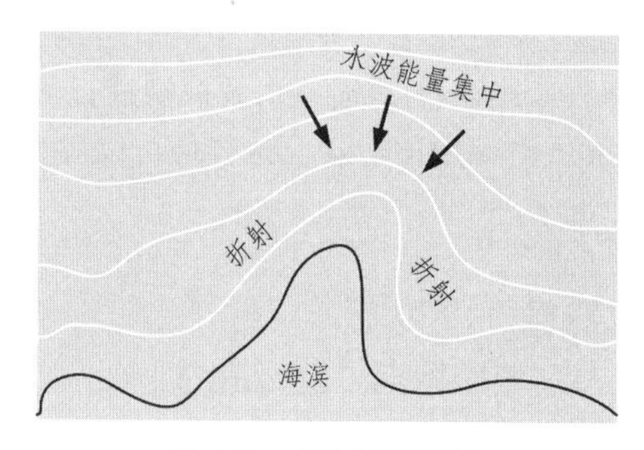

图 6-2 水波折射过程

水波在进行传播操作后，如果水波的位置没有得到更新，该水波的高度减 1，即 $h_m = h_m - 1$。当 $h_m = 0$ 时，说明该水波在经过多次迭代后仍然没有更新。这时需要对水波进行折射操作，产生新水波取代旧水波以改善水波停滞问题。对水波按照如式（6-8）所示的规则执行折射操作：

$$X'_m = \text{norm}\left(0.5\left(X^*_m + X_m\right), 0.5\left|X^*_m - X_m\right|\right) \tag{6-8}$$

其中，X^*_m 为当前种群最优解；$\text{norm}(n_1, n_2)$ 为生成服从数学期望为 n_1、方差为 n_2 的高斯分布的随机数。通过观察式（6-8）不难发现，高斯分布大概率生成位于 X_m 和 X^*_m 之间的随机数，小概率生成其他范围内的随机数。因此折射操作是一个大概率进行进一步局部搜索，小概率跳出局部最优的操作。

在更新水波的位置之后，需要更新水波的波长和波高。波高重置为初始值，即 $h_m = h^{\max}$，波长更新为

$$\lambda_m = \lambda_m f(X_m) / f(X'_m) \tag{6-9}$$

其中，$f(X_m)$ 和 $f(X'_m)$ 分别为水波原始位置和折射生成的新位置的适应度值。

6.3.3 碎 浪

如图 6-3 所示，当水波移动到水深低于阈值的位置时，其能量不断累积，波峰的移动速度超过波速，因此波峰变得越来越陡，最后形成一列孤立波。

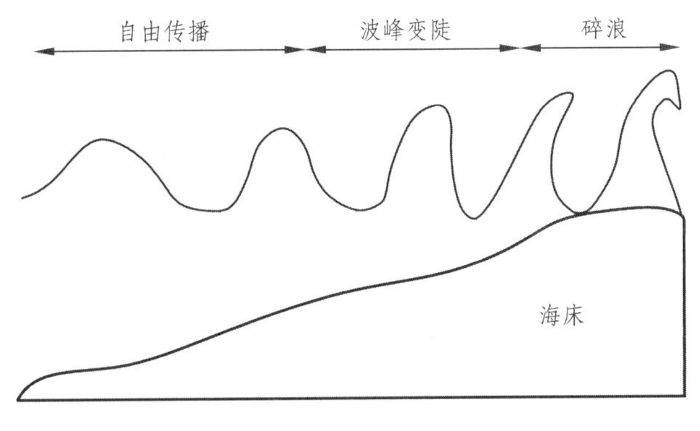

图 6-3 水波碎浪过程

WWO 算法只对新找到的最优解进行碎浪操作，在潜在最优解周围区域进行进一步搜索。碎浪的具体操作是在 X_m 的所有维度中随机选择部分维度，被选中的每个维度按如式（6-10）所示的规则进行搜索并分别得到一个孤立波，其位置 $\bar{X}_m$ 表示为

$$\bar{X}_m = X_m^* + \eta\beta L \tag{6-10}$$

其中，X_m^* 为当前种群最优水波；η 为服从正态分布的随机数；β 为碎浪系数；L 为水波 m 的位置 X_m 的搜索空间的长度。每生成一个孤立波，令其与当前种群最优水波的适应度值进行比较，若 $f(\bar{X}_m) > f(X_m^*)$，则用该孤立波的位置 $\bar{X}_m$ 替换当前种群最优水波的位置 X_m^*；否则，保留原当前种群最优水波。

6.3.4 算法流程

WWO 算法的流程如图 6-4 所示。WWO 算法的 3 个搜索策略中，传播是一个全局搜索行为；折射是一个向当前种群最佳水波移动的局部搜索行为，但也有较小的概率跳出局部最优的能力；碎浪是一个更进一步的局部搜索，只在当前种群最优水波位置附近进行搜索。

水波的波长控制传播操作的搜索范围，随着迭代次数的增加而减小，传播操作的搜索范围变小，从而帮助算法从全局搜索向局部搜索转换，即从探索解空间的广度向探索解空间的深度转换，提高算法的收敛速度和精确度。波高反映了水波的能量大小，是用以控制折射执行的指标，可以通过设置不同的最大波高调整算法执行折射操作的概率，即当水波的波高减小到 0 时，水波就会发生折射。在相同情况下，最大波高越大，折射操作执行的次数越少。

水波算法的流程可以表述如下：

（1）初始化算法，相关参数见表 6-1；

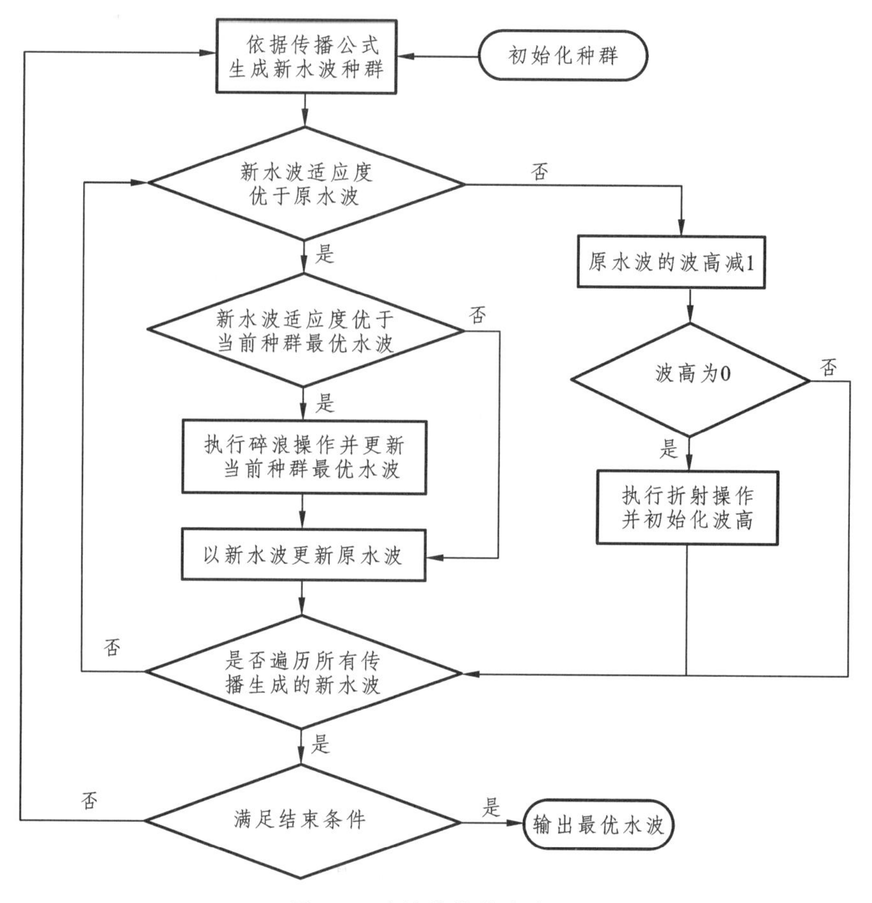

图 6-4　水波优化算法流程

表 6-1　水波优化算法参数参考

参数名称	种群数量	最大迭代次数	最大波高 h^{max}	波长 λ 初始值	波长衰减系数 α	碎浪系数 β 初始值	碎浪系数 β 最终值
数值	20	1 000	5	0.5	1.002 6	0.25	0.001

（2）对种群中的所有算法执行传播操作；

（3）通过比较传播产生的新水波与原水波的适应度值，决定更新水波或执行折射操作；

（4）对传播产生的新水波优于当前种群最优水波时，执行碎浪操作；

（5）迭代直至满足结束条件。

6.4　水波优化算法的收敛性分析

根据 WWO 算法的基本执行过程，针对种群进化过程中水波适应度值变化的两种特殊情况进行分析：第一种是水波的适应度值随迭代次数的增加而提高，此时算法一直执行传播操作，每次传播得到的新位置都将取代旧位置；第二种是水波的适应度值始终无法更新，算法将一直执行折射操作，使新生成的水波不断向当前种群最优水波移动。

6.4.1 只执行传播时的收敛性分析

首先分析算法只能执行传播操作的情况。为了方便表示，设 $X_m(t)$ 为第 t 次迭代时水波的位置。将式（6-6）和式（6-7）改写为

$$X_m(t+1)=X_m(t)+r\lambda_m L \tag{6-11}$$

$$\lambda_m(t)=\lambda(t-1)\alpha^{-\frac{f(X_m(t-1))-f^{\min}(t-1)+\varepsilon}{f^{\max}(t-1)-f^{\min}(t-1)+\varepsilon}} \tag{6-12}$$

对式（6-12）进一步展开得

$$\begin{aligned}\lambda_m(t)&=\lambda(t-2)\alpha^{-\frac{f(X_m(t-1))-f^{\min}(t-1)+\varepsilon}{f^{\max}(t-1)-f^{\min}(t-1)+\varepsilon}+\frac{f(X_m(t-2))-f^{\min}(t-2)+\varepsilon}{f^{\max}(t-2)-f^{\min}(t-2)+\varepsilon}}\\&=\lambda_m(0)\alpha^{-\sum_{i=1}^{t}\frac{f(X_m(t-i))-f^{\min}(t-i)+\varepsilon}{f^{\max}(t-i)-f^{\min}(t-i)+\varepsilon}}\\&=\lambda_m(0)\alpha^{-\sum_{i=0}^{t-1}\frac{f(X_m(i))-f^{\min}(i)+\varepsilon}{f^{\max}(i)-f^{\min}(i)+\varepsilon}}\end{aligned} \tag{6-13}$$

将 $(f(X_m(i))-f^{\min}(i)+\varepsilon)/(f^{\max}(i)-f^{\min}(i)+\varepsilon)$ 表示为 $\bar{f}$，式（6-13）可变形为

$$\lambda_m(t)=\lambda_m(0)\alpha^{-t\bar{f}} \tag{6-14}$$

将式（6-14）代入式（6-11）得

$$X_m(t+1)=X_m(t)+rL\lambda_m(0)\alpha^{-t\bar{f}} \tag{6-15}$$

其中，$\lambda_m(0)=0.5$；假设随机数不变，可以将 $rL\lambda_m(0)$ 看作常数；α 为闭区间[1.001, 1.01]内的正数；$\bar{f}$ 的取值根据种群中个体的适应度变化有如下两种情况。

（1）在每次迭代中，水波并非每次都取到当前种群最差个体。在这种情况下，$0<\bar{f}\leqslant 1$。当 $t\to\infty$ 时，$\lim\limits_{t\to\infty}X_m(t+1)=X_m(t)$。也就是说，水波的位置不再随时间改变，此时算法收敛。

（2）在每次迭代中，水波每次都取到当前种群最差个体，也就是说，即使水波的适应度值持续增高，但与种群中其他水波相比仍然是最差的。此时在前 t 次迭代中，$f(X_m(t))=f^{\min}(t)$，此时 $\bar{f}=0$。当 $t\to\infty$ 时，$X_m(t+1)=X_m(t)+rL\lambda_m(0)$，此时算法不收敛。但这种情况是一种极端情况，在实际问题求解时，如果迭代次数足够大，该情形几乎不可能出现。但为了从理论上彻底避免此问题出现，可以在每次迭代中用种群最优水波替代种群最差水波，或是改进折射操作，当水波为当前种群最差水波时，使其波高减小。

6.4.2 只执行折射时的收敛性分析

当水波的适应度值始终无法通过传播操作更新时，算法将对水波持续执行折射操作。将式（6-8）改写为

$$X'_m(t)=\frac{X_m^*+X_m(t-1)}{2}+g\frac{X_m^*-X_m(t-1)}{2} \tag{6-16}$$

其中，$X'_m(t)$ 为第 t 次迭代时水波 m 通过折射生成的水波位置；X_m^* 为当前种群最优解；g 为高斯随机数。假设最优解 X_m^* 保持不变，将式（6-16）改写为式（6-17）

$$\begin{aligned}X'_m(t)&=\frac{1}{2}(1+g)X_m^*+\frac{1}{2}(1-g)X_m(t-1)\\&=\frac{1}{2}(1+g)X_m^*+\left(\frac{1}{2}\right)^2(1-g)(1+g)X_m^*+\left(\frac{1}{2}\right)^2(1-g)^2X_m(t-2)\\&=\frac{1}{2}(1+g)X_m^*\cdot\sum_{i=0}^{t-1}\left(\frac{1}{2}\right)^i(1-g)^i+\left(\frac{1}{2}\right)^t(1-g)^tX_m(0)\\&=\left(1-\left(\frac{1}{2}(1-g)^t\right)\right)X_m^*+\left(\frac{1}{2}(1-g)^t\right)X_m(0)\end{aligned} \tag{6-17}$$

其中，高斯随机数 g 的数学期望为 0。当 $t\to\infty$ 时，$(1-g)^t/2\to 0$，所以可得 $\lim_{t\to\infty}X_m(t)=X_m^*$。换言之，水波最终收敛至 X_m^*，此时算法收敛。

6.5 水波优化算法的超密集 MEC 网络应用案例

6.5.1 网络模型简介

以配备 MEC 服务器的超密集异构网络模型为例。该模型在经典超密集网络的基础上，采取多步计算卸载策略，提出了新的比例计算资源分配下的最小化能耗规划问题。

该模型在一个宏小区内设置固定数量的用户和基站，其中基站包括大量的小基站和一个宏基站。每一个用户拥有一定数量的计算密集型和延迟敏感性的任务。

通信模型采用正交频分复用（Orthogonal Frequency Division Multiplexing，OFDM）进行频带划分，以频带划分因子 μ 将系统带宽 $\mathcal{W}$ 划分为 $\mathcal{F}_1$ 和 $\mathcal{F}_2$ 两部分，其带宽为 $\mu\mathcal{W}$ 和 $(1-\mu)\mathcal{W}$，分别供 MBS 和所有的 SBS 使用，频带 $\mathcal{F}_2$ 再根据 SBS 的数量平分给每一个 SBS 使用。之后使用香农公式计算出每个任务与每个基站之间的上行传输速率 $R_{i,j}$。由于下载的任务量过小，因此下行传输所消耗的时间和能量不计入计算。

在 MEC 系统中，用户需要先与基站进行关联，决定要向某个基站执行任务卸载。该模型使用用户关联索引 $y_{i,j}$ 来表示用户 i 和基站 j 的关联情况。当 $y_{i,j}=1$ 时，用户 i 与基站 j 进行关联；否则两者不进行关联。

模型采用的二步卸载策略可以简要概括如下。当用户关联 MBS 时，采取的仍然是一步卸载策略，但当用户关联 SBS 时，采取二步卸载策略。当用户 i 关联小基站 j，在卸载任务 k 时，假设任务 k 的数据量为 $d_{i,k}$，$d_{i,k}$ 的一部分 $\bar{d}_{i,j,k}$ 卸载到小基站 j，剩余部分 $d_{i,k}-\bar{d}_{i,j,k}$ 在本地进行计算，这一过程为二步卸载的第一步。小基站 j 在接收到任务后，需要再与 MBS

进行一次卸载操作。同样地，$\bar{d}_{i,j,k}$ 的一部分 $\hat{d}_{i,j,k}$ 卸载到 MBS 进行计算，剩余部分 $\bar{d}_{i,j,k}-\hat{d}_{i,j,k}$ 在小基站 j 进行计算，这一过程为二步卸载的第二步。

计算模型采取比例分配策略，基站的全部计算能力按照每个关联用户所需 CPU 周期占所有关联用户所需 CPU 周期的比例分配给每个关联用户。之后计算出每个用户在完成全部任务的卸载所需的时延 T_i^{Sq} 和能耗 E_i^{Sq}。值得注意的是，时延要考虑并行执行的情况，取本地计算和基站端完成卸载操作所需时间两者的最大值作为用户整体的时延，而用户的整体能耗只需将各部分能耗相加即可。模型的目的是在用户的时延不超过截止时间的限制下，使用算法优化用户发射功率 p_i、用户关联索引 $y_{i,j}$、频带划分因子 μ、卸载任务量 $\bar{d}_{i,j,k}$ 和 $\hat{d}_{i,j,k}$，以最小化全网能耗。

6.5.2 优化问题

在时延的约束下，按照计算资源的比例分配，联合设备关联、功率控制、频带分配、计算资源分配以最小化全网能耗问题。该优化问题表述为

$$
\begin{aligned}
&\min_{\boldsymbol{Y},\boldsymbol{p},\overline{\boldsymbol{D}},\widehat{\boldsymbol{D}},\mu} && E(\boldsymbol{Y},\boldsymbol{p},\overline{\boldsymbol{D}},\widehat{\boldsymbol{D}},\mu)=\sum_{i\in\mathcal{U}}E_i^{\mathrm{Sq}}\\
&\mathrm{s.t.}\ \mathrm{C}_1: && T_i^{\mathrm{Sq}}\leqslant T_i^{\max},\forall i\in\mathcal{U},\\
&\mathrm{C}_2: && \sum_{j\in\mathcal{S}}y_{i,j}=1,\forall i\in\mathcal{U},\\
&\mathrm{C}_3: && \theta\leqslant p_i\leqslant p_i^{\max},\forall i\in\mathcal{U},\\
&\mathrm{C}_4: && y_{i,j}\in\{0,1\},\forall i\in\mathcal{U},j\in\mathcal{S},\\
&\mathrm{C}_5: && \theta\leqslant\sum_{j\in\bar{\mathcal{S}}}\hat{d}_{i,j,k}y_{i,j}\leqslant\sum_{j\in\bar{\mathcal{S}}}\bar{d}_{i,j,k}y_{i,j}\leqslant d_{i,k},\forall i\in\mathcal{U},k\in\mathcal{K},\\
&\mathrm{C}_6: && \theta\leqslant y_{i,0}\bar{d}_{i,0,k}\leqslant d_{i,k},\forall i\in\mathcal{U},k\in\mathcal{K},\\
&\mathrm{C}_7: && \theta\leqslant\mu\leqslant 1
\end{aligned}
\tag{6-18}
$$

其中，$\mathcal{U}$ 为用户集合；$\mathcal{S}$ 为基站集合；$\mathcal{K}$ 为每个基站的任务集合；$\boldsymbol{Y}=\{y_{i,j},\forall i\in\mathcal{U},\forall j\in\mathcal{S}\}$ 为用户关联索引集合，$y_{i,j}$ 为用户关联索引，当 $y_{i,j}=1$ 时，用户 i 与基站 j 相关联，反之不进行关联；$\boldsymbol{p}=\{p_i,\forall i\in\mathcal{U}\}$ 为功率集合，p_i 为用户 i 选择的发射功率；$\overline{\boldsymbol{D}}=\{\bar{d}_{i,j,k},\forall i\in\mathcal{U},\forall j\in\mathcal{S},\forall k\in\mathcal{K}\}$ 为二步卸载中第一步中所卸载的任务量集合；$\widehat{\boldsymbol{D}}=\{\hat{d}_{i,j,k},\forall i\in\mathcal{U},\forall j\in\mathcal{S},\forall k\in\mathcal{K}\}$ 为第二步所卸载的任务量集合；μ 为划分系统频带的频带划分因子；θ 为大于 0 的足够小的数。式（6-18）中，约束 C_1 表明用户的时延不得超过截止时间 $T_i^{\max}$；约束 C_2 和 C_4 表明任何用户只能与一个基站相关联；约束 C_3 给出用户发射功率的上限 $p_i^{\max}$ 和下限 θ；约；约束 C_5 限制了二步卸载中任务的大小；约束 C_6 限制了用户与 MBS 的一步卸载中任务的大小；C_7 给出了频带划分因子的取值范围。

优化问题（6-18）是一个非线性混合整数形式的非凸问题，这种问题很难用常规算法求解，启发式算法在求解这一类问题时表现优良。下文将给出使用 WWO 算法求解该问题的实例。

6.5.3 适应度函数

在设置适应度函数之前，需要对当前的优化变量进行编码，使其能转换为适合算法计算的形式。在一个水波的前提下，关联索引 $\boldsymbol{Y}$ 在 MATLAB 程序中行表示为基站总数、列为用户总数的矩阵，为了便于计算，将其编码为长度等于用户总数的一维数组形式，其中每个元素为基站索引。同样地，二步卸载中的任务量 $\bar{\boldsymbol{D}}$ 和 $\hat{\boldsymbol{D}}$ 也需要转换为一维数组，其长度为用户总数与每个用户的任务数乘积，每个元素为任务数据量。通过 MATLAB 中自带的 ind2sub、sub2ind 函数可以实现矩阵和一维数组之间的转换。$\boldsymbol{p}$ 发射功率编码为用户数长度的一维数组，每个元素为发射功率。μ 为标量，编码为长度为 1 的数组。

为了准确评估水波的适应度值，需要设计合理的适应度函数。式（6-18）中约束 C_1 是非线性混合整数的耦合形式，显然这在水波种群中的行动很难满足。鉴于此，将约束 C_1 作为惩罚项引入到适应度函数中，这样可以有效防止水波落入不可行区域。水波 m 的适应度函数可以表示为如式（6-19）所示：

$$F(\bar{\boldsymbol{Y}}_m,\bar{\boldsymbol{P}}_m,\bar{\boldsymbol{G}}_m,\hat{\boldsymbol{G}}_m,v_m)=-\sum_{i\in\mathcal{U}}E_i^{\mathrm{Sq}}-\sum_{i\in\mathcal{U}}a_i\max\left(0,T_i^{\mathrm{Sq}}-T_i^{\max}\right) \tag{6-19}$$

其中，$\bar{\boldsymbol{Y}}_m,\bar{\boldsymbol{P}}_m,\bar{\boldsymbol{G}}_m,\hat{\boldsymbol{G}}_m,v_m$ 是优化参量在编码之后的线性形式。$\bar{\boldsymbol{Y}}_m=\{\bar{y}_{m,i},i\in\mathcal{U}\}$；$\bar{\boldsymbol{P}}_m=\{\bar{p}_{m,i},i\in\mathcal{U}\}$；$\bar{\boldsymbol{G}}_m=\{\bar{g}_{m,i},i\in\bar{\mathcal{U}}\}$，$\bar{\mathcal{U}}=\{1,\cdots,UK\}$；$\hat{\boldsymbol{G}}_m=\{\hat{g}_{m,i},i\in\bar{\mathcal{U}}\}$；$a_i$ 是用户 i 的惩罚系数；T_i^{Sq} 为用户 i 的时延。

6.5.4 编程实现

在 MATLAB 平台采用 WWO 算法求解式（6-18）的优化问题。算法函数需要搭配通信模型环境使用，此处仅给出算法函数部分的代码。

在传播操作的代码实现中，需要根据式（6-6）生成新水波位置的矩阵。在生成新水波位置之后，需要求其位置并进行边界控制，若位置出界则在其取值范围内取随机值。此外，水波波长更新部分代码在 WWO 算法主函数中。传播操作的主要代码如下：

```
function [new_bd,new_hd,new_p,new_x,new_lambda] =propagation(d,old_bd,old_hd,
old_p,old_x,old_lambda,lambda_wave,popSize,chromlength1,chromlength2,userNum,
taskNum,maxPower,BSNum)
    %输入 d：用户任务数据量
    %输入 old_bd, old_hd, old_p, old_x, old_lambda：亲代水波位置
    %输入 lambda_wave：水波波长
    %输入 popSize：种群数量
    %输入 chromlength1, chromlength2：水波位置不同参量的长度
    %输入 userNum，taskNum，BSNum：用户、任务、基站数量
    %输入 maxPower：用户发射功率最大值
    %输出 new_bd, new_hd, new_p, new_x, new_lambda：新水波位置
```

```
% 初始化传播生成的新水波位置
new_bd = zeros(popSize,chromlength1);
new_hd = zeros(popSize,chromlength1);
new_p = zeros(popSize,chromlength2);
new_x = zeros(popSize,chromlength2);
new_lambda = zeros(popSize,1);
% 按照公式（6-6）对水波位置进行更新
% 注意关联索引必须取正整数，因此使用 ceil 函数进行向上取整
for pop = 1:popSize
    for k = 1:chromlength1
        [I2,I3] = ind2sub([userNum taskNum],k);
        new_bd(pop,k) = old_bd(pop,k)+(rand*2-1)*lambda_wave(pop)*d(I2,I3);
    end
    for k = 1:chromlength1
        new_hd(pop,k) = old_hd(pop,k)+(rand*2-1)*lambda_wave(pop)*new_bd(pop,k);
    end
    for k = 1:chromlength2
        new_p(pop,k) = old_p(pop,k)+(rand*2-1)*lambda_wave(pop)*maxPower(k);
        new_x(pop,k) = ceil(old_x(pop,k)+(rand*2-1)*lambda_wave(pop)*BSNum);
    end
    new_lambda(pop) = old_lambda(pop)+(rand*2-1)*lambda_wave(pop)*0.999999;
end
%  确保新水波位置有界，若位置出界，则在其取值范围内随机取值
for pop = 1:popSize
    for k = 1:chromlength1
        [I2,I3] = ind2sub([userNum taskNum],k);
        if new_bd(pop,k)>d(I2,I3) || new_bd(pop,k)<=0
            new_bd(pop,k) = rand*d(I2,I3);
        end
        if new_hd(pop,k)>new_bd(pop,k) || new_hd(pop,k)<=0
            new_hd(pop,k) = rand*new_bd(pop,k);
        end
    end
    for k = 1:chromlength2
        if new_p(pop,k)>maxPower(k) || new_p(pop,k)<=0
            new_p(pop,k) = rand*maxPower(k);
        end
        if new_x(pop,k)>BSNum || new_x(pop,k) <1
```

```
                new_x(pop,k) = randperm(BSNum,1);
            end
        end
        if new_lambda(pop)>=1 || new_lambda(pop)<=0
            new_lambda(pop) = 0.999999*rand;
        end
    end
end
```

折射操作的代码实现需要根据式（6-8）生成折射新水波位置，同传播操作一样，折射操作同样需要对新水波位置进行边界控制。此外，式（6-9）的水波波长更新代码在 WWO 算法主函数中。为避免内容重复，仅给出折射操作的主要代码：

```
function [refra_bd,refra_hd,refra_p,refra_x,refra_lambda] =refraction(bd,hd,p,x,lambda,
globalBestWave_bd,globalBestWave_hd,globalBestWave_p,globalBestWave_x,
globalBestWave_lambda,chromlength1,chromlength2,d,maxPower,BSNum,userNum,taskNum)
    %输入 bd, hd, p, x, lambda：亲代水波的位置
    %输入
    %globalBestWave_bd,globalBestWave_hd,globalBestWave_p,globalBestWave_x,globalB
estWave_lambda：
    %当前最优水波的位置
    %输入 chromlength1, chromlength2：水波位置不同参量的长度
    %输入 d：用户任务数据量
    %输入 maxPower：用户发射功率最大值
    %输入 BSNum, userNum, taskNum：基站、用户、任务数量
    %输出 refra_bd,refra_hd,refra_p,refra_x,refra_lambda：折射生成新水波的位置
    % 初始化折射产生的新位置
    refra_x = zeros(chromlength2,1);
    refra_bd = zeros(chromlength1,1);
    refra_hd = zeros(chromlength1,1);
    refra_p = zeros(chromlength2,1);
    refra_lambda = 0;
    % 按照式（6-8）生成新的位置
    for i = 1:chromlength1
        refra_bd(i) = normrnd((bd(i)+globalBestWave_bd(i))/2,abs(globalBestWave_bd(i)-
        bd(i))/2);
    end
    for i = 1:chromlength1
        refra_hd(i) = normrnd((hd(i)+globalBestWave_hd(i))/2,abs(globalBestWave_hd(i)-
        hd(i))/2);
```

```
    end
    for i = 1:chromlength2
        refra_p(i) = normrnd((p(i)+globalBestWave_p(i))/2,abs(globalBestWave_p(i)-p(i))/2);
        refra_x(i) = ceil(normrnd((x(i)+globalBestWave_x(i))/2,abs(globalBestWave_x(i)-
        x(i))/2));
    end
    refra_lambda = normrnd((globalBestWave_lambda+lambda)/2,abs(globalBestWave_ lambda-
    lambda)/2);
    % 边界控制部分代码省略
    end
```

在碎浪操作的代码实现中，首先根据式（6-10）生成一定数量的孤立波，将每个孤立波与当前最优水波的适应度值进行对比，若前者的适应度值大于后者，则用该孤立波替换当前最优水波。此外，碎浪操作同样需要对孤立波位置进行边界控制，碎浪操作的主要代码如下：

```
    function [breakingFitness,breaking_bd,breaking_hd,breaking_p,breaking_x,breaking_lambda]
=breaking(fit,bd,hd,p,x,lambda,beta,chromlength1,chromlength2,c,d,FUE,FBS,r0,alpha,eta,
Rho,epsilon,noise,maxt,bandwidth,userNum,picoNum,BSNum,taskNum,channel,
maxPower,popSize)
    %输入 fit：当前最优水波的适应度值
    %输入 bd,hd,p,x,lambda：当前最优水波的位置
    %输入 beta：碎浪系数
    %输入 chromlength1,chromlength2：水波位置不同参量的长度
    %输入 c：计算 1 比特算法所需 CPU 周期
    %输入 d：用户任务数据量
    %输入 FUE, FBS：用户、基站总计算能力
    %输入 r0：有线回程速率
    %输入 alpha：惩罚因子
    %输入 eta：每秒有线功耗
    %输入 Rho：有效开关电容
    %输入 epsilon：基站每 CPU 周期能耗
    %输入 noise：噪声功率
    %输入 maxt：截止时间
    %输入 bandwidth：系统带宽
    %输入 userNum, picoNum, BSNum, taskNum：用户、小基站、基站、用户数量
    %输入 channel：信道增益
    %输入 maxPower：用户最大发射功率
    %输入 popSize：种群规模
    %输出 breakingFitness：碎浪操作所得当前最优水波的适应度值
    %输出 breaking_bd, breaking_hd, breaking_p, breaking_x, breaking_lambda：碎浪操作
```

```
所得当前最优水波的位置
    % 初始化孤立波位置及适应度值
    breakingFitness = fit;
    breaking_bd = bd;
    breaking_hd = hd;
    breaking_p = p;
    breaking_x = x;
    breaking_lambda = lambda;
    % 由于优化参量数组的长度不同，改为全变异
    % 生成孤立波的次数，一共生成 solitaryNum 次孤立波，将其适应度值与当前种群最
佳水波的适应度值比较，输出所有孤立波以及当前种群最佳水波中的最优水波的位置和
适应度值
    solitaryNum = 10;
    for i = 1:solitaryNum
        % 初始化孤立波
        solitaryFitness = -inf;
        solitary_bd = bd;
        solitary_hd = hd;
        solitary_p = p;
        solitary_x = x;
        solitary_lambda = lambda;
    % 在生成孤立波的同时进行边界控制
        for k = 1:chromlength1
            [I2,I3] = ind2sub([userNum taskNum],k);
            solitary_bd(k)= bd(k)+randn*beta*(d(I2,I3)-1e-20);
            if solitary_bd(k)>d(I2,I3) || solitary_bd(k)<=0
                solitary_bd(k) = rand*d(I2,I3);
            end
        end
        for k = 1:chromlength1
            solitary_hd(k) = hd(k)+randn*beta*(solitary_bd(k)-1e-20);
            if solitary_hd(k)>solitary_bd(k) || solitary_hd(k)<=0
                solitary_hd(k) = rand*solitary_bd(k);
            end
        end
        for k = 1:chromlength2
            solitary_p(k) = p(k)+randn*beta*(maxPower(k)-1e-20);
            solitary_x(k) = round(x(k)+randn*beta*(BSNum-1e-20));
```

```
            if solitary_p(k)>maxPower(k) || solitary_p(k)<=0
                solitary_p(k) = rand*maxPower(k);
            end
            if solitary_x(k)>BSNum || solitary_x(k)<1
                solitary_x(k) = randperm(BSNum,1);
            end
        end
        solitary_lambda = lambda+randn*beta*(0.999999-1e-20);
        if solitary_lambda >=1 || solitary_lambda<=0
            solitary_lambda = rand*0.999999;
        end
    end
    % 计算生成的孤立波的适应度值
        [assocUserNum,assocBSID] = assocBSIDNum(solitary_x,BSNum,userNum);
        solitaryFitness=calculateIndividualFitness(assocUserNum,assocBSID,c,d,solitary_b
        d,solitary_hd,FUE,FBS,r0,alpha,solitary_lambda,eta,Rho,epsilon,noise,maxt,bandwi
        dth,userNum,picoNum,BSNum,taskNum,channel,solitary_p);
        %取最优水波的位置
        if solitaryFitness > breakingFitness
            breakingFitness = fit;
            breaking_bd = solitary_bd;
            breaking_hd = solitary_hd;
            breaking_p = solitary_p;
            breaking_x = solitary_x;
            breaking_lambda = solitary_lambda;
        end
    end
    end
```

WWO 算法的主体函数 minEnergyConsumption_WWO 实现使用水波优化算法求解网络模型的优化问题，该函数输出历史最佳水波的位置。WWO 算法主函数的输出输入参数定义及种群初始化代码如下：

```
    function[xValue,bdValue,hdValue,pValue,lambdaValue]=minEnergyConsumption_WWO(c,d,
FUE,FBS,r0,alpha,eta,Rho,epsilon,noise,maxt,bandwidth,userNum,picoNum,BSNum,
taskNum,channel,maxPower)
    %水波优化算法函数
    %输入 c：计算 1 比特任务所需的 CPU 周期
    %输入 d：用户的计算任务数据量
    %输入 FUE, FBS：用户、基站总计算能力
```

```
%输入 r0：有线回程速率
%输入 alpha：惩罚因子
%输入 eta：每秒有线功耗
%输入 Rho：有效开关电容
%输入 epsilon：基站每 CPU 周期能耗
%输入 noise：噪声功率
%输入 maxt：截止时间
%输入 bandwidth：系统带宽
%输入 userNum：用户数量
%输入 picoNum：小基站数量
%输入 BSNum：基站总数量
%输入 taskNum：每个用户的任务数
%输入 channel：信道增益
%输入 maxPower：用户发射功率最大值
%输出 xValue：用户关联索引
%输出 bdValue：第一步卸载的任务数据量
%输出 hdValue：第二步卸载的任务数据量
%输出 pValue：用户发射功率
%输出 lambdaValue：频带划分因子
% 初始化参数
popSize = 20;   % 种群个数
chromlength1 = userNum*taskNum;   %编码后的数组长度 1
chromlength2 = userNum;   %编码后的数组长度 2
fitness = zeros(popSize,1); % 记录适应度值的矩阵
h_max = 5; % 最大波高
lambda_wave_initialization = 0.5; %初始波长
alpha_wave = 1.0026; % 波长衰减系数
beta_min = 0.001; % 初始碎浪系数值
beta_max = 0.25; % 终止碎浪系数值
beta = beta_min; % 碎浪系数
iterationNum_WWO = 1000; % 迭代次数
obj_WWO = zeros(iterationNum_WWO,1); % 记录每次迭代中历史最佳水波的适应度值

% 初始化种群
% 按照编码后的形式初始化优化参量
old_hd = zeros(popSize,chromlength1); % 第二步卸载的任务数据量
old_bd = zeros(popSize,chromlength1); % 第一步卸载的任务数据量
old_p = ones(popSize,chromlength2); % 发射功率
```

```
old_x= ones(popSize,chromlength2); % 关联索引
old_lambda = rand(popSize,1); % 频带划分因子
% 接下来为优化参量赋初值
for i = 1:chromlength2
    old_p(:,i) = maxPower(i).*old_p(:,i).*rand(popSize,1);
end
for i = 1:popSize
    for j = 1:chromlength2
        old_x(i,j) = randperm(BSNum,1)*old_x(i,j);
    end
end
for i = 1:userNum
   for k = 1:taskNum
       ind = sub2ind([userNum taskNum],i,k);
       old_bd(:,ind) = d(i,k).*rand(popSize,1);
   end
end
for i = 1:userNum
    for k = 1:taskNum
        ind = sub2ind([userNum taskNum],i,k);
        old_hd(:,ind) = old_bd(:,ind).*rand(popSize,1); % 第二步卸载的数据量不得
超过第一步卸载
    end
end
```

在初始化种群后，按 6.3.4 节算法流程进行算法迭代。WWO 算法在执行完传播操作之后计算种群中水波的适应度值，再根据适应度值大小比较判断是否执行折射或碎浪操作。主要代码如下：

```
iter = 1; % 迭代计数器
while iter<=iterationNum_WWO
    % 传播操作，具体代码将在 WWO 算法主体之后给出
    [new_bd,new_hd,new_p,new_x,new_lambda]= propagation(d,old_bd,old_hd,old_p,
    old_x,old_lambda,lambda_Wave,popSize,chromlength1,chromlength2,userNum,task
    Num,maxPower,BSNum);
    % 计算传播生成的新水波的适应度
    for pop = 1:popSize
        [assocUserNum,assocBSID] = assocBSIDNum(new_x(pop,:),BSNum,userNum);
        fitness(pop)=calculateIndividualFitness(assocUserNum,assocBSID,c,d,new_bd
        (pop,:),new_hd(pop,:),FUE,FBS,r0,alpha,new_lambda(pop),eta,Rho,epsilon,
```

```
        noise,maxt,bandwidth,userNum,picoNum,BSNum,taskNum,channel,new_
        p(pop,:));
    end
    % WWO 操作主干，根据新水波的适应度是否大于原水波分别进行操作
    beta = beta+(beta_max -beta_min)/iterationNum_WWO; % 更新碎浪系数
    for pop = 1:popSize
        if fitness(pop)>old_fitness(pop)
            if fitness(pop)>currentBestWave_fitness
                % 碎浪操作，具体代码将在 WWO 算法主体之后给出
            [breakingFitness,breaking_bd,breaking_hd,breaking_p,breaking_x,
            breaking_lambda]=breaking(fitness(pop),new_bd(pop,:),new_hd(pop,:),
            new_p(pop,:),new_x(pop,:),new_lambda(pop),beta,chromlength1,
            chromlength2,c,d,FUE,FBS,r0,alpha,eta,Rho,epsilon,noise,maxt,
            bandwidth,userNum,picoNum,BSNum,taskNum,channel,maxPower,
            popSize);
                % 碎浪函数将返回最优孤立波与当前种群最优水波的最佳者
              % 更新当前种群最优水波
                currentBestWave_fitness = breakingFitness;
                id_currentBestWave = pop;
                currentBestWave_bd = breaking_bd;
                currentBestWave_hd = breaking_hd;
                currentBestWave_p    = breaking_p;
                currentBestWave_x    = breaking_x;
                currentBestWave_lambda = breaking_lambda;
            end
            % 传播生成的水波符合要求时，用新水波替代原水波
            old_bd(pop,:) = new_bd(pop,:);
            old_hd(pop,:) = new_hd(pop,:);
            old_p(pop,:) = new_p(pop,:);
            old_x(pop,:) = new_x(pop,:);
            old_lambda(pop) = new_lambda(pop);
            old_fitness(pop) = fitness(pop);
        else
            % 当传播生成的新水波适应度低于原水波
            h_Wave(pop) = h_Wave(pop)-1; % 水波的波高减小
            if   h_Wave(pop) == 0 % 当水波的波高减小到 0 时，执行折射操作生
成新的水波
                % 折射操作，具体代码将在 WWO 算法主体之后给出
```

```
                [refra_bd,refra_hd,refra_p,refra_x,refra_lambda]=refraction(old_bd(
                pop,:),old_hd(pop,:),old_p(pop,:),old_x(pop,:),old_lambda(pop),
                currentBestWave_bd,currentBestWave_hd,currentBestWave_p,
                currentBestWave_x,currentBestWave_lambda,chromlength1,
                chromlength2,d,maxPower,BSNum,userNum,taskNum);
            % 计算折射生成的新水波的适应度值
                [assocUserNum,assocBSID] = assocBSIDNum(refra_x,BSNum,userNum);
                refraFitness = calculateIndividualFitness(assocUserNum,assocBSID,c,d,…
                  refra_bd,efra_hd,FUE,FBS,r0,alpha,refra_lambda,eta,Rho,epsilon,
                  noise,maxt,bandwidth,userNum,picoNum,BSNum,taskNum,channe
                  l,refra_p);
                h_Wave(pop) = h_max; % 将新生成的水波的波高充值为最大波高
            % 更新波长
                lambda_Wave(pop)=lambda_Wave(pop)*((old_fitness(pop))/
                (refraFitness));
                % 折射生成的水波代替原水波
                old_bd(pop,:) = refra_bd;
                old_hd(pop,:) = refra_hd;
                old_p(pop,:) = refra_p;
                old_x(pop,:) = refra_x;
                old_lambda(pop) = refra_lambda;
                old_fitness(pop) = refraFitness;
        end
    end
end
% 水波波长更新
[populationWorstWave_fiteness,idWorst] = min(old_fitness);
for pop = 1:popSize
        lambda_Wave(pop) = lambda_Wave(pop)*alpha_wave^(-(old_fitness
        (pop)-populationWorstWave_fiteness+1e-20/(currentBestWave_fitness-
        populationWorstWave_ fiteness+1e-20));
end
% 更新历史最优水波
if historyBestWaveFitness < currentBestWave_fitness
    historyBestWaveFitness = currentBestWave_fitness;
    historyBestWaveIndex = id_currentBestWave;
    historyBestWave_bd = currentBestWave_bd;
    historyBestWave_hd = currentBestWave_hd;
```

```
            historyBestWave_x = currentBestWave_x;
            historyBestWave_p = currentBestWave_p;
            historyBestWave_lambda = currentBestWave_lambda;
        end
        % 记录最优适应值
        obj_WWO(iter) = historyBestWaveFitness;
        iter = iter+1; % 更新迭代次数
    end
```

图 6-5 展示了水波优化算法（WWO）求解问题（6-18）迭代收敛情况。如该图所示，1 500 次迭代后，WWO 算法已收敛。

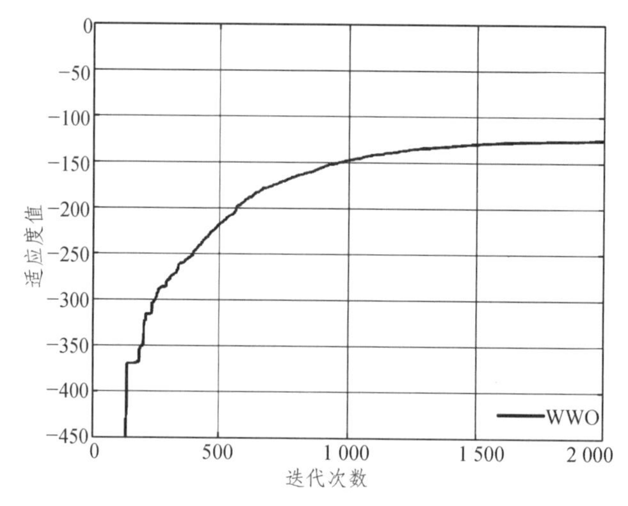

图 6-5　水波优化算法仿真收敛

7 蚁群优化算法

7.1 蚁群优化算法的生物背景

蚁群优化算法是意大利学者 Marco Dorigo 于 20 世纪 90 年代在博士论文中提出的算法，其灵感来源于自然界中蚂蚁寻找食物优化路径的行为，是一种模拟蚂蚁觅食行为的启发式算法，也是一种应用中用来寻找优化路径的算法，被认为是最早的群优化算法。它真实模拟了蚁群从巢穴到目标找到最优路径觅食的过程，刚开始是为了解决旅行商问题（Traveling Salesman Problem，TSP），即旅行家希望用最短路径旅行 n 个城市，要求各个城市仅通过一次且遍历所有城市后能够回到起始城市。近些年一些学者对其进行了更多应用研究，目前其应用方向从简单的路径规划扩展到优化问题领域的每个角落，成为组合优化领域最具有潜力的算法之一，解决了许多组合优化问题，如指派问题、调度问题、车辆路由问题、图着色问题和网络路由问题等，后期算法设计得到不断更新，逐渐形成一套完整的框架体系。

蚂蚁是一种典型的社会性动物，其个体行为和生物结构都比较简单，但海量的蚂蚁却拥有非凡智慧，表现出高度的社会性，故常把这些蚂蚁构成的一个蚁群作为整体看待。生物学家发现，自然界中的蚂蚁觅食过程是一个群体行为，整体会表现出非常智慧的行为，例如在觅食过程中为了提升效率会选择最短路径。蚂蚁会在走过的路径上释放一种被称作“信息素”的化学物质，信息素浓度与路径长度呈负相关。在初始设置的空间中，由于没有任何信息素，因此蚂蚁们随机行走寻找食物，并在路径上分泌信息素，同时感知其他蚂蚁产生的信息素，信息素浓度越高代表路径找到食物的概率更高，因此通常蚂蚁会优先选择信息素浓度更大的路径，并且也在此路径留下信息素标记路径，形成一个正反馈过程，最终蚁群总能够按照信息素寻找到一条从蚁巢到食物源的最优路径。

图 7-1 显示了蚂蚁觅食过程。若蚂蚁从起始点 A 点出发，以匀速出发想要到达食物所在地 D 点，假定路径只有两条，中间有障碍物，则它可能随机选择路径 B 或 C。假设初始时两条路线各分配一只蚂蚁，每个圆圈单位算作前进一步。如图 7-1 所示，表示从开始算起，经过 12 个时间单位时的情形：走路径 B 的蚂蚁到达终点后得到食物又返回了起点 A，而走路径 C 的蚂蚁刚好走到 D 点。此时路径 B 上的信息素浓度明显大于路径 C，后面出发的蚂蚁选择路径 B 的概率便大于路径 C，最终所有蚂蚁因为正反馈效应都选择路径 B。用蚁群优化算法用于解决优化问题便是用蚂蚁的行走路径代表有效解，蚁群可走的所有路径作为解空间，在最短路径上蚂蚁信息素浓度最高，选择该路径蚂蚁也越来越多，把该路径作为最优路径求出的值作为最优值。

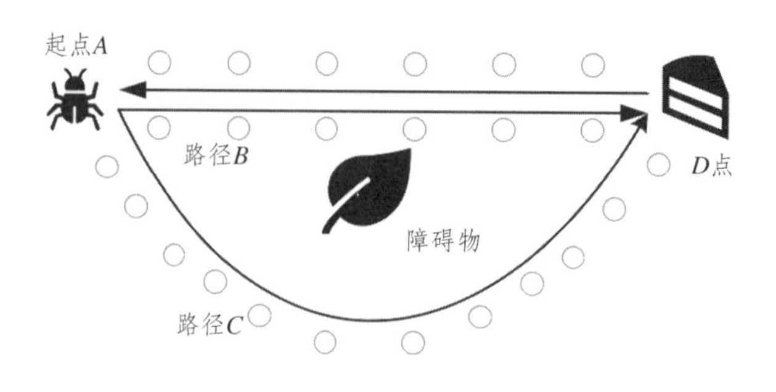

图 7-1　路径模拟

7.2　蚁群优化算法特点

蚁群算法具有以下几个特点：

（1）分布式计算：蚁群算法基于大量的个体蚂蚁的协作和信息传递，是一种分布式计算的算法，能够基于局部信息实现全局最优的搜索和优化。

（2）正反馈机制：蚂蚁在搜索过程中会释放信息素，并且趋向于选择信息素浓度较高的路径，导致了正反馈机制。如果给予一个微小的扰动，系统便得到存在优劣差异的许多解，然后系统往最优解的方向靠近。这个机制使算法能够加速收敛，提高搜索效率。

（3）自适应性：蚁群算法具有自适应性，能够根据环境的变化实时调整搜索策略和路径选择，比如当有障碍物出现时会变化路径。

（4）鲁棒性：蚁群算法对于复杂的问题具有较好的鲁棒性，它对初始条件要求不高，初始参数少，而且在优化过程中不需要人工干预，能够在多种条件下进行搜索和优化，适用范围广。

（5）并行性：蚁群算法可以看作一个分布式系统，是基于大量个体的协作，从空间多点开始独立寻找解，因此具有较强的并行性，可以通过并行计算加速搜索和优化过程。

（6）应用广泛：蚁群算法在组合优化、路径规划、网络优化等领域有着广泛的应用，能够解决很多复杂的实际问题。

7.3　蚁群优化算法基本原理

现用数学模型对蚁群算法进行描述，蚁群算法基本原理如下：在算法的初始时刻，将 m 只蚂蚁随机地放到 n 个位置，m 的一般取值范围为闭区间[10,50]，位置间的距离为 $d_{ij}(i,j=1,2,\cdots,n)$，t 时刻位置 i 与位置 j 连接路径上的信息素浓度为 $\tau_{ij}(t)$，设 $\tau_{ij}(t)=c$（c 为一较小常数）。在时刻 t，蚂蚁 k 选择路径的概率 $p_{ij}^{k}(k)$ 为

$$p_{ij}^{k}(k)=\begin{cases}\dfrac{[\tau_{ij}(t)]^{\alpha}[\eta_{ij}(t)]^{\beta}}{\sum\limits_{s\in J_k(i)}[\tau_{is}(t)]^{\alpha}\cdot[\eta_{is}(t)]^{\beta}}, 若j\in J_k(i)\\ 0，其他\end{cases} \tag{7-1}$$

式中，$J_k(i)=\{1,2,3,\cdots,n\}-\text{tabu}_k$ 表示蚂蚁 k 下一步可以到达的目标地点。禁忌表 tabu_k 记录蚂蚁 k 已经走过的地点。当所有 n 个坐标点都加入到禁忌表 tabu_k 中时，蚂蚁 k 便完成了一次循环，当前蚂蚁 k 所走过的路径便可算旅行商问题的一个可行解。η_{ij} 是一个启发式函数值，表示蚂蚁从城市 i 移动到城市 j 的期望值。在蚁群算法中，η_{ij} 通常取地点 i 与地点 j 之间距离的倒数。α 和 β 分别表示信息素和期望启发式因子的相对重要程度，α 反映蚂蚁运动过程中路径上积累的信息素，取值范围通常为[1,3]，α 过大会导致正反馈作用减弱，从而导致收敛速度减慢，而且会降低算法随机性；若 α 过小会让算法陷入局部最优，α 为 0 时甚至会变为爬山算法。β 反映启发式信息在寻优过程中先验性、确定性因素作用的强度，取值范围通常为[3,5]，β 过大会使算法易陷入局部最优，过小会使蚁群陷入随机搜索，无法找到最优解。当所有蚂蚁完成一次搜索后，各路径上的信息素根据式（7-2）更新：

$$\tau_{ij}(t+n)=(1-\rho)\tau_{ij}(t)+\Delta\tau_{ij} \tag{7-2}$$

信息素不断堆叠，可以让算法更好得到最优解，$1-\rho$ 表示信息素的持久性系数，ρ 过大会使算法过早地收敛，使种群陷入局部最优，ρ 过小会让每条路径上信息浓度差别减小，而且会多出很多无效搜索，从而使收敛速度降低；$\Delta\tau_{ij}$ 表示本次迭代中边 ij 上信息素的增量，即

$$\Delta\tau_{ij}=\sum_{k=1}^{m}\Delta\tau_{ij}^{k}(t) \tag{7-3}$$

其中，$\Delta\tau_{ij}^{k}$ 表示第 k 只蚂蚁在本次迭代中留在边 ij 上的信息素量。如果蚂蚁 k 没有经过边 ij，则 $\Delta\tau_{ij}^{k}=0$；$\Delta\tau_{ij}^{k}$ 可以表示为

$$\Delta\tau_{ij}^{k}=\begin{cases}Q/L_k, & 若蚂蚁k在本次周游中经过边ij\\ 0, & 其他\end{cases} \tag{7-4}$$

式中，Q 为信息素常数，一般取值范围为[100, 1 000]；L_k 表示第 k 只蚂蚁在本次循环中所走过路径的总长度。最大迭代次数可根据实际情况设定。总地来说，蚁群优化算法的基本原理包括以下几个步骤：

（1）算法首先设置蚂蚁 k 初始位置、信息素浓度、最大迭代次数等参数，蚂蚁在初始时随机选择一个目标点，并开始移动。

（2）当蚂蚁走到目标点时，它会选择下一个目标点进行移动，选择的概率与该目标点上的信息素浓度呈正相关。信息素浓度越高被选择的概率也越高。每个蚂蚁根据当前位置、信息素浓度和启发式信息（如距离）来选择下一个移动的节点。这模拟了蚂蚁倾向于选择信息素浓度高（即之前有蚂蚁走过）和启发式性能好的路径。

（3）当蚂蚁从起始点完成一次循环回到起点，会在路径上释放更多的信息素，增强这条路径的吸引力。

（4）当其他蚂蚁在寻找路径时可能遇到信息素浓度高的路径，会更倾向于选择这条路径。

（5）信息素会随着时间的推移自然挥发，路径上信息素的浓度会缓慢降低。这样，路径上的信息素浓度会经历一个持续的上下波动过程，可以防止算法太早收敛。

（6）蚂蚁会不断优化，直到经过多次迭代逐渐找到最优路径和最优解或达到最大迭代次数。

具体流程如图 7-2 所示。

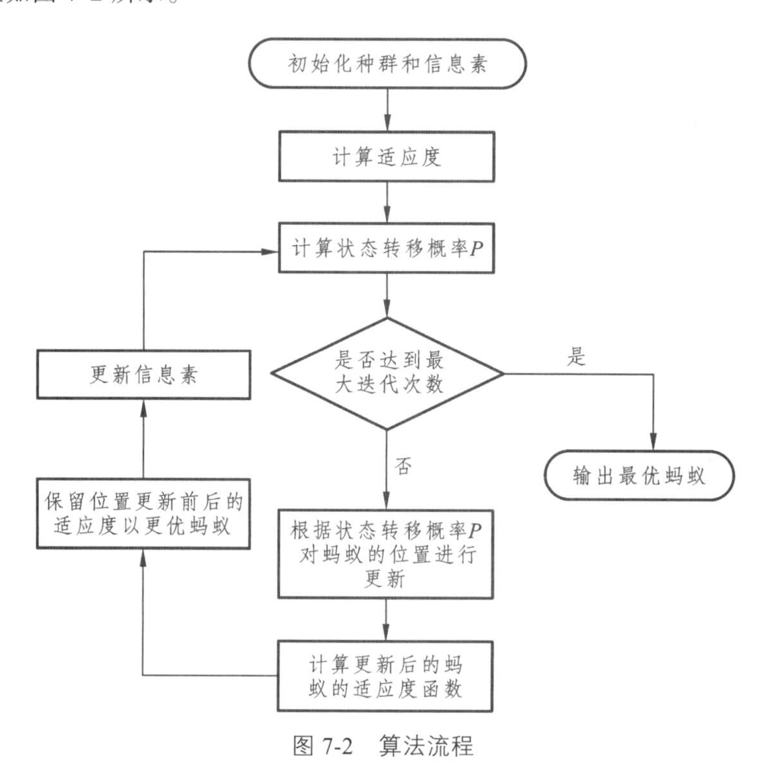

图 7-2　算法流程

7.4　改进的蚁群优化算法

7.4.1　精英蚂蚁系统

针对基本蚂蚁优化算法一般需要较长的搜索时间和容易出现停滞现象等不足，很多学者在此基础上提出改进算法，提高算法性能和效率。精英蚂蚁系统与普通蚂蚁系统的主要区别在于蚂蚁的选择机制和任务分配方式。在精英蚂蚁系统中，一部分蚂蚁会被认定为精英蚂蚁，它们具有更高的能力和智慧。这些精英蚂蚁在任务分配和执行过程中拥有更大的权重，能够更准确地识别任务需求并更快速地找到最优解决方案，从而提高系统的智能性和效率。将该算法得到的最好解记为 T^{bs}（best-so-far），而该路径在修改信息素轨迹时会进行

人工干预，释放额外的信息素以增加正反馈的效果。相应的信息素修改公式为

$$\Delta\tau_{ij}=\sum_{i=1}^{m}\Delta\tau_{ij}^{k}+e\Delta\tau_{ij}^{\mathrm{bs}} \tag{7-5}$$

式中，e 是可以改变 T^{bs} 权重影响的参数，而 $\Delta\tau_{ij}^{\mathrm{bs}}$ 为

$$\Delta\tau_{ij}^{\mathrm{bs}}=\begin{cases}\left(L^{bs}\right)^{-1}, & 若(i,j)\in T^{\mathrm{bs}}\\ 0, 其他\end{cases} \tag{7-6}$$

其中 L^{bs} 是已经得出的最优路径 T^{bs} 的总长度。

7.4.2 最大最小蚂蚁系统

最大最小蚂蚁系统是指在一个蚁群中，有一部分蚂蚁被标记为“最大蚂蚁”，它们的任务是寻找食物源并将其带回蚁巢；另一部分蚂蚁被标记为“最小蚂蚁”，它们的任务是清除蚁巢内的垃圾和处理其他杂物。它是为了解决基本蚁群系统中算法可能出现的停滞现象，与传统蚁群系统相比主要有 3 方面的不同：

（1）进行一次循环之后，只有一只蚂蚁更新信息素。这只蚂蚁可能是单次循环中的最优解，也可能是在多次迭代后找到的最优解。在传统的蚁群系统中，每次循环后，所有蚂蚁走过的路径都会更新信息素。

（2）限制每个解元素的信息素范围。为避免过快收敛或不收敛，设置一个子区间限制每条路径信息素浓度的最大值和最小值；而在蚂蚁系统中信息素轨迹量不被限制，使得一些路径上的轨迹量远高于其他边，从而蚂蚁都沿着同条路径移动，阻止进一步搜索更优解的行为。在物流配送中，可以借鉴最大最小蚂蚁系统的思想来设计智能化的配送系统，提高配送效率和减少人力成本。

（3）初始化时将信息素初始化为 $T_{\max}$。为使蚂蚁在算法的初始阶段能够更高效地完成任务，将信息素初始化为 $T_{\max}$，这样可以增加搜索的有效性和多样性。另外，最大最小蚂蚁系统还可以动态调整信息素的浓度，以更好地适应不同的搜索空间和问题类型。总地来说，最大最小蚂蚁系统相较于普通蚂蚁系统更加灵活和高效，能够更快地找到较优解。

7.4.3 基于排序的蚁群算法

排序的蚁群算法是一种基于蚁群行为的优化算法，用于解决排序问题。在这种算法中，蚂蚁代表排序中的元素，它们通过交换位置来实现排序。在排序的过程中，蚂蚁会释放信息素，并根据排序的好坏程度进行信息素的更新。在该算法中，每个蚂蚁释放的信息素按照不同的等级挥发，另外参考精英蚁群算法，等级高的蚂蚁在每次循环中释放更多的信息素。根据信息素和启发因子，蚂蚁选择合适的移动策略。蚂蚁可以选择交换位置或者移动到相邻位置，以达到最优的排序结果。在蚂蚁完成移动后，评估排序的好坏程度，根据评估结果更

新信息素。在每次循环中，只有排名前 $w-1$ 位的蚂蚁和精英蚂蚁才允许在路径上释放信息素。已知的最优路径给予最强的反馈，与系数 w 相乘；而排名第 r 位的蚂蚁则乘以系数“$w-r$”（$w-r \geqslant 0$）。节点 i 和 j 间的信息素记为

$$\Delta\tau_{ij}^{r} = \begin{cases} \left(L^{r}\right)^{-1}, (i,j) \in T^{r} \\ 0, \text{ 其他} \end{cases} \tag{7-7}$$

式中，L^r 是排名为第 r 位的蚂蚁的旅行路径长度；T^r 为节点 i 和 j 间的路径集合。

7.4.4 自适应蚁群算法

自适应蚁群优化（Adaptive Ant Colony Optimization，AACO）算法是一种基于蚁群优化算法的优化方法，其特点在于引入自适应机制来动态调整算法参数和行为。由于蚁群系统的正反馈机制可能导致算法过早收敛或停滞，最大最小蚁群算法将不同路径上的信息素浓度限制在固定的范围内，虽然在一定程度上避免了停滞现象，但在解分布较分散时可能导致收敛速度变慢。这些方法的共同缺点在于：它们采用固定模式来更新信息素浓度和选择路径的概率，缺乏针对问题特性的动态调整机制。然而在实际应用中，问题的复杂性和变化性使得固定的参数和行为往往无法满足需求。因此，引入调节信息素挥发度自适应机制可以使算法能够动态地适应问题的变化，并且提高算法的鲁棒性和性能。自适应蚁群算法通常包括以下几个方面的自适应机制：

（1）参数自适应：通过监控算法的运行状态和问题的特性，动态地调整算法的参数，例如信息素的挥发速率、启发信息的权重等。

（2）行为自适应：根据问题的变化和算法的收敛情况，动态地调整蚁群的行为，例如增加或减少蚂蚁的数量、调整蚂蚁的搜索策略等。

（3）动态更新策略：根据问题的特性和算法的收敛情况，动态地选择适合的信息素更新策略和收敛判据，以提高算法的收敛速度和精度。当问题求解数量过多时，由于信息量的挥发系数 ρ 的存在，那些从未被搜索到的信息量会挥发到接近于 0，降低了算法的全局搜索范围；当 ρ 过大且解的信息量增大时，以前搜索过的解被重复选择的概率增大，也不利于算法的全局搜索能力；通过减小 ρ 虽然可以提升算法的全局搜索能力，但又会使算法的收敛速度降低。因此只能通过自适应机制改变 ρ 的值。设定 ρ 的初始值 $\rho(t_0)=1$；当算法求得的最优值在 N 次迭代后没有明显被优化时，ρ 的计算方式改变为

$$\rho(t) = \begin{cases} 0.95\rho(t-1), \text{ 若} 0.95\rho(t-1) \geqslant \rho_{\min} \\ \rho_{\min}, \text{ 其他} \end{cases} \tag{7-8}$$

式中，$\rho_{\min}$ 为 ρ 的最小值，可以防止 ρ 过小从而降低算法的准确性。

7.5 蚁群优化算法收敛性证明

首先证明最大最小蚂蚁系统算法是值收敛的。

命题 1 在最大最小蚂蚁系统算法中，任意的一个部分解 x_h 选择任意一个可行节点的概率 $p_{\min}>0$。

证明 在最大最小蚂蚁系统算法中，信息素 τ_{ij} 的上下界分别为 $\tau_{\max}$ 和 $\tau_{\min}$，并且对于启发式因子 η_{ij} 有 $0<\eta_{ij}<\infty$，由于 η_{ij} 的个数有限，因此 η_{ij} 有上下界，分别记为 $\eta_{\max}$ 和 $\eta_{\min}$。假设蚂蚁已经生成了部分解 x_h，则对于下一个可选节点，最坏的情形就是位于 x_h 最后一个节点和该节点之间的边上，即 $\tau_{ij}^{\alpha}\eta_{ij}^{\beta}=\tau_{\min}^{\alpha}\tau_{\min}^{\beta}$，位于 x_h 最后一个节点和其余可选节点组成的边上 $\tau_{ij}^{\alpha}\eta_{ij}^{\beta}=\tau_{\max}^{\alpha}\tau_{\max}^{\beta}$，并且其余节点都是可选节点。因此，蚂蚁选择任意一个可行节点的概率 $p_{\min}$ 有如式（7-9）所示的关系：

$$p_{\min}\geqslant\hat{p}_{\min}=\frac{\tau_{\min}^{\alpha}\tau_{\min}^{\beta}}{(N_c-1)\tau_{\max}^{\alpha}\tau_{\max}^{\beta}+\tau_{\min}^{\alpha}\tau_{\min}^{\beta}}>0 \tag{7-9}$$

式中，N_c 表示节点的总数。因此，对于任意的一个部分 x_h 的选择，任意一个可行节点的概率 $p_{\min}>0$。

定理 1 在最大最小蚂蚁系统算法中，令 $p^*(\theta)\geqslant 1-\varepsilon$ 表示算法在前 θ 次迭代中至少有一次得到最优解的概率。那么，对于任意的 $\varepsilon>0$ 和一个充分大的 θ，不等式 $p^*(\theta)\geqslant 1-\varepsilon$ 成立，即 $\lim\limits_{\theta\to\infty}\hat{p}^*(\theta)=1$。

证明 记蚂蚁生成任意一个可行解（包括最优解 s^*）的概率为 $\hat{p}$，由命题 1 可知 $\lim\limits_{\theta\to\infty}p^*(\theta)=1$，其中 n 表示可行解的长度。由于每次迭代生成最优解是相互独立的，因此，迭代 θ 次后得到最优解的概率 $p^*(\theta)$ 有一个下限为 $\hat{p}^*(\theta)=1-(1-\hat{p})^{\theta}$。因此，$\hat{p}^*(\theta)\leqslant p^*(\theta)\leqslant 1$。显然 $\lim\limits_{\theta\to\infty}\hat{p}^*(\theta)=1$，所以 $\lim\limits_{\theta\to\infty}p^*(\theta)=1$。

命题成立，最大最小蚂蚁系统算法是值收敛的。

证明蚁群系统算法也是值收敛的。蚁群系统算法与最大最小蚂蚁系统有很大的区别，主要表现在蚁群系统算法中引入了伪随机比例规则，并且蚁群系统算法中，局部信息素更新规则和全局信息素更新规则交替进行。尽管不像最大最小蚂蚁系统算法那样对信息素的值设置了界限，但是可以证明，蚁群系统算法中信息素的值也有上下界。

命题 2 在蚁群系统算法中，信息素 τ_{ij} 的一个下界为 τ_0，一个上界为 $q_f(s^*)$，其中 s^* 表示全局最优解，$q_f(\cdot)$ 是一个取正值的递减函数，$s_{\theta+1}^{\text{best}}$ 表示第 $\theta+1$ 次迭代后得到的迄今为止最好的解。

证明 首先，在蚁群系统算法中，信息素的局部更新规则为

$$\tau_{ij}(\theta+1)=(1+\varepsilon)\tau_{ij}(\theta)+\varepsilon\tau_0 \tag{7-10}$$

信息素的全局更新规则为

$$\tau_{ij}(\theta+1)=(1-\rho)\tau_{ij}(\theta)+\rho q_f(s_{\theta+1}^{\text{best}}) \tag{7-11}$$

显然式（7-10）和式（7-11）具有相同的形式：

$$a(\theta+1)=(1-\xi)a(\theta)+\xi b \tag{7-12}$$

由式（7-12）可得

$$a(\theta)=(1-\xi)^{\theta}a(0)+b[1-(1-\xi)^{\theta}] \tag{7-13}$$

显然，当 $a(0)>b$ 时，$a(\theta)$是单调递减的，当 $a(0)\leqslant b$ 时，$a(\theta)$是单调递增的，并且 $\lim\limits_{a\to\infty}a(\theta)=b$。用数学归纳法可以证明只要取 $\tau_0<q_f(s_1^{\text{best}})$，就能保证 $\tau_{ij}(\theta)\leqslant q_f(s_\theta^{\text{best}})$，因此就能保证 $\tau_0\leqslant\tau_{ij}(\theta)\leqslant q_f(s_\theta^{\text{best}})$，因此 τ_{ij} 的一个下界为 τ_0。

下面证明 τ_{ij} 的一个上界为 $q_f(s^*)$，首先忽略信息素的局部更新，因为信息素的局部更新会使信息素减少。

用数学归纳法证明。当 θ=1 时：

$$\tau_{ij}(n+1)=(1-\rho)\tau_{ij}(n)+\rho q_f(s_1^{\text{best}})<(1-\rho)q_f(s^*)+\rho q_f(s^*)=q_f(s^*) \tag{7-14}$$

所以当 θ=1 时，假设成立。假设 $\theta=n$ 时，假设成立。当 $\theta=n+1$ 时：

$$\tau_{ij}(n+1)=(1-\rho)\tau_{ij}(n)+\rho q_f(s_1^{\text{best}})<(1-\rho)q_f(s^*)+\rho q_f(s^*)=q_f(s^*) \tag{7-15}$$

当 $\theta=n+1$ 时，假设也成立。所以 τ_{ij} 的一个上界为 $q_f(s^*)$。

命题 3　在蚁群系统算法中，任意的一个部分解 x_h 选择任意一个可行节点的概率 $p_{\min}>0$。

证明　在蚁群系统算法中，由于引入了伪随机比例规则，因此如果在边 (i,j) 上，τ_{ij}^{α}，τ_{ij}^{β} 不是最大的，那么在最坏的情形下，蚂蚁选择这条边的概率为

$$p_{\min}\geqslant\hat{p}_{\min}=(1-q_0)\frac{\tau_0^{\alpha}\tau_{\min}^{\beta}}{(N_c-1)q_f^{\alpha}(s^*)\eta_{\max}^{\beta}+\tau_0^{\alpha}\tau_{\min}^{\beta}}>0 \tag{7-16}$$

式中，q_0 为伪随机比例规则中的随机数。所以，任意的一个部分解 x_h 选择任意一个可行节点的概率 $p_{\min}>0$。

定理 2　在蚂蚁系统算法中，令 $p^*(\theta)$ 表示算法在前 θ 次迭代中至少有一次得到最优解的概率。那么，对于任意的 $\varepsilon>0$ 和一个充分大的 θ，不等式 $p^*(\theta)\geqslant1-\varepsilon$ 成立，即 $\lim\limits_{\theta\to\infty}p^*(\theta)=1$。

证明　记蚂蚁第 θ 次迭代，生成任意一条可行路径（包括最优路径）的概率为 $\hat{p}_\theta$，记 $p_{\min}^*=\min(p_{\min},q_0)$，可知 $\hat{p}_\theta\geqslant q_0^m p_{\min}^{n-m}>(p_{\min}^*)^n>0$，其中，$m$ 表示生成一条可行路径过程中，伪随机比例选择的次数，且 $0\leqslant m\leqslant n$，n 是解序列的长度。则可行路径（包括最优路径）的概率为

$$\lim_{\theta\to\infty}1-(1-p_{\min}^*)^{\theta}=1\leqslant1-\prod_{i=1}^{\theta}(1-\hat{p}_i)\leqslant p^*(\theta)\leqslant1 \tag{7-17}$$

显然 $\lim\limits_{\theta\to\infty}1-(1-p_{\min}^*)^{\theta}=1$，所以，$\lim\limits_{\theta\to\infty}p^*(\theta)=1$，蚁群系统算法是值收敛的。通过以上证明可知，最大最小蚂蚁系统算法和蚁群系统算法都是值收敛的，但不是解收敛的。

最大最小蚂蚁系统算法和蚁群系统算法都属于 $\text{ACO}_{\text{best},\ \tau\min}$ 类型的算法，即信息素有一个下界，而且挥发系数不随着迭代次数的改变而改变，只在当前最优解的路径上增加信息素。上面已经证明了它们都是值收敛的。$\text{ACO}_{\text{best},\ \tau\min(\theta)}$ 算法是对 $\text{ACO}_{\text{best},\ \tau\min}$ 算法的一种改进，

即信息素的最小值可以根据迭代次数进行调整，并且允许信息素的最小值能够随着时间的推移减少到零，但是这个过程必须要足够缓慢以保证能找到最优解。$ACO_{gs,\rho(\theta)}$ 算法同 $ACO_{best,\ \tau\min}$ 算法的思想有些类似，但它是通过改变信息素的挥发速度使信息素的值缓慢减小到 0。在 $ACO_{gs,\rho(\theta)}$ 算法中，信息素的增加同样仅仅发生在当前最优解的路径上，并且当迭代次数 $\theta \leqslant \theta_0$ 时，信息素的挥发系数是常数 ρ，当迭代次数 $\theta > \theta_0$ 时，信息素的挥发系数为 $ACO_{gs,\rho(\theta)}$，且满足：

$$\rho_\theta \leqslant 1-\ln(\theta)/\ln(\theta+1),\ \sum_{\theta=1}^{n}\rho_\theta = \infty \tag{7-18}$$

首先证明 $ACO_{gs,\rho(\theta)}$ 是值收敛的。

定理 3　$ACO_{gs,\rho(\theta)}$ 算法是值收敛的。

证明　考虑最坏的情形，信息素只挥发不增加。则经过 θ 次迭代之后，边上的信息素浓度为

$$\tau_{ij}(\theta)=\prod_{i=1}^{\theta}(1-\rho_i)\tau_{ij}(0) \geqslant (1-\rho)^{\theta_0}\prod_{i=\theta_0+1}^{\theta}\tau_{ij}(0)\cdot\left(\frac{\ln(i)}{\ln(i+1)}\right) \tag{7-19}$$

记 $a=(1-\rho)^{\theta_0}\tau_{ij}(0)\ln(\theta_0+1)$，则

$$\tau_{ij}(\theta) \geqslant a/\ln(\theta+1) \tag{7-20}$$

由于在 $ACO_{gs,\rho(\theta)}$ 算法中信息素的全局更新规则为

$$\tau_{ij}(\theta+1)=(1-\rho_\theta)\tau_{ij}(\theta)+\rho_\theta q_f(s_{\theta+1}^{best}) \tag{7-21}$$

很容易用数学归纳法证明 $\tau_{ij}(\theta) \leqslant q_f(s^*)$，因此 $a/\ln(\theta+1) \leqslant \tau_{ij}(\theta) \leqslant q_f(s^*)$。

下面证明不能找到最优解的概率上限为 0。记事件 F_θ 为第 θ 次迭代找到了最优解，则 $\bigcap_{\theta=1}^{\infty}\neg F_\theta$ 就表示算法从来没有找到最优解，这意味着从来没有找到过任何一个最优解 s^*。因此 p 是 $\bigcap_{\theta=1}^{\infty}\neg F_\theta$ 的一个上界。由式（7-16）可知，蚂蚁选择任意一个可选择节点的概率为

$$p_{\min}(\theta) \geqslant \hat{p}_{\min}(\theta)=\frac{\tau_{\min}^{\alpha}(\theta)\tau_{\min}^{\beta}}{(N_c-1)\tau_{\max}^{\alpha}(\theta)\eta_{\max}^{\beta}+\tau_{\min}^{\alpha}(\theta)\tau_{\min}^{\beta}} \geqslant \frac{\tau_{\min}^{\alpha}(\theta)\eta_{\min}^{\beta}}{N_c\tau_{\max}^{\alpha}(\theta)\eta_{\max}^{\beta}} \tag{7-22}$$

其中，$\tau_{ij}(\theta) \geqslant a/\ln(\theta+1)$，$\tau_{ij}(\theta) \leqslant q_f(s^*)$，记 $\hat{p}'_{\min}(\theta)=\tau_{\min}^{\alpha}(\theta)\tau_{\min}^{\beta}/N_c\tau_{\max}^{\alpha}(\theta)\eta_{\max}^{\beta}$，则 $p_{\min}(\theta) \geqslant \hat{p}'_{\min}(\theta)$。因此蚂蚁构建一个可行解的概率 $\hat{p}(\theta) \geqslant (\hat{p}'_{\min}(\theta))^n$，因此

$$p \leqslant \prod_{\theta=1}^{\infty}(1-\hat{p}'_{\min}(\theta))=\prod_{\theta=1}^{\infty}\left(1-\left(\tau_{\min}^{\alpha}(\theta)\eta_{\min}^{\beta}/N_c\tau_{\max}^{\alpha}(\theta)\eta_{\max}^{\beta}\right)^n\right) \tag{7-23}$$

只要证明无穷乘积 $\prod_{\theta=1}^{\infty}\left(1-\left(\tau_{\min}^{\alpha}(\theta)\eta_{\min}^{\beta}/N_c\tau_{\max}^{\alpha}(\theta)\eta_{\max}^{\beta}\right)^n\right)=0$ 即可，为此只要证明级数

$\prod_{\theta=1}^{\infty}\ln\left(1-\left(\tau_{\min}^{\alpha}(\theta)\eta_{\min}^{\beta}/N_c\tau_{\max}^{\alpha}(\theta)\eta_{\max}^{\beta}\right)^n\right)=-\infty$ 即可。

$$\prod_{\theta=1}^{\infty}\ln\left(1-\left(\frac{\tau_{\min}^{\alpha}(\theta)\eta_{\min}^{\beta}}{N_c\tau_{\max}^{\alpha}(\theta)\eta_{\max}^{\beta}}\right)^n\right)=\sum_{\theta=1}^{\infty}\ln\left(1-\left(\frac{(a/\ln(\theta+1))^{\alpha}\eta_{\min}^{\beta}}{N_c\tau_{\max}^{\alpha}(\theta)\eta_{\max}^{\beta}}\right)^n\right) \tag{7-24}$$

记 $c=a^{\alpha}\eta_{\min}^{\beta}/N_c\tau_{\max}^{\alpha}(\theta)\eta_{\max}^{\beta}$ ，则

$$\sum_{\theta=1}^{\infty}\ln\left(1-\left(\frac{(a/\ln(\theta+1))^{\alpha}\eta_{\min}^{\beta}}{N_c\tau_{\max}^{\alpha}(\theta)\eta_{\max}^{\beta}}\right)^n\right)=\sum_{\theta=1}^{\infty}\ln\left(1-\left(\frac{c}{(\ln(\theta+1))^{\alpha}}\right)^n\right) \tag{7-25}$$

因为对于任意的 $x<1$， $\ln(1-x)<-x$ ，所以

$$\sum_{\theta=1}^{\infty}\ln\left(1-\left(c/(\ln(\theta+1))^{\alpha}\right)^n\right)\leqslant -c^n\sum_{\theta=1}^{\infty}(\ln(\theta+1))^{-n\alpha} \tag{7-26}$$

而正项级数 $\sum_{\theta=1}^{\infty}(\ln(1+\theta))^{-n\alpha}$ 发散，所以

$$\ln\left(1-\left(c/(\ln(\theta+1))^{\alpha}\right)^n\right)=\infty \tag{7-27}$$

$$\prod_{\theta=1}^{\infty}\left(1-\left(\tau_{\min}^{\alpha}(\theta)\eta_{\min}^{\beta}/N_c\tau_{\max}^{\alpha}(\theta)\eta_{\max}^{\beta}\right)^n\right)=0 \tag{7-28}$$

所以， $p\left(\bigcap_{\theta=1}^{\infty}\neg F_{\theta}\right)=0$ ，即能够找到最优解的概率极限为 1，因此，该算法为值收敛。

下面证明算法是解收敛的，即任何一只蚂蚁找到最优解的概率极限都为 1。

命题 4 假设某只蚂蚁在第 θ^* 次迭代中第一次找到最优解 s^*，则对任意的 $\tau_{ij}(\theta)$, $(i,j)\notin s^*,\lim_{\theta\to\infty}\tau_{ij}(\theta)=0$ 。

证明 假设某只蚂蚁在第 θ^* 次迭代后找到最优解 s^*，则对任意的边 τ_{ij}，它上面的信息素只挥发不增加，所以再经过 k 次迭代后，这些边上的信息素为

$$\tau_{ij}(\theta^*+k)=\prod_{i=\theta^*+1}^{\theta^*+k}(1-\rho_i)\tau_{ij}(\theta^*) \tag{7-29}$$

因此只需要证明当 $k\to\infty$时，$\tau_{ij}(\theta^*+k)\to\infty$。考虑级数 $\sum_{i=\theta^*+1}^{\infty}\ln(1-\rho_i)+\ln\tau_{ij}(\theta^*)$，由于对任意的 $x<1$， $\ln(1-x)\leqslant -x$ ，所以

$$\sum_{i=\theta^*+1}^{n}\ln(1-\rho_i)+\ln\tau_{ij}(\theta^*)\leqslant -\sum_{i=\theta^*+1}^{n}\rho_i+\ln\tau_{ij}(\theta^*) \tag{7-30}$$

而已知 $\sum_{\theta=1}^{\infty}\rho_{\theta}=\infty$ ，所以

$$\sum_{i=\theta^*+1}^{n}\ln(1-\rho_i)+\ln\tau_{ij}(\theta^*)=-\infty\ ,\quad \lim_{k\to\infty}\tau_{ij}(\theta^*+k)=0 \tag{7-31}$$

即 $\lim_{\theta\to\infty}\tau_{ij}(\theta)=0$。

命题 5 假设某只蚂蚁在第 θ^* 次迭代中第一次找到最优解 s^*，则对任意的 $\tau_{ij}(\theta),(i,j)\notin s^*,\theta\geqslant\theta^*$，$\tau_{ij}(\theta)$ 的极限存在。

证明 对于 $(i,j)\notin s^*$，信息素的更新方式为

$$\tau_{ij}(\theta+1)=(1-\rho_{\theta+1})\tau_{ij}(\theta)+\rho_{\theta+1}q_f(s^*) \tag{7-32}$$

$$\tau_{ij}(\theta+1)-\tau_{ij}(\theta)=\rho_{\theta+1}(q_f(s^*)-\tau_{ij}(\theta))>0 \tag{7-33}$$

前面已经证明了 $\tau_{ij}(\theta)\leqslant q_f(s^*)$，因此可知 $\tau_{ij}(\theta)$ 是递增的，而且有上界，因此 $\tau_{ij}(\theta)$ 的极限存在，记为 τ_{ij}。

定理 4 设 θ^* 为得到最优解的迭代次数，令 $p(s^*,\theta,k)=1$ 为任意一只蚂蚁 k 在第 θ 次迭代中得到最优解的概率，其中 $\theta>\theta^*$。那么有 $\lim_{x\to\infty}p(s^*,\theta,k)=1$。

证明 假设蚂蚁 k 位于节点 i 上，并且边 (i,j) 是 s^* 中的边。那么蚂蚁 k 选择 (i,j) 的概率为

$$\hat{p}_{ij}^*(\theta)=\frac{(\tau_{ij}^*(\theta))^\alpha(\eta_{ij})^\beta}{(\tau_{ij}^*(\theta))^\alpha(\eta_{ij})^\beta+\sum_{(i,h)\neq s^*}^{n}(\tau_{ih}^*(\theta))^\alpha(\eta_{ih})^\beta} \tag{7-34}$$

$$\hat{p}_{ij}^*=\lim_{\theta\to\infty}\hat{p}_{ij}^*(\theta)=\frac{(\tau_{ij}^*(\theta))^\alpha(\eta_{ij})^\beta}{\lim_{\theta\to\infty}(\tau_{ij}^*(\theta))^\alpha(\eta_{ij})^\beta+\lim_{\theta\to\infty}\sum_{(i,h)\neq s^*}^{n}(\tau_{ih}^*(\theta))^\alpha(\eta_{ih})^\beta}=\frac{\tau_{ij}^\alpha\eta_{ij}^\beta}{\tau_{ij}^\alpha\eta_{ij}^\beta+0}=1 \tag{7-35}$$

所以，任意给定一只蚂蚁，它找出最优解的概率极限都为 1，因此该算法是解收敛的。由上面的证明过程可以看出，能够保证信息素的值足够缓慢地减少到 0 是证明的关键。随着计算机计算能力的提高，在用蚁群优化算法解决实际问题时，为了避免解陷入局部最优，可以根据上面的思路去设计一些具有解收敛性质的算法。目前 ACO 算法有很多工程的应用，当 ACO 算法的性能不断提高，同时从理论上对其工作原理的理解不断加深时，依然有许多处于初始研究阶段的领域有待于人们去努力探索。

7.6 蚁群优化算法系统模型

7.6.1 网络模型

本章重点研究了蚁群优化算法应用于具有安全多步卸载的超密集多任务物联网网络中

的能耗优化问题。在这样的网络中，SBS 的数量大于或等于 IMD；每个 BS 配备一个 MEC 服务器；所有 SBS 通过有线连接到附近的 MBS；每个 IMD 都有 K 个独立的延迟敏感性和在安全成本和特定的截止期限内执行的计算密集型任务。在该网络中存在一个 MBS（宏基站）和 $\bar{S}$ 个 SBS（微基站），其中 SBS 的集合记为 $\bar{\mathcal{S}}=\{1,2,\cdots,\bar{S}\}$；MBS 的索引为 0；$\mathcal{S}=\bar{\mathcal{S}}\cup\{0\}$，$\mathcal{S}$ 表示所有 BS 的集合；整个网络中共有 U 个 IMD（物联网设备），所有 IMD 的集合记为 $\mathcal{U}=\{1,2,\cdots,U\}$；每个 IMD 的任务集合记为 $\mathcal{K}=\{1,2,\cdots,K\}$。

当一个 IMD 与某 SBS 相关联时，该 IMD 的部分任务在加密后被卸载到该基站。该基站首先解密该部分任务，再次加密后将其部分传输到附近的 MBS。值得注意的是，关联的 SBS 执行剩余的部分，并且 MBS 在解密后计算接收的部分。当 IMD 与某个 MBS 相关联时，此 IMD 的部分任务在加密后被卸载到该基站，该基站在解密后执行该部分任务。显然，SBS 专注于安全的两步卸载，而 MBS 则采用了安全的一步卸载。为了减轻跨层干扰，将系统频带分别切割为 MBS 和 SBS 使用的两部分，其频带宽度分别为 $\mu\varpi$ 和 $(1-\mu)\varpi$，ϖ 为系统频带的宽度，$0\leqslant\mu\leqslant1$ 是频带划分因子。为了进一步提高频谱效率，SBS 根据其物理位置用 K-means 划分为 W 个簇，其中每个集群有 N 个正交的子信道（频带），专用于该集群中的 SBS，与这些 SBS 相关联的 IMD 可以通过 NOMA 方式利用相同的子信道，子信道的集合记为 $\mathcal{N}=\{1,2,\cdots,N\}$，$N=\mathrm{round}((1-\mu)\varpi/(\omega W))$，$\mathrm{round}(\cdot)$ 表示在 · 上的取整操作，而 ω 是一个子信道的带宽。值得注意的是，与一些 MBS 相关的 IMD 同样地利用其频带。

7.6.2 通信模型

在上述资源利用方式下，IMD 的任何任务都只存在簇内干扰。在（上行）NOMA 方式下，某些 SBS 服务的任何 IMD 接收来自其他信道增益更差的 IMD 的共信道干扰。SBS 接收的信号按信道增益的递减顺序解码。因此，在子信道 n 上与 $\mathrm{SBS}_s\in\bar{\mathcal{S}}$ 相关联的 IMD_i 的上行数据速率为

$$\begin{cases}R_{i,s,n}=\omega\log_2\left(1+\tilde{p}_i\bar{h}_{i,s}\Big/\left(\sum\limits_{u\in\mathcal{Q}_{i,s,n}}\tilde{p}_u\bar{h}_{u,s}+\sigma^2\right)\right)\\ \mathcal{Q}_{i,n,s}=\{u\in\mathcal{U}\}\setminus\{u\in i\}\\ \bar{h}_{u,s}\leqslant\bar{h}_{i,s},\tilde{a}_u=\tilde{a}_i=n,\ b_u,b_i\in\mathcal{W}_s\end{cases}\tag{7-36}$$

其中，$\tilde{a}_i$ 和 b_i 分别为 IMD_i 选择的子信道和 SBS 索引号；$\bar{h}_{i,s}$ 是 IMD_i 和 BS_s 之间的信道增益；$\tilde{p}_i$ 为 IMD_i 的传输功率；σ^2 是噪声功率；$\mathcal{W}_s$ 表示 SBS_s 所属簇。

由于与 MBS 相关联的 IMD 利用其与 SBS 不同的频带，因此不存在层内和跨层干扰。考虑到 IMD 经常在某个信道上逐个传输任务，可以假设每个 MBS 有 N 个虚拟子信道，在现实中只对应一个信道。也就是说，任何 IMD 都可以使用其中一个子信道在某个时间段传输任务，这意味着这样的 IMD 可以利用一个真实的信道来完成传输任务。在此基础上，子信道 n 上与 MBS_0 相关联的 IMD_i 的上行数据速率可表示为

$$R_{i,0,n}=\mu\varpi\left(\sum_{u\in\mathcal{U}}x_{u,0}\right)^{-1}\log_2\left(1+\tilde{p}_i\bar{h}_{i,0}/\sigma^2\right) \tag{7-37}$$

其中，$\sum_{u\in\mathcal{U}}x_{u,0}$ 为与 MBS_0 相关联的 IMD 的数量；$x_{i,s}$ 表示 IMD_i 在 BS_s 处的关联指数；如果 IMD_i 与 BS 相关，则 $x_{i,s}=1$，否则 $x_{i,s}=0$。

7.7 蚁群优化算法安全模型

在现实中，卸载的任务通常有不同的安全要求。然而，它们可能很容易受到恶意攻击、窃听和欺骗。为了解决这一问题，数据加密和解密被广泛认为是很有前途的解决方案，它利用了不同的密码算法。随着安全保护算法的强度和鲁棒性的增加，能量和延迟开销显著增加。此外，这些预防措施可能无法完全防止安全漏洞。因此，量化安全风险是设计安全卸载策略中的一个重要课题。

当 IMD_i 的任务 k 采用加密算法 l 安全地卸载其部分时，其失败的概率可为

$$\bar{p}_{i,k,l}=\begin{cases}1-\mathrm{e}^{-v_{i,k}(\tilde{\rho}_i,k-v_l)}, & 若v_l\leqslant\tilde{\rho}_{i,k}\\0, & 其他\end{cases} \tag{7-38}$$

其中，$v_{i,k}$ 为 IMD_i 的任务 k 的安全风险系数；$\tilde{\rho}_{i,k}$ 为 IMD_i 的任务 k 的预期安全级别。如式（7-38）所示，如果 IMD_i 的任务 k 的安全级别大于或等于预期的安全级别，则密码算法 l 成功地保护了该任务 k。否则，算法 l 在一定的概率下无法保护这样的任务。

IMD_i 的任务 k 的安全漏洞成本为

$$\varphi_{i,k}=\sum_{s\in S}\sum_{l\in\mathcal{L}}\lambda_k x_{i,s}y_{i,k,l}\bar{p}_{i,l,k} \tag{7-39}$$

其中，λ_k 为任务 k 失败时的资金损失；$y_{i,k,l}$ 是 IMD_i 的任务 k 的安全决策指标，如果选择加密算法 l 来处理 IMD 中的任务 k，则 $y_{i,k,l}=1$，否则 $y_{i,k,l}=0$。然后，IMD_i 的总体安全漏洞成本为

$$\psi_i=\sum_{k\in\mathcal{K}}\varphi_{i,k}=\sum_{s\in S}\sum_{k\in\mathcal{K}}\sum_{l\in\mathcal{L}}\lambda_k x_{i,s}y_{i,k,l}\bar{p}_{i,k,l} \tag{7-40}$$

7.8 蚁群优化算法计算模型

IMD_i 的任务 k 记为 $\mathcal{D}_{i,k}\triangleq(d_{i,k},c_{i,k},\mathcal{T}_{\max}^i,\tilde{\rho}_{i,k})$，其中，$d_{i,k}$ 表示 IMD_i 的任务 k 的数据大小；$c_{i,k}$ 是用于计算 IMD_i 的一个位任务 k 的 CPU 周期数；$\mathcal{T}_{\max}^i$ 是 IMD_i 的任务截止日期。

（1）本地计算。

当 IMD_i 与 BS_s 相关联时，IMD_i 的任务 k 的本地处理数据大小为 $d_{i,k}-\bar{d}_{i,s,k}$，其中 $\bar{d}_{i,s,k}$ 为任务 k 从 IMD_i 卸载到 BS_s 的数据大小。此外，用于处理与 BS_s 相关联的 IMD_i 的任务 k 的本地执行时间 $\tau_{i,s,k}^{\mathrm{loc}}$ 为

$$\tau_{i,s,k}^{\mathrm{loc}}=\frac{(d_{i,k}-\bar{d}_{i,s,k})c_{i,k}}{f_i^{\mathrm{UE}}}+\sum_{l\in\mathcal{L}}\frac{y_{i,k,l}\bar{\theta}_l\bar{d}_{i,s,k}}{f_i^{\mathrm{UE}}} \tag{7-41}$$

其中 f_i^{UE} 为 IMD_i 的计算能力；式（7-41）右侧的两项分别为计算时间和加密时间。

（2）卸载到 SBS。

当 IMD_i 与 SBS_s 相关联时，需要对任何任务 k 执行以下步骤。

首先，$\bar{d}_{i,s,k}$ 的部分 $d_{i,k}$ 在加密后从 IMD_i 卸载到 SBS_s。然后，SBS 解密 $\bar{d}_{i,s,k}$，执行 $\bar{d}_{i,k}-\hat{d}_{i,s,k}$。其次，$\bar{d}_{i,s,k}$ 的 $\hat{d}_{i,s,k}$ 部分在加密后从 SBS_s 卸载到附近的 MBS。再次，MBS 解密后执行 $\hat{d}_{i,s,k}$。因此，用于处理与 SBS_s 相关联的 IMD_i 的任务 k 的远程时间 $\mathcal{T}_{i,s,k}^{\mathrm{BS}}$ 为

$$\begin{aligned}\mathcal{T}_{i,s,k}^{\mathrm{BS}}=&\sum_{n\in\mathcal{N}}\frac{z_{i,n}\bar{d}_{i,0,k}}{R_{i,s,n}}+\frac{(\bar{d}_{i,k}-\hat{d}_{i,s,k})c_{i,k}}{\bar{f}_{i,s,k}}+\frac{\hat{d}_{i,s,k}}{\bar{R}^{\mathrm{bh}}}+\frac{\hat{d}_{i,s,k}c_{i,k}}{\bar{f}_{i,0,k}}+\\&\sum_{l\in\mathcal{L}}\frac{y_{i,k,l}\hat{\theta}_l\bar{d}_{i,s,k}}{\bar{f}_{i,s,k}}+\sum_{l\in\mathcal{L}}\frac{y_{i,k,l}\bar{\theta}_l\hat{d}_{i,s,k}}{\bar{f}_{i,s,k}}+\sum_{l\in\mathcal{L}}\frac{y_{i,k,l}\hat{\theta}_l\hat{d}_{i,s,k}}{\bar{f}_{i,0,k}}\end{aligned} \tag{7-42}$$

其中，$z_{i,n}$ 表示 IMD_i 在子信道 n 上的关联决策；如果 i 选择子信道 n，则 $z_{i,n}=1$，否则 $z_{i,n}=0$；$\bar{R}^{\mathrm{bh}}$ 为 SBS 和 MBS 之间的有线回程速率；$\bar{f}_{i,s,k}$ 是 SBS_s 分配给 IMD_i 的任务 k 的计算能力；在式（7-42）等号的右边，前 4 个式子分别表示从 IMD_i 上传 $\bar{d}_{i,s,k}$ 到 SBS_s 的时间，用于在 SBS_s 上计算的 $\bar{d}_{i,k}-\hat{d}_{i,s,k}$，用于从 SBS_s 卸载到附近的 MBS 上的 $\hat{d}_{i,s,k}$，还有用于在 MBS 上计算的 $\hat{d}_{i,s,k}$。后 3 个项分别是用于解密 SBS_s 的 $\bar{d}_{i,s,k}$ 的时间，用于加密 SBS_s 的 $\hat{d}_{i,s,k}$ 的时间，以及用于解密附近 MBS 的 $\hat{d}_{i,s,k}$ 的时间。根据用于处理 IMD_i 任务 k 的 CPU 周期与相关联的 BS_s 的总 CPU 周期的比值，BS_s 的计算能力被分配给该任务的计算和安全操作。具体来说，当 IMD_i 与 SBS_s 相关联时，SBS_s 分配给 IMD_i 任务 k 的计算能力可以由式（7-43）和式（7-44）给出：

$$\bar{f}_{i,s,k}=\frac{f_s^{\mathrm{BS}}\left(\Gamma_{i,s,k}+\sum_{l\in\mathcal{L}}y_{i,k,l}\bar{\Gamma}_{i,s,k,l}\right)}{\sum_{u\in\mathcal{U}}\sum_{j\in\mathcal{K}}x_{u,s}\left(\Gamma_{u,s,j}+\sum_{l\in\mathcal{L}}y_{u,j,l}\bar{\Gamma}_{u,s,j,l}\right)} \tag{7-43}$$

$$\begin{cases}\Gamma_{i,s,k}=(\bar{d}_{i,s,k}-\hat{d}_{i,s,k})c_{i,k}\\ \bar{\Gamma}_{i,s,k,l}=\hat{\theta}_l\bar{d}_{i,s,k}+\bar{\theta}_l\hat{d}_{i,s,k}\end{cases} \tag{7-44}$$

其中，f_s^{BS} 表示 SBS_s 的总计算能力；$\Gamma_{i,s,k}$ 是用于处理 $\bar{d}_{i,k}-\hat{d}_{i,s,k}$ 的 CPU 周期；$\bar{\Gamma}_{i,s,k,l}$ 是用于解密 $\bar{d}_{i,s,k}$ 和加密 $\hat{d}_{i,s,k}$ 的 CPU 周期。

由于与 SBS_s 相关的 IMD 可以进一步将部分任务卸载到附近的 MBS 进行处理，而与 MBS 相关的 IMD 可以直接将任务上传到这些 BS 进行执行，因此在任何 MBS 处理的数据应该包括以下两部分。用于计算和解密从 SBS_s 卸载到 IMD 选择的 MBS 的数据的 CPU 周期，可表示为 $\sum_{u\in\mathcal{U}}\sum_{s\in\bar{\mathcal{S}}}x_{u,s}\sum_{j\in\mathcal{K}}\Upsilon_{u,s,j}$，其中 $\Upsilon_{u,s,j}=\hat{d}_{u,s,j}c_{u,j}+\sum_{l\in\mathcal{L}}y_{u,j,l}\hat{\theta}_l\hat{d}_{u,s,j}$；用于计算和解密从 IMD 卸载到它们选择的 MBS 的数据的 CPU 周期，有 $\sum_{u\in\mathcal{U}}x_{u,0}\sum_{j\in\mathcal{K}}\bar{\Upsilon}_{u,0,j}$，其中 $\bar{\Upsilon}_{u,0,j}=\bar{d}_{u,0,j}c_{u,j}+\sum_{l\in\mathcal{L}}y_{u,j,l}\hat{\theta}_l\hat{d}_{u,0,j}$。在上述比例计算分配下，当 IMD_i 与 MBS_0 相关联时，MBS_0 分配给 IMD_i 中的 k 的计算能力 $\bar{f}_{i,0,k}$ 可表示为

$$\bar{f}_{i,0,k}=\frac{f_0^{\mathrm{BS}}\left(\sum_{s\in\bar{\mathcal{S}}}x_{i,s}\Upsilon_{u,s,j}+x_{i,0}\bar{\Upsilon}_{u,0,j}\right)}{\sum_{u\in\mathcal{U}}\sum_{j\in\mathcal{K}}\left(\sum_{s\in\bar{\mathcal{S}}}x_{u,s}\Upsilon_{u,s,j}+x_{u,0}\Upsilon_{u,0,j}\right)} \tag{7-45}$$

（3）卸载到 MBS。

当 IMD_i 与 MBS_0 相关联时，需要对所有任务 k 执行以下步骤。首先，$d_{i,k}$ 的 $\bar{d}_{i,s,k}$ 部分在加密后从 IMD_i 卸载到 MBS_0。其次，MBS_0 解密 $\bar{d}_{i,s,k}$ 然后执行它。因此，用于处理与 MBS_0 相关联的 IMD_i 的任务 k 的远程时间 $\tau_{i,0,k}^{\mathrm{BS}}$ 为

$$\tau_{i,0,k}^{\mathrm{BS}}=\sum_{n\in\mathcal{N}}\frac{z_{i,n}\bar{d}_{i,0,k}}{R_{i,0,n}}+\frac{\bar{d}_{i,0,k}c_{i,k}}{\bar{f}_{i,0,k}}+\sum_{l\in\mathcal{L}}\frac{y_{i,k,l}\bar{d}_{i,0,k}\hat{\theta}_l}{\bar{f}_{i,0,k}} \tag{7-46}$$

其中式子右侧的项目分别表示用于上传 $\bar{d}_{i,s,k}$ 从 IMD_i 到 MBS_0 的时间，用于在 MBS_0 计算 $\bar{d}_{i,s,k}$ 的时间和用于在 MBS_0 解密 $\bar{d}_{i,s,k}$ 的时间。

假设每个 IMD 的所有计算任务都依次被执行，以满足实际情况的实现。但是，可以并行地对任何任务执行本地执行和计算卸载。因此，完成 IMD_i 所有任务的总时间 $\mathcal{T}_i$ 为

$$\mathcal{T}_i=\sum_{k\in\mathcal{K}}\max\left(\sum_{s\in\mathcal{S}}x_{i,s}\mathcal{T}_{i,s,k}^{\mathrm{loc}},\sum_{s\in\mathcal{S}}x_{i,s}\mathcal{T}_{i,s,k}^{\mathrm{BS}}\right) \tag{7-47}$$

然后，所有 IMD 的本地总能耗为

$$\varepsilon=\sum_{i\in\mathcal{U}}\sum_{k\in\mathcal{K}}\sum_{s\in\mathcal{S}}\varsigma x_{i,s}(d_{i,k}-\bar{d}_{i,s,k})c_{i,k}f_i^2+\sum_{i\in\mathcal{U}}\sum_{k\in\mathcal{K}}\sum_{s\in\mathcal{S}}\sum_{l\in\mathcal{L}}x_{i,s}y_{i,k,l}\tilde{\theta}_l\bar{d}_{i,s,k}+\sum_{i\in\mathcal{U}}\sum_{k\in\mathcal{K}}\sum_{s\in\mathcal{S}}\sum_{n\in\mathcal{N}}\frac{x_{i,s}z_{i,n}\tilde{p}_i\bar{d}_{i,s,k}}{R_{i,s,n}} \tag{7-48}$$

其中，ς 为芯片架构的能量系数；式（7-48）等号右侧的 3 项分别是 IMD 的总计算、加密和上传能耗。

7.9 蚁群优化解法应用实例

现介绍蚁群优化算法在边缘计算中的应用。先将问题进行数学化，为实现超密集多任务物联网网络中绿色安全的计算卸载目标，在联合 BS 分簇、正交频分多址（Orthogonal Frequency Division Multiple Access，OFDMA）和 NOMA，计算资源比例分配、时延和安全成本约束下，共同优化设备关联、信道选择、安全服务分配、功耗控制和计算资源，使所有 IMD 的本地总能耗最小。优化问题可表示为

$$
\begin{aligned}
&\min_{\boldsymbol{X},\boldsymbol{Y},\boldsymbol{Z},\tilde{\boldsymbol{p}},\bar{\boldsymbol{D}},\hat{\boldsymbol{D}}} \varepsilon(\boldsymbol{X},\boldsymbol{Y},\boldsymbol{Z},\tilde{\boldsymbol{p}},\bar{\boldsymbol{D}},\hat{\boldsymbol{D}})\\
&\text{s.t.}\mathrm{C}_1: \mathcal{T}_i \leqslant \mathcal{T}_i^{\max}, \forall i\in\mathcal{U},\\
&\mathrm{C}_2: \psi_i \leqslant \psi_i^{\max}, \forall i\in\mathcal{U},\\
&\mathrm{C}_3: \sum_{s\in\mathcal{S}} x_{i,s}=1, \forall i\in\mathcal{U},\\
&\mathrm{C}_4: \sum_{l\in\mathcal{L}} y_{i,k,l}=1, \forall i\in\mathcal{U}, \forall k\in\mathcal{K},\\
&\mathrm{C}_5: \sum_{i\in\mathcal{U}} z_{i,n}=1, \forall n\in\mathcal{N},\\
&\mathrm{C}_6: \vartheta\leqslant \tilde{p}_i \leqslant \tilde{p}_i^{\max}, \forall i\in\mathcal{U},\\
&\mathrm{C}_7: x_{i,s}\in\{0,1\}, \forall i\in\mathcal{U}, s\in\mathcal{S},\\
&\mathrm{C}_8: y_{i,k,l}\in\{0,1\}, \forall i\in\mathcal{U}, \forall k\in\mathcal{K}, l\in\mathcal{L},\\
&\mathrm{C}_9: z_{i,n}\in\{0,1\}, \forall i\in\mathcal{U}, \forall n\in\mathcal{N},\\
&\mathrm{C}_{10}: \vartheta\leqslant \hat{d}_{i,s,k} \leqslant \bar{d}_{i,s,k} \leqslant d_{i,k}, \forall i\in\mathcal{U}, s\in\mathcal{S}, k\in\mathcal{K}
\end{aligned}
\tag{7-49}
$$

其中，$\boldsymbol{X}=\{x_{i,s},\forall i\in\mathcal{U}, s\in\mathcal{S}\}$，$\boldsymbol{Y}=\{y_{i,k,l},\forall i\in\mathcal{U}, k\in\mathcal{K}, l\in\mathcal{L}\}$，$\boldsymbol{Z}=\{z_{i,n},\forall i\in\mathcal{U}, n\in\mathcal{N}\}$，$\tilde{\boldsymbol{p}}=\{\tilde{p}_i,\forall i\in\mathcal{U}\}$，$\bar{\boldsymbol{D}}=\{\bar{d}_{i,s,k},\forall i\in\mathcal{U}, s\in\mathcal{S}, k\in\mathcal{K}\}$，$\hat{\boldsymbol{D}}=\{\hat{d}_{i,s,k},\forall i\in\mathcal{U}, s\in\mathcal{S}, k\in\mathcal{K}\}$；$\vartheta$ 取一个足够小的值以避免除零，如 10^{-20}；C_1 表示 IMD$_i$ 的任务执行时间不能超过其最后期限 $\mathcal{T}_i^{\max}$；C_2 表示 IMD$_i$ 的总安全破坏成本不能超过其最大可接受成本 $\psi_i^{\max}$；C_3 和 C_7 表明一个 IMD 只能与一个 BS 相关联；C_4 和 C_8 表示 IMD$_i$ 的任务 k 只能选择一种加密算法；C_5 和 C_9 表示一个 IMD 只能选择一个子信道；C_6 给出 IMD$_i$ 发射功率的下界 ϑ 和上界 $\tilde{p}_i^{\max}$；C_{10} 表示卸载部分 $\bar{d}_{i,s,k}$ 和 $\hat{d}_{i,s,k}$ 均大于等于 ϑ，但小于等于 IMD$_i$ 的任务 k 的数据大小 $d_{i,k}$，同时 $\hat{d}_{i,s,k}$ 必须小于等于 $\bar{d}_{i,s,k}$。

求解问题时设定初始数量为 32，迭代次数为 5 000 次，信息素蒸发系数为 0.9，转移概率常数为 0.2，这段代码是基于蚁群优化算法实现的解决 MEC 优化问题求解过程，以下是代码的主要步骤及其功能：

（1）初始化参数。

① Rho：信息素蒸发系数；

② P0：转移概率常数。

（2）随机设置蚂蚁初始位置。

根据给定的 popSize，计算每个个体的适应度。

（3）迭代优化过程。

① 对于每次迭代 NC：更新信息素 TAU。

② 计算状态转移概率 P。

③ 根据状态转移概率进行局部搜索或全局搜索，并更新蚂蚁位置。

④ 计算每个个体的适应度，并更新最优解。

⑤ 更新信息素。

（4）绘制适应度函数随迭代次数的变化曲线。

代码中的函数 calculateIndividualFitness 计算了个体的适应度，而 variableBound 函数用于保证优化后的参数在合理范围内。下面是代码的主要函数和参数介绍：

```
function [new_bx, new_by, new_bz, new_bp, new_bbd, new_bhd, convergeRes_ACO] = ACO(bx, by, bz, bp, bbd, bhd, lambda, c, d, coef, bt, ht, tt, v, rho, mu, uID, tID, utSub, maxCost, r0, FUE, FBS, eta, Rho, maxt, maxPower, epsilon, noise, channel, subbandWidth, systemBandWidth, BScluster, popSize, clusterNum, userNum, picoNum, BSNum, channelNum, taskNum, securityNum,chromlength1, chromlength2)
    % 输入 bx, by, bz, bp, bbd, bhd：蚂蚁的初始位置
    % 输入 lambda：频带划分因子
    % 输入 c：用户计算任务所需计算能力
    % 输入 d：用户计算任务的计算量
    % 输入 coef：安全系数
    % 输入 bt：密码算法加密每比特数据所需的 CPU 周期数
    % 输入 ht：密码算法解密每比特数据所需的 CPU 周期数
    % 输入 tt：密码算法加密或解密每比特数据耗能
    % 输入 v：任务安全级别
    % 输入 rho：预期安全级别
    % 输入 mu：安全费用
    % 输入 uID, tID, utSub：下标与序号之间的相互转换索引
    % 输入 maxCost：最大安全成本
    % 输入 r0：有线链路传输速率
    % 输入 FUE：用户计算能力
    % 输入 FBS：基站计算能力
    % 输入 eta： 有线链路每秒耗能
    % 输入 Rho：用户设备能耗系数
    % 输入 maxt：计算任务截止时延
    % 输入 maxPower：用户最大发射功率
    % 输入 epsilon：宏基站或微基站每个 CPU 周期耗能
    % 输入 noise：噪声功率
```

```
% 输入 channel：用户和基站之间的信道增益
% 输入 subbandWidth：子信道带宽
% 输入 systemBandWidth：系统带宽
% 输入 BScluster：每个基站所在簇
% 输入 popSize：种群/蚂蚁数量
% 输入 clusterNum：簇的数量
% 输入 userNum：   用户数量
% 输入 picoNum：   小基站的数量
% 输入 BSNum：     基站的数量
% 输入 channelNum：信道数量
% 输入 taskNum：    任务数量
% 输入 securityNum：密码算法的数量

% 输出 new_bx, new_by, new_bz, new_bp, new_bbd, new_bhd：历史最优蚂蚁适应度
对应的位置
% 输出 convergeRes_ACO：每次迭代种群中最优蚂蚁的适应度值

    %%%%%%%%%%%%%%%%初始化%%%%%%%%%%%%%%%%%%%%%%
    Rho = 0.9;        %信息素蒸发系数
P0 = 0.2;        %转移概率常数
MaxT=5000;  % 最大迭代次数
convergeRes_ACO=zeros(MaxT,1);
    %%%%%%%%%%%%%%随机设置蚂蚁初始位置%%%%%%%%%%%%%%%%%
    for pop = 1:popSize
        fitness(pop) = calculateIndividualFitness(bx(pop,:), by(pop,:), bz(pop,:), bp(pop,:),
bbd(pop,:), …
bhd(pop,:), lambda, uID, tID, utSub, coef, bt, ht, tt, v, rho, mu, maxCost, c, d, FUE, FBS,
r0, eta, Rho, …
epsilon, noise, maxt, channel, subbandWidth, systemBandWidth, BScluster, clusterNum,
userNum,…
picoNum, BSNum, taskNum, securityNum, channelNum);
    end
    step = 0.1; %局部搜索步长
    TAU = fitness;
    for NC = 1:convergeRes_ACO
        lamda = 1 / NC;
        [TAU_best, BestIndex] = max(TAU);
        %%%%%%%%%%%%%%计算状态转移概率%%%%%%%%%%%%%%%
```

```
        for i = 1:popSize
            TemTAU(i) = TAU(i);
        end
        for i = 1: popSize
            P(NC, i) = (TemTAU(BestIndex) - TemTAU(i)) / TemTAU(BestIndex);
        end
        %%%%%%%%%%%%%%%位置更新%%%%%%%%%%%%%%%%
        for i = 1: popSize
            %%%%%%%%%%%%局部搜索%%%%%%%%%%%%%%%%
            for j = 1:chromlength2
                if P(NC, i) < P0
                    new_bx(i, j) = round(bx(i, j) + (2 * rand - 1) * step * lamda);
                    new_bz(i, j) = round(bz(i, j) + (2 * rand - 1) * step * lamda);
                    new_bp(i, j) = bp(i, j) + (2 * rand - 1) * step * lamda;
                else
                   %%%%%%%%%%%%全局搜索%%%%%%%%%%%%%%%%
                    new_bx(i, j) = round(bx(i, j) + (BSNum - 1) * (rand - 0.5));
                    new_bz(i, j) = round(bz(i, j) + (channelNum - 1) * (rand - 0.5));
                    new_bp(i, j) = bp(i, j) + (maxPower(j) - 1) * (rand - 0.5);
                end
            end

            for j = 1:chromlength1
                if P(NC, i) < P0
                    new_by(i, j) = round(by(i, j) + (2 * rand - 1) * step * lamda);
                    new_bbd(i, j) = bbd(i, j) + (2 * rand - 1) * step * lamda;
                    new_bhd(i, j) = bhd(i, j) + (2 * rand - 1) * step * lamda;
                else
              %%%%%%%%%%%%全局搜索%%%%%%%%%%%%%%%%
                    [I2, I3] = ind2sub([userNum taskNum], j);
                    new_by(i, j) = round(by(i, j) + (securityNum - 1) * (rand - 0.5));
                    new_bbd(i, j) = bbd(i, j) + (d(I2, I3) - (1e-20)) * (rand - 0.5);
                    new_bhd(i, j) = bhd(i, j) + (new_bbd(i, j) - (1e-20)) * (rand - 0.5);
                end
            end
        end
        [new_bx, new_by, new_bz, new_bp, new_bbd, new_bhd] = variableBound
(new_bx, new_by, …
```

```
    new_bz, new_bp, new_bbd, new_bhd, d, maxPower, uID, tID, popSize, BSNum, channelNum, …
    userNum, taskNum, securityNum, chromlength1, chromlength2, 0);
            for pop = 1:popSize
                fitness(pop) = calculateIndividualFitness(bx(pop, :), by(pop, :), bz(pop, :), bp(pop, :), …
    bbd(pop, :), bhd(pop, :), lambda, uID, tID, utSub, coef, bt, ht, tt, v, rho, mu, maxCost, c, d, FUE, …
    FBS, r0, eta, Rho, epsilon, noise, maxt, channel, subbandWidth, systemBandWidth, BScluster, …
    clusterNum, userNum, picoNum, BSNum, taskNum, securityNum, channelNum); %计算适应度
            end
            for pop = 1:popSize
                fitnessnew(pop) = calculateIndividualFitness(new_bx(pop, :), new_by(pop, :), …
    new_bz(pop, :), new_bp(pop, :), new_bbd(pop, :), new_bhd(pop, :), lambda, uID, tID, utSub, …
    coef, bt, ht, tt, v, rho, mu, maxCost, c, d, FUE, FBS, r0, eta, Rho, epsilon, noise, maxt, channel, …
    subbandWidth, systemBandWidth, BScluster, clusterNum, userNum, picoNum, BSNum, taskNum, …
    securityNum, channelNum);
            end
            for i = 1: popSize
                if fitnessnew(i) > fitness(i)
                    bx(i, :) = new_bx(i, :);
                    bz(i, :) = new_bz(i, :);
                    bp(i, :) = new_bp(i, :);
                    by(i, :) = new_by(i, :);
                    bhd(i, :) = new_bhd(i, :);
                    bbd(i, :) = new_bbd(i, :);
                    fitness(i) = fitnessnew(i); %用新的参数代替旧的
                end
            end
    convergeRes_ACO(t)=max(fitness);
            %%%%%%%%%%%%%%%%更新信息素%%%%%%%%%%%%%%
```

```
            for i = 1: popSize
                TAU(i) = (1 - Rho) * TAU(i) + fitness(i);
            end
        end
    end
```

蚁群优化算法应用于解决问题（7-49）的收敛性曲线如图 7-3 所示。如该图所示，蚁群算法在少数迭代次数后就已收敛至较好的解（对应高的适应度值）。

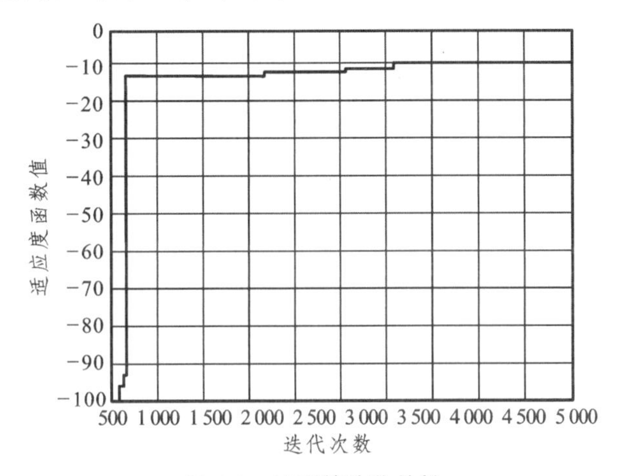

图 7-3　蚁群算法收敛性

8 布谷鸟搜索算法

布谷鸟搜索算法（Cuckoo Search Algorithm，CSA）是一种基于自然界布谷鸟寄生行为的启发式优化算法。这个算法最初由 Yang Xin-She 和 Suash Deb 于 2009 年提出，灵感来自布谷鸟的繁殖策略。布谷鸟搜索算法是一种现代优化技术，可以取代许多传统的优化技术，所有现代算法的强大之处在于它们模仿了自然界中最好的特征，尤其是那些经过数百万年自然选择进化而来的生物系统。

8.1 布谷鸟搜索算法概述

8.1.1 生物学背景

在自然界中，大多数鸟类选择自己孵化下一代，然而布谷鸟却采取一种独特的繁殖策略，它们通过侵略其他鸟类的巢穴来繁衍自己的后代。也正是这种寄生行为使得布谷鸟成为了一个臭名昭著的物种。布谷鸟会在其他鸟类的巢穴中产卵，并将寄主鸟的蛋推出，以确保自己的所产的蛋能够成功孵化。在选择寄主巢穴时，布谷鸟会仔细观察与自己繁殖时间相近、饮食习惯相似，以及鸟蛋大小、颜色和花纹相似的鸟类。产卵前它们会持续观察周围环境，直到找到合适的巢穴来寄生自己的蛋。布谷鸟通常选择寄主鸟刚下蛋的巢穴周围来筑巢，它们能够精确地估计自己的产卵时间，并在合适的时机进行寄生。布谷鸟在寄主巢中产下的蛋通常具有更短的孵化期，这使得它们的雏鸟能够更早地孵化出来。一旦第一只布谷雏鸟孵出，它的第一个本能动作就是将寄主小鸟从巢中驱逐出去，这种行为的目的是减少寄主鸟所产鸟蛋孵化的可能性。雏鸟寄生的繁殖策略让布谷鸟避免了抚养自己幼崽的能源密集型任务，将这一责任转嫁给其他鸟类。研究还发现，布谷雏鸟具有模仿宿主雏鸟叫声的能力，以获取更多的喂食机会。通过模仿寄主雏鸟的声音，布谷雏鸟能够欺骗寄主鸟，使其错误地将更多的食物提供给布谷雏鸟。

然而，布谷鸟的寄生行为也存在一定的风险。一些寄主鸟能够敏锐地察觉到巢穴被布谷鸟入侵，它们会与侵略者进行激烈的争斗。如果寄主鸟发现巢穴中的蛋不属于自己，它可能会选择将这些外来的蛋扔掉，或者干脆放弃自己的巢穴，在其他地方重新筑巢，以避免寄生行为的影响。尽管这种行为具有一定的危险性，但它为布谷鸟提供了一种成功繁衍后代的独特途径。

布谷鸟的寄生行为不仅展示了自然界中生物之间竞争和适应的奇妙机制，也启发人们可以通过模仿自然界中复杂系统的成功特征来向自然界学习。研究人员通过观察布谷鸟物种的寄生生活方式和宿主鸟类对它们的反击，做出了一个基于种群的元启发式的类比，提出了布谷鸟搜索算法。

8.1.2 应用场景

布谷鸟搜索在优化、工程设计、数据挖掘和计算智能等领域得到了广泛应用，并展现出良好的效率。布谷鸟算法在以下领域和问题中得到了广泛的应用：

（1）优化问题：布谷鸟算法可以用于解决各种优化问题，包括函数优化、参数优化、组合优化等。它能够搜索问题的解空间，并寻找全局最优解或接近最优解的解。

（2）机器学习：布谷鸟算法可以用于调优机器学习模型中的超参数。通过搜索超参数空间，布谷鸟算法可以帮助找到最佳的超参数组合，从而提高模型的性能和泛化能力。

（3）图像处理：布谷鸟算法可以用于图像处理中的图像分割、图像增强、图像配准等问题。通过优化算法，可以自动地找到最佳的参数配置或图像分割结果。

（4）调度和路径规划：布谷鸟算法可以应用于调度问题和路径规划问题。例如，在物流领域中，可以使用布谷鸟算法来优化货物配送路线，以最小化总体成本或最大化送达效率。

（5）神经网络训练：布谷鸟算法可以应用于神经网络的训练过程中。通过搜索神经网络的权重和偏置空间，布谷鸟算法可以帮助网络收敛到更好的局部最优解或全局最优解。

这些只是布谷鸟算法的一些应用场景示例，实际上，它可以在许多需要优化的问题中发挥作用。它的优势在于其简单性和易于实现，以及对问题空间的全局搜索能力。

8.2 布谷鸟搜索算法的进化机制

8.2.1 算法原理

布谷鸟搜索算法是基于一些布谷鸟种的幼鸟寄生行为的算法。此外，该算法通过所谓的莱维飞行来增强，而不是简单的各向同性随机行走。最近的研究表明，布谷鸟搜索算法可能比粒子群算法和遗传算法更有效。布谷鸟物种的寄生生活方式和寄主鸟类对它们的处理，有一个基于种群的元启发式的类比，启发了这个生物系统。在布谷鸟搜索算法中，巢被视为解决方案的容器，而鸟蛋则代表具体的解决方案。每个巢通常只能容纳一个蛋，而布谷鸟蛋则表示新出现的解决方案。该算法的目标是通过引入新的、可能更好的解决方案（布谷鸟蛋），替换掉巢中较差的解决方案。

在最简单的形式中，每个巢只能容纳一个蛋，这意味着每个巢只含有一个解决方案。当新的解决方案（布谷鸟蛋）出现时，它会与当前巢中的解决方案进行比较。如果新的解决方案更好，就用布谷鸟蛋替换当前巢中的解决方案。这样，通过不断引入新的解决方案，布谷鸟搜索算法可以逐步优化并找到更好的解。为了简单描述标准的布谷鸟搜索，现在使用以下 3 个理想化的规则：

（1）每只布谷鸟每次只下一枚蛋，然后把它扔到一个随机选择的巢中。

（2）每次孵出最优质鸟蛋的巢将延续给下一代。

（3）可以被布谷鸟用来寄生的巢穴的数量 n 是固定的，并且寄主鸟发现自己巢穴被寄生的概率为 $p_a \in [0,1]$。在这种情况下，寄主鸟有扔掉入侵蛋和放弃巢穴两种选择，如果寄主鸟选择放弃巢，那么它们将在新的位置建立一个全新的巢。

上面所提出的第三点假设可以这样理解，使用一个比例因子 p_a 来表示最后一个假设中巢穴被寄生的概率，该因子表示在 n 个宿主巢中有多少个巢会被新的巢（带有新的随机解决方案）所取代。而对于最大化问题，解的质量或适应度可以简单地与目标函数的值成正比。除此之外，其他形式的适应度可以用类似于遗传算法中的适应度函数来定义。

布谷鸟算法采用局部随机漫步和全局探索型随机漫步的平衡组合，并由切换参数 p_a 控制。局部随机漫步可以表示为

$$\boldsymbol{x}_i^{t+1} = \boldsymbol{x}_i^t + \alpha s \otimes H(p_a - \varepsilon) \otimes (\boldsymbol{x}_j^t - \boldsymbol{x}_k^t) \tag{8-1}$$

其中，$\alpha > 0$ 是步长缩放因子，它与问题的尺度相关；$\otimes$ 表示点对点乘法；$\boldsymbol{x}_i^t$ 和 $\boldsymbol{x}_k^t$ 是通过随机排列随机选择的两个不同的解；$H(\cdot)$ 是赫维赛德（Heaviside）函数；ε 表示闭区间[0, 1]内服从均匀分布的随机数；s 是步长。另一方面，全局随机漫步是通过莱维飞行实现的，可表示为

$$\boldsymbol{x}_i^{t+1} = \boldsymbol{x}_i^t + \alpha L(s,\lambda) \tag{8-2}$$

其中，

$$L(s,\lambda) = \frac{\lambda \Gamma(\lambda) \sin(\pi\lambda/2)}{\pi} \frac{1}{s^{1+\lambda}}, \qquad (s \gg s_0 > 0) \tag{8-3}$$

这里，$\Gamma(\cdot)$ 是伽玛函数；λ 是常数。在大多数情况下令 $\alpha = L/10$，其中 L 是问题的特征尺度，而在某些情况下，$\alpha = L/100$ 可以更有效，避免飞得太远。很明显，α 值在如式（8-1）和式（8-2）所示的两次更新中可以不同，从而得到两个不同的参数 α_1 和 α_2。这里，为了简单起见，使用 $\alpha_1 = \alpha_2 = \alpha$。

式（8-2）本质上是随机漫步的方程。通常情况下，随机行走是马尔可科链，下一个状态或位置仅取决于当前位置[式（8-2）中的第一项]和转移概率（第二项）。然而，为了确保系统不会陷入局部最优，新解决方案的大部分应该由远场随机化生成，这些解的位置应该远离当前最佳解决方案。

8.2.2 基本操作

1. 莱维飞行与随机游走

在自然界中，大部分动物都是通过随机或者准随机的方式来觅食。一般而言，动物们寻找食物的路径是随机游走，因为下一步的行为是由当前的位置或状态和到下一个位置的转移概率来决定的。莱维飞行作为相对理想的捕食方法，特征为可满足长期、偶尔的短距离活

动需求，尽可能保障游动，不会停滞于特定位置。所以，一些解在目前最优数据的周边开展搜索，加速后续的搜索；还有一些解在距离较远的空间内进行搜索，尽可能防止局部搜索等问题。

随机游走是粒子或波沿随机轨迹运动的随机过程。随机漫步的第一个应用是描述流体中的粒子运动（布朗运动）；现在它是统计物理学中的一个中心概念，用来描述诸如热、声和光扩散等传输现象。莱维飞行是一类特殊的广义随机行走，其行走过程中的步长由重尾概率分布描述。它们可以描述所有尺度不变的随机过程。因此，莱维飞行理论被证明适用于许多不同的领域，可以描述动物的觅食模式、人类旅行的分布。这种随机化在元启发式算法的探索和利用中都起着重要的作用。随机化的本质其实是随机游走，而随机游走是一个随机过程，它包括采取一系列连续的随机步骤。令 S_N 表示 N 个连续随机步 Z_i 的和，那么可以说 S_N 是一个随机游走的过程：

$$S_N = \sum_{i=1}^{N} Z_i = Z_1 + Z_2 + \cdots + Z_N = \sum_{i=1}^{N-1} Z_i + Z_N = S_{N-1} + Z_N \tag{8-4}$$

其中，Z_i 是从随机分布中抽取的随机步长，这意味着下一个状态仅取决于当前的存在状态和从存在状态到下一个状态的运动或过渡状态 Z_N。如果每一步都在 n 维空间中进行，则随机漫步将变成高维空间。此外，步长并不是固定的，步长也可以根据已知的分布而变化。例如，如果步长服从高斯分布，则随机漫步成为布朗运动。特别地，如果让步长服从莱维分布，那么这种随机行走就被称为莱维飞行或莱维行走。

从实现的角度来看，生成带有莱维飞行的随机数包括两个步骤：选择一个随机方向和生成服从所选莱维分布的步长，而步长的生成是相当棘手的。有几种方法可以实现这一点，但最有效且最直接的方法之一是使用所谓的 Mantegna 算法。在 Mantegna 算法中，步长 s 可以通过式（8-5）得出：

$$s = u\,|\,v\,|^{-1/\beta} \tag{8-5}$$

其中，β 是闭区间[1, 2]的参数，通常使 β=1.5；u 和 v 为服从正态分布的随机数，如式（8-6）所示：

$$u \sim N(0,\sigma_u^2), v \sim N(0,\sigma_v^2) \tag{8-6}$$

其中，

$$\sigma_u = \left\{ \frac{\Gamma(1+\beta)\times\sin(\pi\beta/2)}{\Gamma((1+\beta)/2)\times\beta\times 2^{(\beta-1)/2}} \right\}, \sigma_v = 1 \tag{8-7}$$

研究表明，在不确定环境下，莱维飞行能够最大限度地提高资源搜索效率。事实上，研究人员在信天翁、果蝇和蜘蛛猴的觅食模式中已经观察到莱维飞行，莱维飞行一方面可以在当前解的周围进行局部搜索，另一方面可以跳出当前解，继续扩大解的搜索范围，寻找更好的解。莱维飞行在一定程度上使布谷鸟搜索算法具有较好的搜索效率。图 8-1 用 Mantegna 方法模拟二维平面莱维飞行。

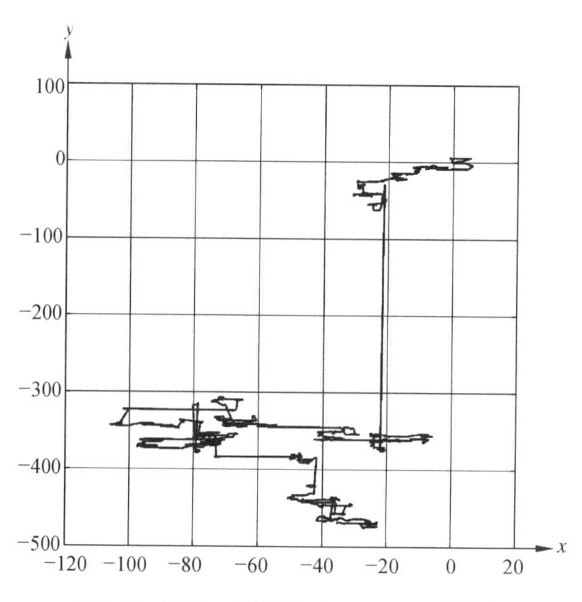

图 8-1　莱维飞行轨迹（Mantegna 方法）

2. 布谷鸟繁殖

在生物学背景（8.1.1 节）介绍了布谷鸟繁殖策略，在布谷鸟繁殖操作中，除了最优解（*bestNest*）之外的所有布谷鸟巢将根据它们的适应度被新的布谷鸟巢（*newNest*）所替代。这些新的布谷鸟巢是通过将当前解（*Nest*）引导向最优解（*bestNest*），并结合莱维飞行产生的。具体而言，通过如式（8-8）所示的方式：

$$\begin{cases} stepsize = r\times a\times s\times(Nest-bestNest) \\ newNest= Nest+stepsize \end{cases} \tag{8-8}$$

其中，α 是步长参数，应该考虑使其大于零，并且应与问题的尺度相关；r 是从闭区间[1, 1]上的连续均匀分布中选择的随机数；s 是基于莱维飞行的随机步长。这一操作确保算法的精英化和强化能力。最佳巢穴位置保持不变，其他解决方案也会随之更新。

3. 寄主鸟发现外来蛋

对于每个解决方案的每个组成部分，寄主鸟发现是通过一个发现概率矩阵 P 来发现外来蛋的。

$$P=\begin{cases} 1, & r<p_a \\ 0, & r\geqslant p_a \end{cases} \tag{8-9}$$

其中，r 是在闭区间[0, 1]内的随机数，p_a 是发现概率。需要注意的是，P 矩阵的大小与 *Nest* 矩阵相同。现有的蛋根据它们的质量被新生成的蛋替换，新蛋通过随机步长的随机行走从它们当前的位置生成，步长的选择基于随机排列。

$$\begin{cases} stepsize= r(Nest[\text{randperm1}]-Nest[\text{randperm2}]), \\ newNest = Nest+stepsize\times P \end{cases} \tag{8-10}$$

式中，randperm1 和 randperm2 分别应用于对 *Nest* 矩阵的不同行排列的随机排列函数。这个阶段确保了算法的多样化。

8.3 布谷鸟搜索算法的工作流程

布谷鸟搜索算法具有全局搜索能力强、选用参数少、搜索路径优等优点。该算法的基本流程如图 8-2 所示。

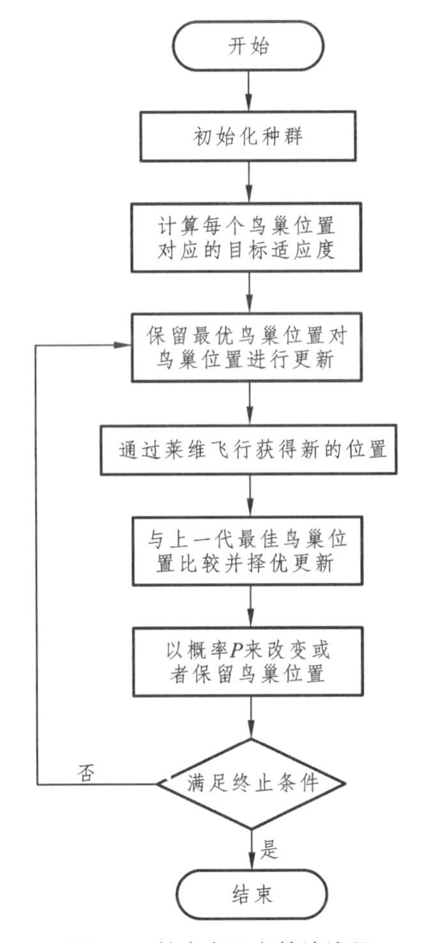

图 8-2 基本布谷鸟算法流程

在布谷鸟搜索算法中，使用了一组两个更新方程。其中一个方程主要用于全局探索型随机漫步，而另一个方程主要用于局部随机漫步。它是全局还是局部主要取决于种群中现有解到新解的移动步长。然而，由于莱维飞行既可以有小步长，也可以偶尔有大步长，即它可以同时进行局部和全局移动。因此，将其归类为固定的类型是困难的。然而，为了简化分析并强调全局搜索能力，现在使用布谷鸟搜索的简化版本。也就是说，只使用具有随机数 $r \in [0,1]$ 的全局分支，与发现概率 p_a 进行比较。现在有：

$$\begin{cases} \boldsymbol{x}_i^{(t+1)} = \boldsymbol{x}_i^{(t)}, & 若 r < p_a \\ \boldsymbol{x}_i^{(t+1)} = \boldsymbol{x}_i^{(t)} + \alpha \otimes L(s,\lambda), & 若 r > p_a \end{cases} \tag{8-11}$$

显然，由于布谷鸟搜索算法的随机性和迭代性质，只需关注关键步骤。因此，使用以下步骤来表示简化的布谷鸟搜索：

（1）首先，随机生成n个巢穴作为初始种群。每个巢穴代表一个潜在的解决方案。对这些巢穴进行评估，计算它们的目标值$\boldsymbol{X} = \{\boldsymbol{x}_1^0, \boldsymbol{x}_2^0, \cdots, \boldsymbol{x}_n^0\}$。这可以通过将每个巢穴的解决方案应用于目标函数来实现，从而得到相应的目标值。记录下初始种群中的最佳解，即具有最小目标值的巢穴，作为初始最佳解$\boldsymbol{g}_t^0$。

（2）接下来，使用如式（8-12）所示的方式生成新的解：

$$\boldsymbol{x}_i^{(t+1)} = \boldsymbol{x}_i^{(t)} + \alpha \otimes L(s,\lambda) \tag{8-12}$$

（3）在每次迭代中，从闭区间[0, 1]内均匀分布地随机抽取一个随机数r，根据概率参数p_a来决定是否更新解$\boldsymbol{x}_i^{(t+1)}$。具体而言，如果$r > p_a$，将进行解的更新操作。然后，评估新的解，并更新第t次迭代时的全局最优解$\boldsymbol{g}_t^*$。这一过程确保在搜索空间中引入了一定的随机性，以便更好地探索潜在的解决方案。

（4）如果满足停止准则，即达到了预先设定的终止条件，那么算法将停止，并输出当前的全局最优解。否则，如果终止条件未满足，算法将转到步骤（2）继续执行以下步骤。

8.4 布谷鸟搜索算法的收敛性证明

8.4.1 布谷鸟搜索的马尔科夫链模型

定义 1 鸟巢的位置$\boldsymbol{x}$及其对应的全局最优解$\boldsymbol{g}$在搜索历史中共同构成鸟巢位置的状态：$\boldsymbol{y} = (\boldsymbol{x}, \boldsymbol{g})$，其中$\boldsymbol{x}, \boldsymbol{g} \in \Omega_s$，$\Omega_s$为可行解空间，并且满足$f(\boldsymbol{g}) \leqslant f(\boldsymbol{x})$（对于最小化问题），$f$为适应度函数。鸟巢位置的所有可能的状态构成鸟巢位置的状态空间，表示为

$$Y = \{\boldsymbol{y} = (\boldsymbol{x}, \boldsymbol{g}) | \ \boldsymbol{x}, \boldsymbol{g} \in \Omega_s, f(\boldsymbol{g}) \leqslant f(\boldsymbol{x})\} \tag{8-13}$$

定义 2 所有的n只布谷鸟鸟巢位置的状态构成鸟巢位置的群体状态，用$\boldsymbol{q} = (\boldsymbol{y}_1, \boldsymbol{y}_2, \cdots, \boldsymbol{y}_n)$表示。鸟巢位置群所有可能的状态组成鸟巢位置的群体状态空间，记为

$$Q = \{\boldsymbol{q} = (\boldsymbol{y}_1, \cdots, \boldsymbol{y}_i, \cdots, \boldsymbol{y}_n), \boldsymbol{y}_i \in Y, 1 \leqslant i \leqslant n\} \tag{8-14}$$

由于Q包含迭代过程中发现的所有状态，故它也包含整个种群的历史全局最优解$\boldsymbol{g}^*$，以及所有个体最优解$\boldsymbol{g}_i (1 \leqslant i \leqslant n)$。显然，整个种群的全局最优解在$\boldsymbol{g}_i$中也是最优的，即$f(\boldsymbol{g}^*) = \min(f(\boldsymbol{g}_i)), 1 \leqslant i \leqslant n$。

定义 3 表示解决方案的鸟巢位置的状态转移可以定义如下，即对于任意的$\boldsymbol{y}_1 = (\boldsymbol{x}_1, \boldsymbol{g}_1) \in Y$和$\boldsymbol{y}_2 = (\boldsymbol{x}_2, \boldsymbol{g}_2) \in Y$，从$\boldsymbol{y}_1$转移$\boldsymbol{y}_2$的鸟巢位置状态可以表示为

$$T_y(\boldsymbol{y}_1)=\boldsymbol{y}_2 \tag{8-15}$$

定义 4 鸟巢位置的群体状态转移可以定义如下，对于任意的 $\boldsymbol{q}_i=(\boldsymbol{y}_{i1},\boldsymbol{y}_{i2},\cdots,\boldsymbol{y}_{in})\in Q$，$\boldsymbol{q}_j=(\boldsymbol{y}_{j1},\boldsymbol{y}_{j2},\cdots,\boldsymbol{y}_{jn})\in Q$，从 $\boldsymbol{q}_i$ 到 $\boldsymbol{q}_j$ 的鸟巢位置的群体状态转移可以表示为

$$P(T(\boldsymbol{q}_i)=\boldsymbol{q}_j)=\prod_{k=1}^{n}P(T(\boldsymbol{q}_{ik})=\boldsymbol{q}_{jk}) \tag{8-16}$$

定理 1 在布谷鸟搜索算法中，鸟巢位置的状态 $\boldsymbol{y}_1$ 到 $\boldsymbol{y}_2$ 的转移概率表达式为

$$P(T_y(\boldsymbol{y}_1)=\boldsymbol{y}_2)=P(\boldsymbol{x}_1\to\boldsymbol{x}_1')P(\boldsymbol{g}_1\to\boldsymbol{g}_1')P(\boldsymbol{x}_1'\to\boldsymbol{x}_2)P(\boldsymbol{g}_1'\to\boldsymbol{g}_2) \tag{8-17}$$

式中，$P(\boldsymbol{x}_1\to\boldsymbol{x}_1')$ 为前文提及的布谷鸟搜索流程中步骤（2）式（8-12）的过渡概率；$P(\boldsymbol{g}_1\to\boldsymbol{g}_1')$ 为该步骤历史全局最优的过渡概率；$P(\boldsymbol{x}_1'\to\boldsymbol{x}_2)$ 为步骤（3）的过渡概率；$P(\boldsymbol{g}_1'\to\boldsymbol{g}_2)$ 为该步骤历史全局最优的过渡概率。

证明 在简化后的布谷鸟搜索算法中，假设鸟巢位置的状态从 $\boldsymbol{y}_1$ 到 $\boldsymbol{y}_2$ 的过程中只有一个过渡状态 $(\boldsymbol{x}_1',\boldsymbol{g}_1')$，这意味着在这个过渡状态中 $\boldsymbol{x}_1\to\boldsymbol{x}_1'$，$\boldsymbol{g}_1\to\boldsymbol{g}_1'$，$\boldsymbol{x}_1'\to\boldsymbol{x}_2$，$\boldsymbol{g}_1'\to\boldsymbol{g}_2$ 同时有效。则此时 $P(T_y(\boldsymbol{y}_1)=\boldsymbol{y}_2)$ 的概率为

$$P(T_y(\boldsymbol{y}_1)=\boldsymbol{y}_2)=P(\boldsymbol{x}_1\to\boldsymbol{x}_1')P(\boldsymbol{g}_1\to\boldsymbol{g}_1')P(\boldsymbol{x}_1'\to\boldsymbol{x}_2)P(\boldsymbol{g}_1'\to\boldsymbol{g}_2) \tag{8-18}$$

由式（8-2）可知，过渡状态中 $\boldsymbol{x}_1\to\boldsymbol{x}_1'$ 的转移概率为

$$P(\boldsymbol{x}_1\to\boldsymbol{x}_1')=\begin{cases}|\boldsymbol{g}-\boldsymbol{x}_1|^{-1}, & \boldsymbol{x}_1'\in[\boldsymbol{x}_1,\boldsymbol{x}_1+(\boldsymbol{x}_1-\boldsymbol{g})]\\ 0, & \boldsymbol{x}_1'\notin[\boldsymbol{x}_1,\boldsymbol{x}_1+(\boldsymbol{x}_1-\boldsymbol{g})]\end{cases} \tag{8-19}$$

考虑到 $\boldsymbol{x}$ 和 $\boldsymbol{g}$ 是多维向量，因此在这里的数学运算应该被解释为向量运算。此外，式（8-18）表示超空间立方体的体积。

历史最优解的转移概率为

$$P(\boldsymbol{g}_1\to\boldsymbol{g}_1')=\begin{cases}1, & f(\boldsymbol{x}_1')\leqslant f(\boldsymbol{g}_1)\\ 0, & f(\boldsymbol{x}_1')>f(\boldsymbol{g}_1)\end{cases} \tag{8-20}$$

从简化布谷鸟搜索算法流程的步骤（3）可知，在每次迭代中，从区间 $[0,1]$ 中均匀分布地随机抽取一个随机数 r，然后与发现概率 $p_a=0.25$ 进行比较。如果 $r>p_a$，则布谷鸟的鸟巢位置可以随机改变；否则，鸟巢位置保持不变。因此，从 $\boldsymbol{x}_1'\to\boldsymbol{x}_2$ 的转移概率为

$$P(\boldsymbol{x}_1'\to\boldsymbol{x}_2)=\begin{cases}1-p_a, & r>p_a\\ p_a, & r\leqslant p_a\end{cases}=\begin{cases}0.75, & r>p_a\\ 0.25, & r\leqslant p_a\end{cases} \tag{8-21}$$

历史最优解的转移概率为

$$P(\boldsymbol{g}_1'\to\boldsymbol{g}_2)=\begin{cases}1, & f(\boldsymbol{x}_2)\leqslant f(\boldsymbol{g}_1)\\ 0, & f(\boldsymbol{x}_2)>f(\boldsymbol{g}_1)\end{cases} \tag{8-22}$$

此外，在布谷鸟搜索算法中，鸟巢位置的转移概率可以被定义为 $T_q(\boldsymbol{q}_i)=\boldsymbol{q}_j$，$\forall\boldsymbol{q}_i=(y_{i1},y_{i2},\cdots,y_{in})\in\Omega_s$，$\forall\boldsymbol{q}_j=(y_{j1},y_{j2},\cdots,y_{jn})\in\Omega_s$。

定理 2 在布谷鸟搜索算法中，群体的转移概率从 $\boldsymbol{q}_i$ 到 $\boldsymbol{q}_j$ 历史性跃迁的一步为

$$P(T_q(\boldsymbol{q}_i)=\boldsymbol{q}_j)=\prod_{k=1}^{n}P(T_y(y_{ik})=y_{jk}) \tag{8-23}$$

证明 如果群体状态可以在一步中从 $\boldsymbol{q}_i$ 转移到 $\boldsymbol{q}_j$，那么所有的状态将同时进行转移。换句话说，对于所有 n 个状态变量，有 $T_y(y_{i1}=y_{j1},T_y(y_{i2})=y_{j2},\cdots,T_y(y_{in})=y_{jn})$，并且鸟巢位置的群体转移概率可以表示为联合概率：

$$\begin{aligned}P(T_q(\boldsymbol{q}_i)=\boldsymbol{q}_j)&=P(T_y(y_{i1})=y_{j1})P(T_y(y_{i2})=y_{j2})\cdots P(T_y(y_{in})=y_{jn})\\&=\prod_{k=1}^{n}P(T_y(y_{ik})=y_{jk})\end{aligned} \tag{8-24}$$

定理 3 在布谷鸟搜索算法中，鸟巢位置群体状态序列 $\{q(t):\ t\geqslant 0\}$ 是一个有限齐次马尔科夫链。

证明 首先，对于每一种优化算法，它们的搜索空间都是有限的，又由于对于任何布谷鸟，其鸟巢位置状态 $\boldsymbol{y}=(\boldsymbol{x},\boldsymbol{g})$ 中的鸟巢位置 $\boldsymbol{x}$ 和全局最优解 $\boldsymbol{g}$ 也是有限的，那么可以说布谷鸟巢穴的状态空间也是有限的。由于鸟巢位置的群体状态 $\boldsymbol{q}=(\boldsymbol{y}_1,\boldsymbol{y}_2,\cdots,\boldsymbol{y}_n)$ 由 n 个鸟巢位置组成，其中 n 是一个有限的正整数，因此鸟巢位置群体的状态 $\boldsymbol{q}$ 也是有限的。

从定理 2 可知，鸟巢位置的群体转移状态为

$$P(T_q(\boldsymbol{q}(t-1)))=\boldsymbol{q}(t) \tag{8-25}$$

对于 $\forall\boldsymbol{q}(t-1)\in Q$ 和 $\forall\boldsymbol{q}(t)\in Q$，群转移概率满足 $P((T_y(\boldsymbol{y}_i(t-1))=\boldsymbol{y}_i(t))$。根据式（8-18），可以得到任意鸟巢位置的转移概率为

$$\begin{aligned}P(T_y(\boldsymbol{y}(t-1))=\boldsymbol{y}(t))=P(\boldsymbol{x}(t-1)\to\boldsymbol{x}'(t-1))P(\boldsymbol{g}(t-1)\to\boldsymbol{g}'(t-1))\times\\P(\boldsymbol{x}'(t-1)\to\boldsymbol{x}(t))P(\boldsymbol{g}'(t-1)\to\boldsymbol{g}(t))\end{aligned} \tag{8-26}$$

其中，$\boldsymbol{x}(t-1)\to\boldsymbol{x}'(t-1)$，$\boldsymbol{g}(t-1)\to\boldsymbol{g}'(t-1)$，$\boldsymbol{x}'(t-1)\to\boldsymbol{x}(t)$ 和 $\boldsymbol{g}'(t-1)\to\boldsymbol{g}(t)$ 都只与 $t-1$ 时的鸟巢位置 $\boldsymbol{x}$ 和全局最优解 $\boldsymbol{g}$ 有关。故 $P(T_q(\boldsymbol{q}(t-1))=\boldsymbol{q}(t)$ 也只与 $t-1$ 时刻 $\boldsymbol{y}_i(t-1),1<i<n$ 的状态有关。因此，鸟巢位置的群体状态 $\{\boldsymbol{q}(t):t\geqslant 0\}$ 具有马尔科夫链的性质。

最后，$\boldsymbol{x}(t-1)\to\boldsymbol{x}'(t-1)$，$\boldsymbol{g}(t-1)\to\boldsymbol{g}'(t-1)$，$\boldsymbol{x}'(t-1)\to\boldsymbol{x}(t)$ 和 $\boldsymbol{g}'(t-1)\to\boldsymbol{g}(t)$ 都与 t 无关，因此 $P((T_y(\boldsymbol{y}_i(t-1)))=\boldsymbol{y}_i(t))$ 也与 t 无关，这就意味着该状态序列是齐次的。

综上，定理得证，即状态序列 $\{\boldsymbol{q}(t):t\geqslant 0\}$ 是一个有限齐次马尔科夫链。

8.4.2 布谷鸟算法的收敛性分析

对于优化问题 $<\Omega_s,f>$ 的全局最优解 g_b，最优状态集被定义为 $R=\{\boldsymbol{y}=(\boldsymbol{x},\boldsymbol{g})|f(\boldsymbol{g})=f(\boldsymbol{g}_b),\boldsymbol{y}\in Y\}$。此外，对于优化问题 $<\Omega_s,f>$ 的全局最优解 $\boldsymbol{g}_b$，最优群状态集可以被

定义为

$$H=\{\boldsymbol{q}=(\boldsymbol{y}_1,\boldsymbol{y}_2,\cdots,\boldsymbol{y}_n)|\ \exists\boldsymbol{y}_i\in R,1\leqslant i\leqslant n\} \tag{8-27}$$

有了以上的结果和定义可以开始证明以下定理：

定理 4 在布谷鸟搜索算法中，对于给定的鸟巢位置的状态序列$\{\boldsymbol{y}(t):\ t\geqslant 0\}$，最优布谷鸟鸟巢所对应的最优状态集$R$是状态空间$Y$上的闭集。

证明 对于任意的$\boldsymbol{y}_i\in R$，$\boldsymbol{y}_j\notin R$，使得转移状态$T_y(\boldsymbol{y}_j)=\boldsymbol{y}_i$的概率可以表示为$P(T_y(\boldsymbol{y}_j)=\boldsymbol{y}_i)=P(\boldsymbol{x}_j\to\boldsymbol{x}_i')P(\boldsymbol{g}_j\to\boldsymbol{g}_i')P(\boldsymbol{x}_i'\to\boldsymbol{x}_i)P(\boldsymbol{g}_j'\to\boldsymbol{g}_j)$。而对于任意的$\boldsymbol{y}_i\in R$和$\boldsymbol{y}_j\notin R$，满足$f(\boldsymbol{g}_i)\geqslant f(\boldsymbol{g}_j)=f(\boldsymbol{g}_b)=\inf(f(a))$，其中$a\notin\Omega_s$。

根据式（8-20）至式（8-22），有$P(\boldsymbol{g}_j\to\boldsymbol{g}_j')P(\boldsymbol{g}_j'\to\boldsymbol{g}_i)=0$，可由此得出$P(T_y(\boldsymbol{y}_j)=\boldsymbol{y}_i)=0$，即可得最优状态集$R$是状态空间$Y$上是封闭的。

定理 5 在布谷鸟搜索中，给定一个鸟巢位置的群体状态序列$\{\boldsymbol{q}(t):\ t\geqslant 0\}$，那么最优群体状态集合$H$在群体状态空间$Q$上是闭合的。

证明 由式（8-23），鸟巢位置的群体状态概率为

$$P(T_q(\boldsymbol{q}_j)=\boldsymbol{q}_i)=\prod_{k=1}^{n}P(T_y(\boldsymbol{y}_{jk})=\boldsymbol{y}_{ik}) \tag{8-28}$$

其中，对于$\forall\boldsymbol{q}_i\in H$，$\forall\boldsymbol{q}_j\in H$和$T_q(\boldsymbol{q}_j)=\boldsymbol{q}_i$。由于$\forall\boldsymbol{q}_i\in H$和$\forall\boldsymbol{q}_j\notin H$，为了满足$T_q(\boldsymbol{q}_j)=\boldsymbol{q}_i$，至少存在一个布谷鸟的鸟巢位置会从最优状态集$R$的内部转移到$R$的外部。也就是说，$\exists T_y(\boldsymbol{y}_{jk})=\boldsymbol{y}_{ik}$，其中$\boldsymbol{y}_{jk}\in R$，$\boldsymbol{y}_{ik}\notin R$。根据定理 2，知道最优状态集$R$在状态空间$Y$上是闭合的，这意味着$P(T_y(y_{jk})=y_{ik})=0$。即可得

$$P(T_q(\boldsymbol{q}_j)=\boldsymbol{q}_i)=\prod_{k=1}^{n}P(T_y(\boldsymbol{y}_{jk})=\boldsymbol{y}_{ik})=0 \tag{8-29}$$

根据闭集的定义，可以得出结论：最优群体状态集H在群体状态空间Q上是一个闭集。

定理 6 在鸟巢位置的群体状态空间Q中，不存在一个非空闭集B，使得$B\cap H=\varnothing$。

证明 用反证法证明，即假设在鸟巢位置的群体状态空间Q中，存在一个非空闭集B，使得$B\cap H=\varnothing$，并且对于$\boldsymbol{q}_i=(\boldsymbol{g}_b,\boldsymbol{g}_b,\cdots,\boldsymbol{g}_b)\in H$和$\forall\boldsymbol{q}_j=(y_{j1},y_{j2},\cdots,y_{jn})\in B$，有$f(\boldsymbol{g}_j)>f(\boldsymbol{g}_b)$。对于每个$P(T_y(\boldsymbol{y}_j)=\boldsymbol{y}_i)$，有

$$P(T_y(\boldsymbol{y}_j)=\boldsymbol{y}_i)=P(\boldsymbol{x}_j\to\boldsymbol{x}_j')P(\boldsymbol{g}_j\to\boldsymbol{g}_j')P(\boldsymbol{x}_j'\to\boldsymbol{x}_i)P(\boldsymbol{g}_j'\to\boldsymbol{g}_i) \tag{8-30}$$

由于$P(\boldsymbol{g}_j'\to\boldsymbol{g}_i)=1$，$P(\boldsymbol{g}_j\to\boldsymbol{g}_j')P(\boldsymbol{x}_j\to\boldsymbol{x}_j')P(\boldsymbol{x}_j'\to\boldsymbol{x}_i)>0$，则$P(T_y(\boldsymbol{y}_j)=\boldsymbol{y}_i)\neq 0$，这意味着$B$不是闭集，与假设相矛盾。因此，群体状态空间$Q$中，不存在一个非空闭集$B$，使得$B\cap H=\varnothing$。

利用上述定义和结果，可以直接得到另一个定理：

定理 7 假设一个马尔科夫链具有非空集合C，且不存在非空闭集D，使得$C\cap D=\varnothing$，则当$J\in C$时，有$\lim\limits_{n\to\infty}P(\boldsymbol{x}_n=j)=\pi_j$；而当$J\notin C$时，$\lim\limits_{n\to\infty}P(\boldsymbol{x}_n=j)\neq 0$。

定理 8 当布谷鸟种群迭代次数趋近无穷时，鸟巢位置的群体状态序列将收敛到最优状态集合H。

这个定理是证明全局收敛定理的基础，由定理 5，6，7 可证。

定理 9 布谷鸟搜索算法收敛到全局最优。

证明 由于布谷鸟搜索算法的迭代过程始终更新整个群体的当前全局最优解，这确保了它满足第一个收敛条件。此外，定理 8 表明，经过足够多的迭代次数或无限次迭代后，群体状态序列将收敛到最优解集。因此，未找到全局最优解的概率渐近地趋近于 0，这满足了第二个收敛条件。因此，可以得出结论：布谷鸟搜索算法具有保证的全局收敛性，朝着全局最优性收敛。

8.5 基本布谷鸟搜索算法的 MEC 应用案例

随着物联网移动设备（IMD）应用的不断涌现，移动能量需求与有限电池容量之间的矛盾日益突出。此外，在超密集物联网网络中，密集布署的小基站（SBS）将消耗大量能量。为了减少网络范围内的能耗并延长 IMD 和 SBS 的待机时间，在比例计算资源分配和设备延迟限制下，联合执行设备关联、计算卸载和资源分配，以最小化超密集多设备和多任务物联网网络的范围内能耗。为了进一步平衡网络负载并充分利用计算资源，将考虑多步计算卸载。

8.5.1 系统模型

多用户多任务超密集物联网络模型包括网络模型、通信模型、计算模型和多任务模型，具体介绍详见第 2 章。

8.5.2 问题规划

为了降低全网能耗，延长移动终端设备（IMD）和基站（SBS）的待机时间，针对超密集多设备、多任务物联网网络，在 IMD 延迟约束下，共同进行设备关联、计算卸载和资源分配，最大限度地降低全网能耗。值得注意的是，在问题表述之前，利用了比例计算资源分配。具体来说，优化问题表述为

$$
\begin{aligned}
&\min_{\boldsymbol{X},\boldsymbol{p},\bar{\boldsymbol{D}},\hat{\boldsymbol{D}},\lambda} E(\boldsymbol{X},\boldsymbol{p},\bar{\boldsymbol{D}},\hat{\boldsymbol{D}},\lambda)=\sum_{i\in\mathcal{U}}E_i^{\mathrm{Sq}}\\
&\text{s.t. } \mathrm{C}_1: T_i^{\mathrm{Sq}}\leqslant T_i^{\max},\forall i\in\mathcal{U},\\
&\mathrm{C}_2:\sum_{j\in\mathcal{S}}x_{ij}=1,\forall i\in\mathcal{U},\\
&\mathrm{C}_3:\theta\leqslant p_i\leqslant p_i^{\max},\forall i\in\mathcal{U},\\
&\mathrm{C}_4: x_{ij}\in\{0,1\},\forall i\in\mathcal{U},j\in\mathcal{S},\\
&\mathrm{C}_5:\theta\leqslant\sum_{j\in\bar{\mathcal{S}}}x_{ij}\hat{d}_{ijk}\leqslant\sum_{j\in\bar{\mathcal{S}}}x_{ij}\bar{d}_{ijk}\leqslant d_{ik},\forall i\in\mathcal{U},k\in\mathcal{K},\\
&\mathrm{C}_6:\theta\leqslant x_{i0}\bar{d}_{i0k}\leqslant d_{ik},\forall i\in\mathcal{U},k\in\mathcal{K},\\
&\mathrm{C}_7:\theta\leqslant\lambda\leqslant 1
\end{aligned}
\tag{8-31}
$$

其中，$\boldsymbol{X}=\{x_{ij},\forall i\in\mathcal{U},\forall j\in\mathcal{S}\}$，$\boldsymbol{p}=\{p_i,\forall i\in\mathcal{U}\}$，$\bar{\boldsymbol{D}}=\{\bar{d}_{ijk},\forall i\in\mathcal{U},\forall j\in\mathcal{S},\forall k\in\mathcal{K}\}$并且$\hat{\boldsymbol{D}}=\{\hat{d}_{ijk},\forall i\in\mathcal{U},\forall j\in\mathcal{S},\forall k\in\mathcal{K}\}$；$\theta$取一个足够小的值以避免零除，如$10^{-20}$；$C_1$表示$IMD_i$的任务执行时间不能超过截止时间$T_i^{max}$；$C_2$和$C_4$表示任何IMD只能与一个BS关联；$C_3$给出$IMD_i$传输功率的下界$\theta$和上界$p_i^{max}$；$C_7$给出频带分配因子的下界$\theta$和上界1；此外，如$C_5$所示，当$IMD_i$与$SBS_j$关联时，该IMD可以将第$k$个任务的$\bar{d}_{ijk}$比特卸载到$SBS_j$，然后$SBS_j$可以将其接收到的部分第$k$个任务的$\hat{d}_{ijk}$比特卸载到MBS，显然，$\bar{d}_{ijk}$和$\hat{d}_{ijk}$应大于或等于$\theta$，但小于或等于$IMD_i$的第$k$个任务的数据大小$d_{ik}$，同时，$\hat{d}_{ijk}$应小于或等于$\bar{d}_{ijk}$；如$C_6$所示，当$IMD_i$与MBS关联时，该IMD可以将第$k$个任务的$\bar{d}_{i0k}$比特卸载到MBS。显然，$\bar{d}_{i0k}$应大于或等于$\theta$，但小于或等于$IMD_i$的第$k$个任务的数据大小$d_{ik}$。

值得注意的是，式（8-31）是一种非线性混合整数形式，且优化后的参数也是高度耦合的。这意味着这个问题是非凸形式的。在超密集物联网网络中，式（8-31）所示的问题通常是一个大规模混合整数非线性规划问题。显然，通过测试所有可能解来获取式（8-31）的解的方法是不切实际且不可行的。

8.5.3 算法设计

布谷鸟搜索算法是一种简单而有效的优化算法，适用于各种类型的问题。它在全局搜索和鲁棒性方面具有优势，并且易于实现和并行化。为了解决式（8-31）的问题，利用布谷鸟搜索算法来获取问题的解。

1. 鸟巢位置编码

在布谷鸟搜索算法中，每个个体（布谷鸟）由鸟巢的位置定义。鸟巢的位置代表一个解的特征或参数值，具体取决于所解决的优化问题的性质。首先，对鸟巢位置进行编码，令$\mathcal{Z}=\{1,2,\cdots,Z\}$表示鸟巢位置集合，将优化变量$\boldsymbol{X}$，$\boldsymbol{p}$，$\bar{\boldsymbol{D}}$，$\hat{\boldsymbol{D}}$，$\lambda$编码为$\boldsymbol{B}_z,\boldsymbol{Q}_z,\boldsymbol{G}_z,\boldsymbol{H}_z,v_z$，其中$\boldsymbol{B}_z=\{b_{zi},i\in\mathcal{U}\}$，$b_{zi}$表示个体$z$中与$IMD_i$相关联的BS的索引；$\boldsymbol{Q}_z=\{q_{zi},i\in\mathcal{U}\}$，$q_{zi}$表示个体$z$中$IMD_i$的传输功率；$\boldsymbol{G}_z=\{g_{zi},i\in\bar{\mathcal{U}}\}$，$g_{zi}$表示个体$z$中由虚拟$IMD_i$卸载到相关SBS的数据量；$\boldsymbol{H}_z=\{h_{zi},i\in\bar{\mathcal{U}}\}$，$h_{zi}$表示个体$z$中虚拟$IMD_i$向关联的MBS卸载的数据量；$v_z$是频带划分因子。值得注意的是，IMD 虚拟 IMD 集可以由$\bar{\mathcal{U}}=\{1,2,\cdots,K,K+1,K+2,\cdots,2K,\cdots,UK\}$表示，并且$\bar{\mathcal{U}}$的长度为$UK$。

2. 适应度函数

定义个体z的适应度函数为

$$\begin{aligned}F\left(\boldsymbol{B}_z,\boldsymbol{Q}_z,\boldsymbol{G}_z,\boldsymbol{H}_z,v_z\right)&=-E\left(\boldsymbol{B}_z,\boldsymbol{Q}_z,\boldsymbol{G}_z,\boldsymbol{H}_z,v_z\right)-T\left(\boldsymbol{B}_z,\boldsymbol{Q}_z,\boldsymbol{G}_z,\boldsymbol{H}_z,v_z\right)\\&=-\sum_{i=\mathcal{U}}E_i^{\mathrm{Sq}}-\sum_{i\in\mathcal{U}}\alpha_i\max\left(0,T_i^{\mathrm{Sq}}-T_i^{\max}\right)\end{aligned}\tag{8-32}$$

其中，α_i 是关于 IMD_i 的惩罚因子。

3. 种群初始化

根据约束条件 C_2 至 C_7，可使用如式（8-33）所示的规则对任意个体 z 的位置进行初始化操作：

$$\begin{cases} b_{zi}^0 = \text{randi}(\mathcal{S}), \forall i \in \mathcal{U}, \\ q_{zi}^0 = \text{rand}(p_i^{\max}), \forall i \in \mathcal{U}, \\ g_{zi}^0 = \text{rand}(d_{mk}), \forall i \in \bar{\mathcal{U}}, \\ h_{zi}^0 = \text{rand}(g_{zi}^0), \forall i \in \bar{\mathcal{U}}, \\ v_z^0 = \text{rand}(1), \\ [m,k] = \text{ind2sub}([UK], i) \end{cases} \tag{8-33}$$

其中，$[m,k]=\text{ind2sub}([UK,i])$ 表示返回与线性索引 i 对应的 $U \times K$ 矩阵中的行下标 m 和列下标 k。$\text{randi}(\mathcal{S})$ 表示从集合 $\mathcal{S}$ 随机输出一个数，$\text{rand}(a)$ 表示生成一个开区间$(0,a)$内的随机数。

4. 莱维飞行

莱维飞行是一种特殊的随机飞行策略，在布谷鸟搜索算法中，它模拟了动物中的布谷鸟在寻找巢穴时的飞行路径。任何个体 z 能够通过莱维飞行来更新解：

$$b_{zi}^{t+1} = \text{round}\left(b_{zi}^t + \sigma\xi / |\delta|^{1/\beta}\right), \forall i \in \mathcal{U} \tag{8-34}$$

$$q_{zi}^{t+1} = q_{zi}^t + \sigma\xi / |\delta|^{1/\beta}, \forall i \in \mathcal{U} \tag{8-35}$$

$$g_{zi}^{t+1} = g_{zi}^t + \sigma\xi / |\delta|^{1/\beta}, \forall i \in \bar{\mathcal{U}} \tag{8-36}$$

$$h_{zi}^{t+1} - h_{zi}^t + \sigma\zeta / |\delta|^{1/\beta}, \forall i \in \bar{\mathcal{U}} \tag{8-37}$$

$$v_z^{t+1} = v_z^t + \sigma\xi / |\delta|^{1/\beta} \tag{8-38}$$

其中，$\sigma = \left[\Gamma(1+\beta)\sin\left(\frac{\pi\beta}{2}\right) \Big/ \Gamma\left(\frac{1+\beta}{2}\right)\beta 2^{\frac{\beta-1}{2}}\right]^{\beta^{-1}}$；通常 β=1.5；ξ 为服从 $N(0,\sigma^2)$ 的随机数；δ 为服从标准正态分布的随机数。

5. 偏好随机游走

每个布谷鸟蛋都有可能被鸟巢的主人发现并丢弃，设鸟蛋被发现的概率为 p_a，按偏好随机游走的搜索策略产生新的解：

$$b_{zi}^{t+1} = \text{round}(b_{zi}^t + r(b_{ji}^t - b_{li}^t)), \forall i \in \mathcal{U} \tag{8-39}$$

$$q_{zi}^{t+1} = q_{zi}^t + r(q_{ji}^t - q_{li}^t), \forall i \in \mathcal{U} \tag{8-40}$$

$$g_{zi}^{t+1} = g_{zi}^{t} + r(g_{ji}^{t} - g_{li}^{t}), \forall i \in \bar{\mathcal{U}} \tag{8-41}$$

$$h_{zi}^{t+1} = h_{zi}^{t} + r(h_{ji}^{t} - h_{li}^{t}), \forall i \in \bar{\mathcal{U}} \tag{8-42}$$

$$v_{z}^{t+1} = v_{z}^{t} + r(v_{j}^{t} - v_{l}^{t}) \tag{8-43}$$

其中，round(·)为向下取整函数；r为开区间(0,1)内均匀分布的随机数；j和l表示种群中的两个随机个体。

8.5.4 布谷鸟搜索算法的 MATLAB 代码

1. 主函数

```
%布谷鸟搜索算法
clear all ;
close all ;
clc ;
maxTransmitPower=10^(23/10)*1e-3; %用户终端的最大发射功率
noise=1e-14; %噪声功率
bandwidth=2e7; %带宽
taskNum=3;%计算任务个数
distMacro=1000; %两个宏基站之间的距离
macroNum=1;%宏基站数量
[macrox,macroy] = generateMBS( distMacro,macroNum);
macroPoints=[macrox',macroy'];
userNumPerMacroCell=35; % 每个宏小区中的用户数量
picoNumPerMacroCell=35; %每个宏小区中微基站的数量
r0=1e9; %有线回程速率
Rho=1e-25; %有效回程速率
eta=1e-3; %卸载功率

%在每个宏小区中生成微小区
[ picox,picoy ] = generatePBS( macroPoints,picoNumPerMacroCell,distMacro);
picoPoints=[picox',picoy'];
BSx=[picox macrox];
BSy=[picoy macroy];
picoNum=picoNumPerMacroCell*macroNum;
BSNum=length(BSx);
FBS=ones(BSNum,1)*2e10; %基站的计算能力
```

```
    epsilon=1e-9*ones(BSNum,1);% SBS 和 MBS 的每个 CPU 周期能耗
    userNum=macroNum*userNumPerMacroCell;
    maxPower=maxTransmitPower*ones(userNum,1);
    c=50+50*rand(userNum,taskNum); %用户计算任务所需计算能力
    d=(200+300*rand(userNum,taskNum))*8192; %用户计算任务的计算量
    FUE=1e9*ones(userNum,1); %用户计算能力
    alpha=10*ones(userNum,1);
    maxt=5+5*rand(userNum,1);
    [userx,usery]=generateCellularUsers(macroPoints,picoPoints,userNumPerMacroCell,
distMacro);
    [channel,pathloss]=channelCreation(userx,usery,BSx,BSy,picoNum); % 在每个宏小区
中生成用户
    Pa = 0.25 ; % 发现概率
    popSize=64; % 初始种群规模/鸟巢的数量
    position1=userNum*taskNum; %卸载任务量 hd、bd 取前 position1 个
    position2=userNum; %功率 p、关联指示 x 取前 userNum 个
    old_Population=1:popSize;
    fitness=zeros(popSize,1);
    iterationNum1=5000; %迭代次数的上限

    % 初始化种群
    old_hd=zeros(popSize,position1);
    old_bd=zeros(popSize,position1);
    old_p=ones(popSize,position2);
    for i=1:position2
        old_p(:,i)=maxPower(i).*old_p(:,i).*rand(popSize,1);
    end
    old_x=ones(popSize,position2);
    for i=1:popSize
        for j=1:position2
            old_x(i,j)=randperm(BSNum,1)*old_x(i,j);
        end
    end
    old_lambda=rand(popSize,1);
    for i=1:userNum    % 初始化 bd
        for k=1:taskNum
            ind=sub2ind([userNum taskNum],i,k);
```

```
                old_bd(:,ind)= d(i,k).*rand(popSize,1);
            end
        end
        for i=1:userNum    %初始化 hd
            for k=1:taskNum
                ind=sub2ind([userNum taskNum],i,k);
                old_hd(:,ind)= old_bd(:,ind).*rand(popSize,1);
            end
        end

        trace=zeros(iterationNum1,1); % 为每次迭代的最优适应度预分配存储空间
        maxfitness=-inf;
        for t=1:iterationNum1
            [new_hd,new_bd,new_p,new_x,new_lambda]=func_levy(old_hd,old_bd,old_p,old_
x, old_lambda,…
            position1,position2,popSize) ;
            % 通过莱维飞行产生一个新的种群

            [new_hd,new_bd,new_p,new_x,new_lambda]=ControlRange(new_hd,new_bd,new_
p, new_x,…
            new_lambda,position1,position2,popSize,d,BSNum,userNum,taskNum,maxPower);
            % 控制优化变量上下界

            [new_hd,new_bd,new_p,new_x,new_lambda]=func_bestNest(old_hd,old_bd,old_p,
old_x,old_lambda,…
            new_hd,new_bd,new_p,new_x,new_lambda,popSize,c,d,FUE,FBS,r0,alpha,eta,Rho,
epsilon,noise,…
            maxt,bandwidth,userNum,picoNum,BSNum,taskNum,channel);
            % 与上一代比较，更新适应度较优的鸟巢

            [rand_hd,rand_bd,rand_p,rand_x,rand_lambda]=…
            func_newBuildNest(new_hd,new_bd,new_p,new_x,new_lambda,Pa,position1,
position2,popSize);
            % 根据发现概率舍弃一个鸟巢并建立一个新鸟巢

            [rand_hd,rand_bd,rand_p,rand_x,rand_lambda]=ControlRange(rand_hd,rand_bd,
rand_p,rand_x,…
```

```
        rand_lambda,position1,position2,popSize,d,BSNum,userNum,taskNum,maxPower);
        % 控制优化变量上下界

        [old_hd,old_bd,old_p,old_x,old_lambda]=func_bestNest(new_hd,new_bd,new_p,
new_x,new_lambda,rand_hd,rand_bd,rand_p,rand_x,rand_lambda,popSize,c,d,FUE,FBS,r0,
alpha,eta,Rho,epsilon,noise,maxt,bandwidth,userNum,picoNum,BSNum,taskNum,channel);
        % 与上一代比较，更新适应度较优的鸟巢

        % 计算适应度函数
            for pop=1:popSize
                [assocUserNum,assocBSID]=assocBSIDNum(old_x(pop,:),BSNum,userNum);
                fitness(pop)=calculateIndividualFitness(assocUserNum,assocBSID,c,d,old
_bd(pop,:),…
                old_hd(pop,:),FUE,FBS,r0,alpha,old_lambda(pop),eta,Rho,epsilon,noise,
maxt,bandwidth,userNum,picoNum,BSNum,taskNum,channel,old_p(pop,:));
        end
        trace(t)=max(fitness);
    end
```

这段代码实现了布谷鸟搜索算法（Cuckoo Search Algorithm，CSA）来解决移动边缘计算中的任务卸载优化问题。主要步骤如下：

（1）初始化算法参数和问题参数。

① 设置用户终端的最大发射功率、噪声功率、带宽等参数。

② 生成宏基站和微基站的位置。

③ 设定每个宏小区中的用户数量和微基站数量。

④ 设置用户和基站之间的通信参数。

⑤ 初始化任务卸载问题的相关参数，如任务计算量、任务数据量等。

（2）初始化种群。

① 设定初始种群规模、初始种群的参数范围。

② 随机生成初始种群。

（3）使用布谷鸟搜索算法优化种群。

① 根据莱维飞行算法产生新的解。

② 控制解的范围，确保解在合理的范围内。

③ 通过比较更新适应度较优的解。

④ 根据一定概率舍弃一个解并生成一个新的解。

（4）计算种群的适应度，并更新最优解。

这段代码通过布谷鸟搜索算法寻找最优的任务卸载策略，以最小化系统的能耗和通信延迟，提高系统的性能。

2. 通过莱维飞行更新位置

```
function[hd,bd,p,x,lambda]=func_levy(old_hd,old_bd,old_p,old_x,old_lambda,
position1,position2,popSize)
% 输入 old_hd,old_bd,old_p,old_x,old_lambda：父代布谷鸟的位置
% position1：位置 1 的维度
% position2：位置 2 的维度
% popSize：种群大小
% 输出 hd,bd,p,x,lambda：子代布谷鸟的位置

% 用 Mantegna 算法进行莱维飞行
beta = 1.5;
alpha = 1;
sigma_u=(gamma(1+beta)*sin(pi*beta/2)/(beta*gamma((1+beta)/2)*2^((beta-1)/2)))^
(1/beta);
sigma_v = 1;
u1 = normrnd(0,sigma_u,popSize,position1);
%第一个参数代表均值，sigma 参数代表标准差，生成 popSize×D 形式的正态分布的
随机数矩阵
u2 = normrnd(0,sigma_u,popSize,position2);
u3 = normrnd(0,sigma_u,popSize,1);
v1 = normrnd(0,sigma_v,popSize,position1);
v2 = normrnd(0,sigma_v,popSize,position2);
v3 = normrnd(0,sigma_v,popSize,1);
%结合莱维飞行，确定走向最佳解决方案的步长
step1 = u1./(abs(v1).^(1/beta));
step2 = u2./(abs(v2).^(1/beta));
step3 = u3./(abs(v3).^(1/beta));

hd = old_hd+alpha.*step1;
bd = old_bd+alpha.*step1;
p = old_p+alpha.*step2;
x = round(old_x+alpha.*step2);
lambda = old_lambda+alpha.*step3;
end
```

func_levy 函数的主要功能是使用 Mantegna 算法模拟莱维飞行，通过模拟随机步长来更新一些变量，并根据飞行结果更新种群。首先，函数定义了一些与相关参数。其中，参数 beta 控制莱维分布的形状，sigma_u 和 sigma_v 是标准差。然后，使用 normrnd 函数生成服从正

态分布的随机数矩阵，再根据 Mantegna 算法，计算莱维步长 step1、step2 和 step3。最后将步长与旧的解决方案进行相加，得到新的解。

3. 与上一代比较，更新适应度较优的鸟巢

```
function [new_hd,new_bd,new_p,new_x,new_lambda]=func_bestNest(old_hd,old_bd,
old_p,old_x,old_lambda,new_hd,new_bd,new_p,new_x,new_lambda,popSize,c,d,FUE,FBS,
r0,alpha,eta,Rho,epsilon,noise,maxt,bandwidth,userNum,picoNum,BSNum,taskNum,channel)
    % 输入 old_hd,old_bd,old_p,old_x,old_lambda：父代布谷鸟的位置
    % 输入 new_hd,new_bd,new_p,new_x,new_lambda：子代布谷鸟的位置
    %输入 c：计算 1 比特计算任务数据所需的 CPU 周期数
    %输入 d：用户计算任务数据大小
    %输入 FUE：用户的计算能力
    %输入 FBS：基站的计算能力
    %输入 r0：微基站至宏基站的有线链路传输速率
    %输入 alpha：用户截止时延的惩罚因子
    %输入 eta：每秒有线功耗
    %输入 Rho：用户设备的芯片架构能量系数
    %输入 epsilon：基站每个 CPU 周期的能耗
    %输入 noise：噪声功率
    %输入 maxt：用户截止时延
    %输入 userNum：用户数量
    %输入 picoNum：微基站的数量
    %输入 BSNum：微基站和宏基站的数量
    %输入 taskNum：每个用户的任务数量
    %输入 channel：用户和基站的信道增益

    %输出 new_hd,new_bd,new_p,new_x,new_lambda 新子代布谷鸟算法的位置
    %计算父代布谷鸟的适应度值
    for pop=1:popSize
        [assocUserNum,assocBSID] = assocBSIDNum(old_x(pop,:),BSNum,userNum);
        fitness(pop)=calculateIndividualFitness(assocUserNum,assocBSID,c,d,old_bd(pop,
:),old_hd(pop,:),…
        FUE,FBS,r0,alpha,old_lambda(pop),eta,Rho,epsilon,noise,maxt,bandwidth,userNum,
picoNum,…
        BSNum,taskNum,channel,old_p(pop,:));
    end

    %计算子代布谷鸟的适应度值
```

```
    for pop=1:popSize
        [assocUserNum,assocBSID] = assocBSIDNum(new_x(pop,:),BSNum,userNum);
        fitnessnew(pop)=calculateIndividualFitness(assocUserNum,assocBSID,c,d,new_bd
(pop,:),…
        new_hd(pop,:),FUE,FBS,r0,alpha,new_lambda(pop),eta,Rho,epsilon,noise,maxt,
bandwidth,userNum,…
        picoNum,BSNum,taskNum,channel,new_p(pop,:));
    end
    % 贪婪选择 保留父代和子代中的更优布谷鸟
    for i=1:popSize
            if fitnessnew(i)>=fitness(i)
            else
                    new_hd(i,:)=old_hd(i,:);
                    new_bd(i,:)=old_bd(i);
                    new_p(i,:)=old_p(i,:);
                    new_x(i,:)=old_x(i,:);
                    new_lambda(i)=old_lambda(i);
            end
    end
```

func_bestNest 函数的主要功能是计算每个个体的适应度，并根据适应度值更新一些变量。首先，通过调用 assocBSIDNum 函数计算每个个体的关联用户数量和关联基站 ID。其次，分别计算旧个体和新个体的适应度值，通过调用 calculateIndividualFitness 函数实现。再次，根据适应度值的比较，更新一些变量，如果新个体的适应度值大于等于旧个体的适应度值，则不进行任何操作；否则，将旧个体的一些变量赋值给新个体。

4. 根据发现概率舍弃一个鸟巢并建立一个新鸟巢

```
    function [new_hd, new_bd, new_p, new_x, new_lambda] = func_newBuildNest(old_hd,
old_bd, old_p, old_x, old_lambda, Pa, position1, position2, popSize)
    % 根据发现概率 Pa 发现鸟蛋，舍弃鸟窝并建立新的鸟巢

    % 输入 old_hd,old_bd,old_p,old_x,old_lambda：父代布谷鸟的位置
    % position1：位置 1 的维度
    % position2：位置 2 的维度
    % popSize：种群大小
    % 输出 new_hd,new_bd,new_p,new_x,new_lambda：子代布谷鸟的位置

    new_hd = old_hd + rand(popSize, position1) .* heaviside(rand(popSize, position1) -
Pa) .* ...
```

```
        (old_hd(randperm(popSize), :) - old_hd(randperm(popSize), :));
    new_bd = old_bd + rand(popSize, position1) .* heaviside(rand(popSize, position1) - Pa) .* ...
        (old_bd(randperm(popSize), :) - old_bd(randperm(popSize), :));
    new_p = old_p + rand(popSize, position2) .* heaviside(rand(popSize, position2) - Pa) .* ...
        (old_p(randperm(popSize), :) - old_p(randperm(popSize), :));
    new_x = round(old_x + rand(popSize, position2) .* heaviside(rand(popSize, position2) - Pa) .* ...
        (old_x(randperm(popSize), :) - old_x(randperm(popSize), :)));
    new_lambda = old_lambda + rand(popSize, 1) .* heaviside(rand(popSize, 1) - Pa) .* ...
        (old_lambda(randperm(popSize)) - old_lambda(randperm(popSize)));
    end
```

func_newBuildNest 的函数的主要功能是根据一定的概率和随机性，生成新的种群。func_newBuildNest 函数通过随机数和发现概率 Pa，以一定的概率来替换新一代种群中的解。这一过程类似于布谷鸟算法中的寄生行为，其中一部分巢会被发现和替换，以帮助种群更好地搜索解空间。

5. 计算适应度

以下代码通过计算用户的时延和能耗，结合用户的权重系数，来评估单个个体的适应度值。

```
    function fitness =calculateIndividualFitness(assocUserNum,assocBSID,c,d,tbd,thd,FUE,FBS,r0,alpha,lambda,eta,Rho,epsilon,noise,maxt,bandwidth,userNum,picoNum,BSNum,taskNum,channel,uplinkPower)
    % 计算适应度
    %输入 assocUserNum：每个基站关联的用户数量
    %输入 assocBSID：每个用户关联的索引号
    %输入 c：计算 1 比特计算任务数据所需的 CPU 周期数
    %输入 d：用户计算任务数据大小
    %输入 tbd：用户卸载到微基站和宏基站计算任务数据大小
    %输入 thd：用户卸载到宏基站的计算任务数据大小
    %输入 FUE：用户的计算能力
    %输入 FBS：基站的计算能力
    %输入 r0：微基站至宏基站的有线链路传输速率
    %输入 alpha：用户截止时延的惩罚因子
    %输入 lambda：系统频带划分因子
    %输入 eta：每秒有线功耗
    %输入 Rho：用户设备的芯片架构能量系数
    %输入 epsilon：基站每个 CPU 周期的能耗
```

```
%输入 noise：噪声功率
%输入 maxt：用户截止时延
%输入 userNum：用户数量
%输入 picoNum：微基站的数量
%输入 BSNum：微基站和宏基站的数量
%输入 taskNum：每个用户的任务数量
%输入 channel：用户和基站的信道增益
%输入 uplinkPower：用户发射功率

%输出 fitness：适应度函数值

lb=length(tbd);
bd=zeros(BSNum,userNum,taskNum);
hd=zeros(BSNum,userNum,taskNum);
for i=1:lb   % 将序号转换成矩阵下标指示
      [I2,I3]=ind2sub([userNum taskNum],i);
      I1=assocBSID(I2);
      bd(I1,I2,I3)=tbd(i);
      hd(I1,I2,I3)=thd(i);
end
R=calculateUplinkRate(assocUserNum,lambda,uplinkPower,bandwidth,userNum,
picoNum,…
BSNum,channel,noise); %计算上行速率
[f,bf] = calculateComputationCapability(assocBSID,c,d,bd,hd,FUE,FBS,picoNum,…
BSNum,userNum,taskNum); %计算计算能力
individualDealy = calculateIndividualDelay(assocBSID,c,d,bd,hd,f,bf,r0,R,picoNum,…
BSNum,userNum,taskNum); %计算用户时延
[locEnergyConsumption,BSEnergyConsumption,overallEnergyConsumption] =…
calculateTotalEnergyConsumption(assocBSID,c,d,bd,hd,f,r0,R,eta,Rho,epsilon,picoNum,…
BSNum,userNum,taskNum,uplinkPower);%计算总能耗
fitness=0;
for i=1:userNum
      fitness=fitness-alpha(i)*max(individualDealy(i)-maxt(i),0);
end
fitness=fitness-overallEnergyConsumption;
end
```

8.5.5 仿真分析

图 8-3 展示了布谷鸟搜索算法的收敛情况。如图所示，布谷鸟算法具有较强的搜索能力，能在有限迭代次数内找到优化问题的解。

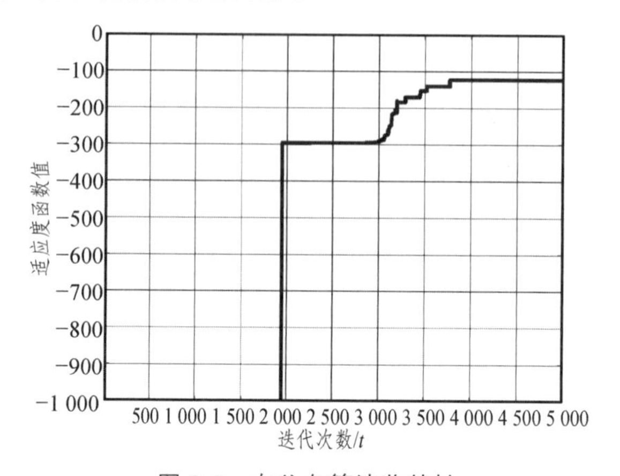

图 8-3　布谷鸟算法收敛性

9 人工鱼群算法

9.1 人工鱼群算法概述

9.1.1 提出背景及发展状况

人工鱼群算法（Artificial Fish Swarm Algorithm，AFSA）是由李晓磊等人于 2002 年提出的一种群体智能优化算法。该算法的灵感来源于自然界中鱼群觅食的行为。在自然界中，鱼类通常会聚集在食物丰富的地方，这种现象启发研究者们设计出一种算法，通过模拟鱼群的觅食、聚群、追随和随机行为来解决优化问题。

在觅食行为中，鱼群会向食物浓度高的地方移动，这一行为可以类比为在优化问题中寻找最优解的过程。聚群行为使得鱼群能够相互协作，共同应对环境变化，这在算法中体现为个体之间的信息交流和协作。追随行为则类似于个体跟随群体中表现最好的个体，以期获得更好的解。而随机行为则为算法提供了探索新解的可能性，有助于跳出局部最优解。

人工鱼群算法的提出背景是为了解决那些难以通过传统优化方法解决的复杂问题，特别是在那些问题空间较大、解的性质不明确或者存在多个局部最优解的情况。通过模拟自然界中的群体行为，人工鱼群算法能够在不依赖问题的精确模型的情况下，有效地搜索全局最优解。这种算法因其自适应、鲁棒性强和易于实现等特点，在工程优化、机器学习、网络优化等领域得到了广泛的应用。

AFSA 有着许多优点：

（1）算法参数少，易于实现和调整。

（2）收敛速度快，具有较高的全局搜索能力，能有效避免陷入局部最优解。

（3）适用范围广，能用于多种优化问题。

随着人工智能领域的发展，AFSA 也得到了广泛的应用和研究。近年来，研究者们在 AFSA 的基础上提出许多改进算法，如改进的人工鱼群算法（Improved AFSA）、自适应人工鱼群算法（Adaptive AFSA）等。这些算法在实际应用中取得了良好的效果，如在图像处理、机器学习、信号处理等领域的应用。

人工鱼群算法作为一种新兴的优化算法，未来可能在以下方向发展：

（1）多目标优化：将人工鱼群算法扩展到多目标优化问题，以解决现实生活中的复杂多目标决策问题。

（2）多样化行为模拟：模拟更多不同种类鱼群的行为，以适应更多种类的优化问题，提高算法的适用性和鲁棒性。

（3）鲁棒性和稳定性改进：进一步改进算法的鲁棒性和稳定性，使其更适用于不同类型的优化问题，并提高算法的收敛速度和全局搜索能力。

（4）并行化和分布式计算：将人工鱼群算法应用于并行化和分布式计算环境中，以加速算法的求解速度和处理大规模问题的能力。

（5）结合深度学习和神经网络：将人工鱼群算法与深度学习和神经网络相结合，以提高算法的学习能力和适应性，拓展其在复杂问题中的应用。

（6）理论基础的深入研究：加强对人工鱼群算法的理论基础研究，探索算法的收敛性、收敛速度、收敛性能等方面的理论分析，以提高算法的可解释性和可控性。

随着人工智能领域的不断发展和深入，人工鱼群算法有望在更多领域得到应用，并不断完善和发展。

9.1.2 应用场景

人工鱼群算法是一种基于群体智能的优化算法，其主要思想是模拟鱼群的觅食行为来解决优化问题。由于其具有简单、易实现、高效等优点，因此在许多领域得到广泛的应用，以下是人工鱼群算法的一些典型应用场景：

（1）工程优化：如机械设计、结构优化、电子电路设计等。通过对设计参数的优化，可以提高工程系统的性能和效率。

（2）组合优化：如旅行商问题、背包问题、调度问题等。通过对组合方案的优化，可以提高资源利用效率和工作效率。

（3）数据挖掘：如聚类、分类、关联规则挖掘等。通过对数据的优化处理，可以发现数据之间的潜在关系和规律。

（4）机器学习：如特征选择、模型优化、模型选择等。通过对模型参数的优化，可以提高机器学习模型的性能和泛化能力。

（5）金融风险控制：如股票投资、资产配置等。通过对投资组合的优化，可以降低风险和提高收益。

总之，人工鱼群算法具有广泛的应用场景，可以应用于各种优化问题，尤其适用于具有多个局部最优解的问题。

9.2 人工鱼群算法的基本思想

9.2.1 算法基本原理

在水域中，如果某个地方的鱼类数量多，通常意味着这个地方富含营养物质。基于这一特点，人工鱼群算法模仿鱼群的觅食、聚群、追随和随机行为。通过模拟这些行为，算法能够有效地搜索解空间并找到全局最优解。

在人工鱼群算法中，每条“鱼”代表一个候选解，它们通过模拟觅食、聚群、追随和随机等行为来搜索最优解。算法的基本原理包括觅食行为、聚群行为、追随行为和随机行为，通过模拟这些行为，算法能够在搜索空间中找到最优解。模拟人工鱼群行为所图 9-1 所示。

觅食行为主要被认为是循着食物多的方向游动的一种行为，在寻优算法中则是向较优方向前进的迭代方式。

在鱼群聚集的行为中，鱼类遵循 3 条规则：

（1）分隔规则：尽量避免与周围的伙伴过于拥挤，保持一定的个体间距。

（2）对准规则：尽量与周围的伙伴保持相同的移动方向和速度，保持整个群体的一致性。

（3）内聚规则：尽量朝着周围伙伴的中心靠拢，以保持群体的凝聚力和稳定性。

这些规则模拟鱼类在聚群过程中的自然行为，能够帮助鱼群在水域中有效地聚集，并在群体中保持稳定的结构。将这些规则应用于优化算法中，能够帮助算法更好地搜索解空间，并找到全局最优解。

追随行为就是一种向临近的最活跃者追逐的行为，在寻优算法中可以理解为是向附近的最优伙伴前进的过程。

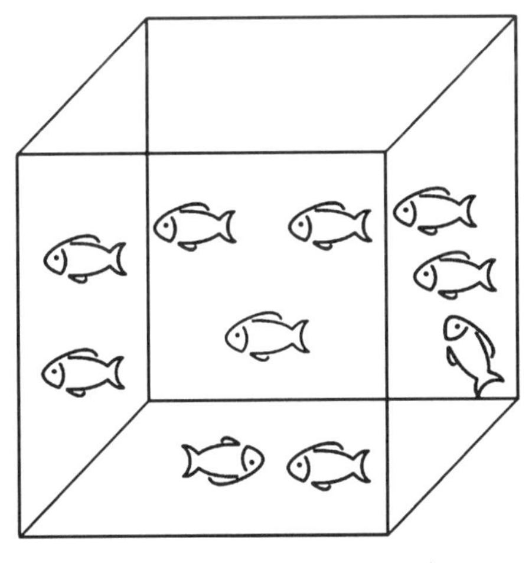

图 9-1 模拟人工鱼群行为

9.2.2 算法基本操作

人工鱼群算法模型包括以下几个方面：

（1）个体表示：每个个体表示为一个向量，其中包含问题的解空间。

（2）适应度函数：适应度函数用于评估每个个体的适应度，即解的好坏程度。

（3）行为模拟：模拟鱼群的行为，包括觅食、聚群、追尾和随机行为。

（4）移动规则：根据行为模拟结果，制定每个个体的移动规则，即如何更新个体的位置。

（5）群体更新：根据移动规则，更新整个群体的状态，包括个体位置、适应度值等。

（6）终止条件：设定算法终止条件，如达到最大迭代次数、达到一定精度等。

通过以上模型，人工鱼群算法能够搜索到最优解，同时具有较好的全局搜索能力和收敛速度。

人工鱼个体的状态可表示为 $X_i=(x_{i1},x_{i2},\cdots,x_{in})$，其中 $i=1,2,\cdots,n$ 为欲寻优的变量；人工鱼群当前所在位置的食物浓度表示为 $Y_i=f(X_i)$，其中 Y_i 为目标函数值；人工鱼个体之间的距离 $D=\|X_i-X_j\|$；*visual* 表示人工鱼的感知距离；*step* 表示人工鱼移动的最大步长；δ 为拥挤度因子；$try-number$ 为觅食行为尝试的最大次数。

人工鱼的状态位置如式（9-1）所示：

$$X_{\text{next}}=X_i+\frac{step\times rand}{\|X_j-X_i\|}(X_j-X_i) \tag{9-1}$$

其中，*rand* 是开区间(0,1)内的随机数；X_i 是当前人工鱼视野范围内的一个位置；X_j 由接下来的人工鱼的 4 种基本行为描述定义。

（1）觅食行为（prey）（见图 9-2）。

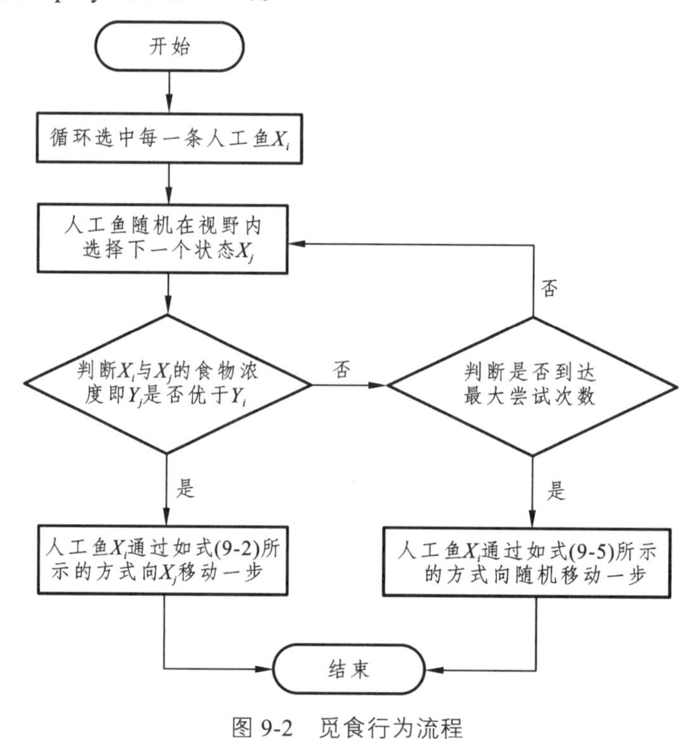

图 9-2　觅食行为流程

觅食行为是鱼类通过使用视觉来感受认知水中的食物浓度 Y_i 来靠近食物的一种行为。设人工鱼当前状态为 X_i，在其感知范围内随机选择一个状态 X_j，如果在求极大问题中，$Y_i<Y_j$，则向该方向前进一步，如式（9-2）所示：

$$X_{\text{next}}=X_i+\frac{step\times rand}{\|X_j-X_i\|}(X_j-X_i) \tag{9-2}$$

反之，再重新选择状态，判断是否满足前进条件；反复 $try-number$ 后，若仍然不满足，则随机移动一步。

（2）聚群行为（swarm）（见图 9-3）。

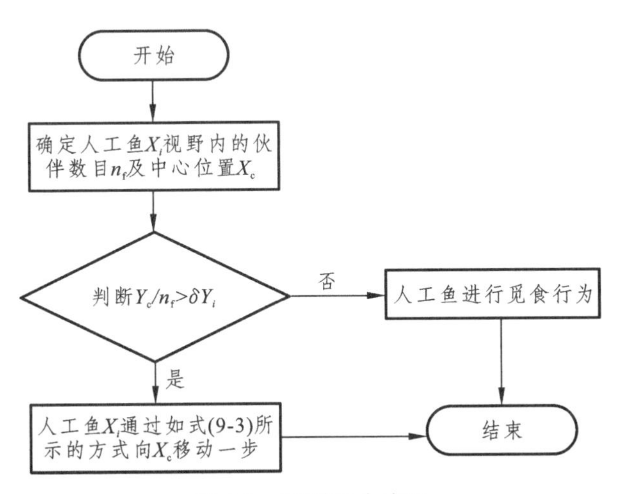

图 9-3　聚群行为流程

鱼类会通过靠近群体来避开危险，这也是鱼类为了保证群体的生存和躲避伤害形成的生活习性。与鸟群类似，鱼群的形成不需要首领，所以在人工鱼群算法中对人工鱼有两条规定：① 人工鱼尽量向感知距离 *visual* 内的伙伴的中心位置移动；② 人工鱼如果发现一个位置太过拥挤就不会向这个位置靠近。

设人工鱼当前状态为 X_i，探索当前邻域内的伙伴数目 n_f 及中心位置 X_c，如果 $Y_c/n_f>\delta Y_i$，表明伙伴中心有较多的食物并且不太拥挤，则向着伙伴的位置前进一步，如式（9-3）所示。

$$X_{next}=X_i+\frac{step\times rand}{\|X_c-X_i\|}(X_c-X_i) \tag{9-3}$$

否则进行觅食行为。

（3）追随行为（follow）（见图 9-4）。

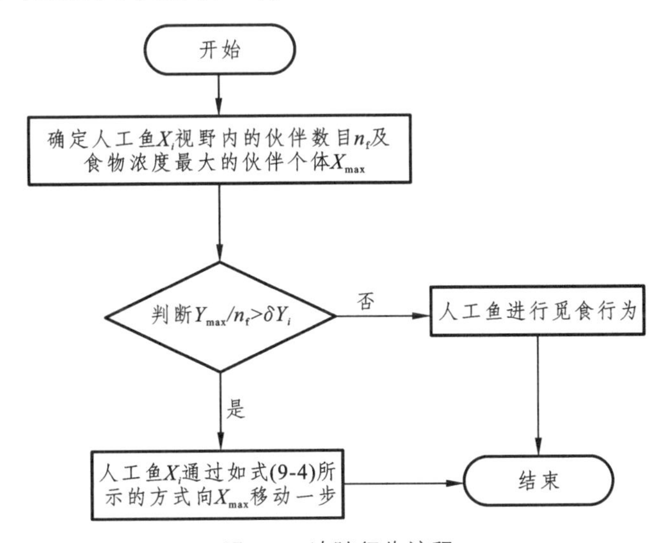

图 9-4　追随行为流程

当鱼类寻找食物时，鱼群中的一条或多条鱼找到食物，其他鱼类会通过跟随这些鱼来找到食物，这便是追随行为。

设人工鱼当前状态为 X_i，探索当前领域内的伙伴数目 n_f 及以处于最高食物浓度 Y_{max} 的为最大的伙伴 X_{max}，如果 $Y_{max}/n_f > \delta Y_i$，表明找到伙伴具有较高的食物浓度并且周围不太拥挤，则朝伙伴 X_{max} 的方向前进一步，如式（9-4）所示。

$$X_{next} = X_i + \frac{step \times rand}{\| X_{max} - X_i \|}(X_{max} - X_i) \tag{9-4}$$

否则进行觅食行为。

（4）随机行为（见图 9-5）。

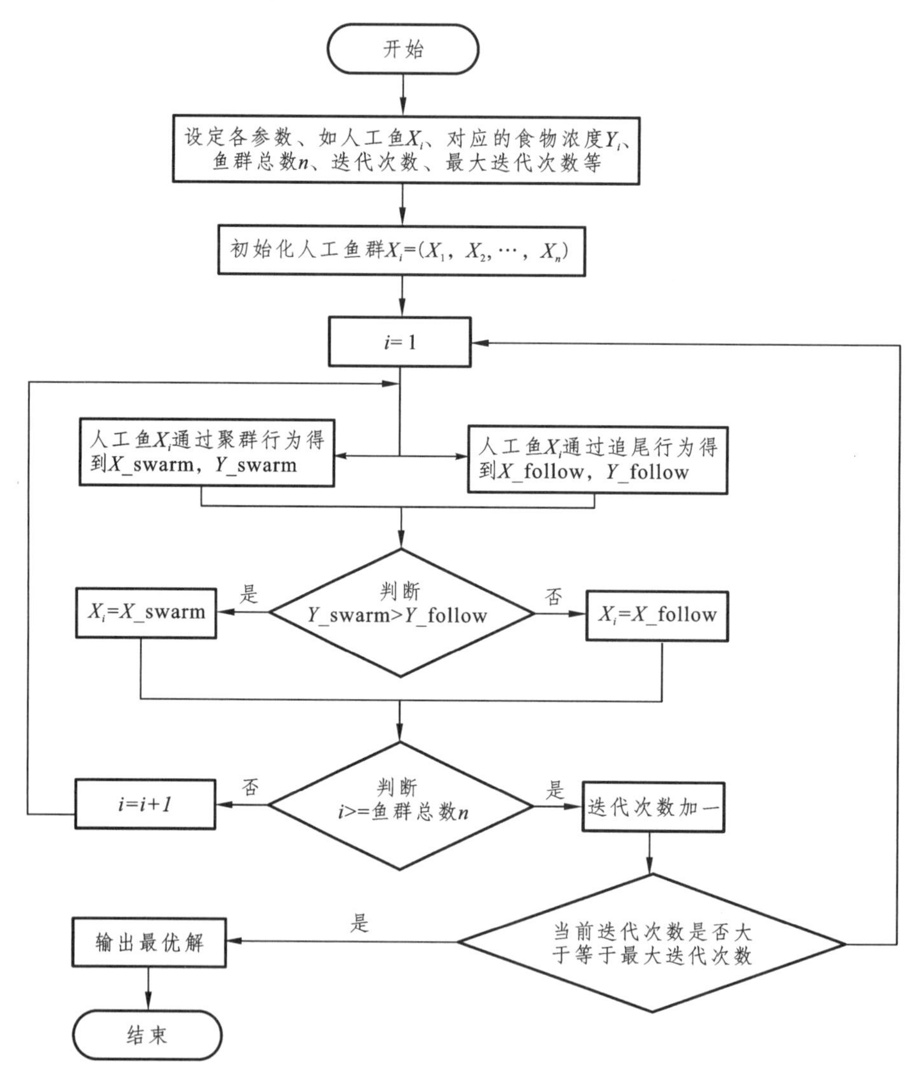

图 9-5　人工鱼群算法总体流程

随机行为的实现较简单，就是在视野中选择一个状态，然后向该方向移动，如式（9-5）所示。

$$X_{next} = X_i + [2 \times rand(1, length(X_i)) - 1] \times visual \tag{9-5}$$

这是鱼类的生存习惯，反映鱼类的自主行为。在人工鱼群算法中，各种行为相互作用，共同促进算法的收敛和优化。觅食行为为算法的收敛奠定基础，聚群行为增强算法的收敛和稳定性，追随行为则提高了算法的收敛速度和全局性，而行为选择策略则是确保算法收敛速度和稳定性的关键。

行为选择策略根据所要解决的问题性质，评价人工鱼当前环境，然后选择相应的行为。常用的评价方法是选择使得人工鱼向最优方向移动的行为，即选择使得人工鱼的下一个状态最优的行为。如果没有能使下一状态优于当前状态的行为，则采取随机行为。通过这种策略，人工鱼能够有效地在搜索空间中寻找最优解。

9.3 人工鱼群算法的收敛性证明

9.3.1 人工鱼群算法的全局收敛性

人工鱼群算法针对连续空间变量设计，因此搜索空间是连续的状态空间。算法中包括觅食、聚群和追随 3 种行为，其中，觅食行为奠定算法收敛的基础，聚群行为增强收敛的稳定性与全局性，而追随行为则增强算法的收敛速度和全局性。

9.3.2 人工鱼行为过程

对于优化问题，计算如式（9-6）所示：

$$\begin{aligned}&\max f(\boldsymbol{a})\\&\text{s.t. } g_i(\boldsymbol{a})\leqslant 0,\quad i=1,2,\cdots,M,\quad \boldsymbol{a}\in Z\end{aligned} \tag{9-6}$$

其中，$f(\boldsymbol{a})$为目标函数；$g_i(\boldsymbol{a})$为第i个约束条件；M为约束条件个数；$\boldsymbol{a}$为n维未知变量；Z为搜索空间。人工鱼群中每个人工鱼的位置状态就相当于优化问题的一个候选解，它由如式（9-7）所示的向量表示：

$$\boldsymbol{a}=(a_1,a_2,\cdots,a_n) \tag{9-7}$$

当问题规模为n时，搜索空间Z如果是一个连续的状态空间，将分量所在的闭区间$[x_i^l,x_i^h]$量化为v个离散值，则精度可以表示为

$$\varepsilon=(x_i^h-x_i^l)/v \tag{9-8}$$

其中，ε为连续实数，为最优解的精度。设离散所需精度为ε，搜索空间理解为离散空间，状态数大小为

$$|Z|=\prod_{i=1}^{n}(x_i^h-x_i^l)/v \tag{9-9}$$

每个状态$\boldsymbol{a}\in Z$即为一个人工鱼的位置状态，其能量（食物浓度）为

$$F = \{f(\boldsymbol{a}) \mid \boldsymbol{a} \in Z\} \tag{9-10}$$

则得 $|F|<|Z|$，进一步令 $F=\{F_1,F_2,\cdots,F_{|F|}\},F_1>F_2>\cdots>F_{|F|}$；根据能量不同将搜索空间集合 Z 分为若干非空子集 $\{Z^i\}$，其中

$$Z^i = \{\boldsymbol{a} \mid \boldsymbol{a} \in Z, f(\boldsymbol{a}) = F_i\}, i = 1,2,\cdots,|F| \tag{9-11}$$

则

$$\sum_{i=1}^{|F|}\left|Z^i\right| = |Z|,\ \forall i \in \{1,2,\cdots,|F|\}, Z^i \neq \varnothing \tag{9-12}$$

且

$$\forall i \neq j, Z^i \cap Z^j = \varnothing, \bigcup_{i=1}^{|F|} Z^i = Z \tag{9-13}$$

人工鱼的能量（食物浓度）定义为

$$Energy(\boldsymbol{a}) = f(\boldsymbol{a}) \tag{9-14}$$

令 X_S 为所有人工鱼集合，$\boldsymbol{X}$ 为 n 维向量变量，其结构与 $\boldsymbol{a}$ 一样，$\forall \boldsymbol{X} \in X_S$ 有 $F_{|F|} \leqslant Energy(X) \leqslant F_1$，将集合 X_S 划分为非空子集，有

$$\begin{aligned} &X_S^i = \{\boldsymbol{X} \mid \boldsymbol{X} \in X_S \text{且} Energy(\boldsymbol{X}) = f(\boldsymbol{X}) = F_i\}, i = 1,2,\cdots,|F|, \\ &\sum_{i=1}^{|F|}\left|X_S^i\right| = |X_S|, \\ &\forall i \in \{1,2,\cdots,|F|\}, X_S^i \neq \varnothing, \\ &\forall i \neq j, X_S^i \cap X_S^j \neq \varnothing, \bigcup_{i=1}^{|F|} X_S^i = X_S \end{aligned} \tag{9-15}$$

令 $X^{i,j}(i=1,2,\cdots,|F|, j=1,2,\cdots,|X_S^i|)$ 表示 X_S^i 中第 j 个人工鱼的位置状态。在人工鱼的觅食、聚群和追随过程中，从一个状态转移到另外的状态可表示为 $X^{i,j} \to X^{k,l}$，则从 $X^{i,j}$ 到 $X^{k,l}$ 的转移概率为 $p_{ij,kl}$，从 $X^{i,j}$ 到 X_S^k 中任一人工鱼位置状态的转移概率为 $p_{ij,k}$，从 X_S^i 中任一人工鱼位置状态到 X_S^k 中任一人工鱼位置状态的转移概率为 $p_{i,k}$，则有

$$p_{ij,k} = \sum_{l=1}^{|X_S^k|} p_{ij,kl},\quad \sum_{k=1}^{|F|} p_{ij,k} = 1,\quad p_{i,k} \geqslant p_{ij,k} \tag{9-16}$$

9.3.3 可归约随机矩阵的稳定性定理

定理 1 设 $\boldsymbol{p}'$ 是一个 n 阶可归约随机矩阵，即通过相同的行变换和列变换后得到 $\boldsymbol{p}' = \begin{bmatrix} \boldsymbol{C} & \cdots & \boldsymbol{0} \\ \boldsymbol{R} & \cdots & \boldsymbol{T} \end{bmatrix}$，其中，$\boldsymbol{C}$ 是 m 阶本原随机矩阵，$\boldsymbol{R}$ 和 $\boldsymbol{T}$ 均为 $n-m$ 阶矩阵，并且 $\boldsymbol{R} \neq \boldsymbol{0}, \boldsymbol{T} \neq \boldsymbol{0}$，

则有

$$\boldsymbol{p}'^{\infty}=\lim_{k\to\infty}\boldsymbol{p}'^{k}=\lim_{k\to\infty}\begin{bmatrix}\boldsymbol{C}^{k} & \cdots & \boldsymbol{0}\\ \sum_{i=1}^{k-1}\boldsymbol{T}^{i}\boldsymbol{R}\boldsymbol{C}^{k-i} & \cdots & \boldsymbol{T}^{k}\end{bmatrix}=\begin{bmatrix}\boldsymbol{C}^{\infty} & \cdots & \boldsymbol{0}\\ \boldsymbol{R}^{\infty} & \cdots & \boldsymbol{T}\end{bmatrix} \tag{9-17}$$

$\boldsymbol{p}'^{\infty}$ 为一个稳定的随机矩阵，且 $\boldsymbol{p}'^{\infty}=1'\boldsymbol{p}'^{\infty},\boldsymbol{p}'^{\infty}=\boldsymbol{p}'^{0}\boldsymbol{p}'^{\infty}$ 唯一确定并且与初始分布无关，$\boldsymbol{p}'^{\infty}$ 满足如式（9-18）所示的条件：

$$\boldsymbol{p}'^{\infty}=[p_{ij}]_{n\times n}=\begin{cases}p_{ij}>0,1\leqslant i\leqslant n,1\leqslant j\leqslant m\\ p_{ij}=0,\ 1\leqslant i\leqslant n,\ m<j\leqslant m\end{cases} \tag{9-18}$$

9.3.4 全局收敛性证明

引理 在人工鱼群算法中，$\forall \boldsymbol{X}^{i,j}\in X_S^i, i=1,2,\cdots,|F|, j=1,2,\cdots,|X_S^i|$，满足：

$$\forall k>i, p_{i,k}=0 \tag{9-19}$$

$$\exists k<i, p_{i,k}>0 \tag{9-20}$$

式（9-19）与式（9-20）的证明过程如下：

证明 设 $\boldsymbol{X}^{i,j}$ 为第 t 次迭代后的人工鱼，记为 $\boldsymbol{X}^{t}$，设在 $\boldsymbol{X}^{t}$ 中能量最高的人工鱼为 $\mathbf{Best}^{t}=X^{*}$，其中，$\mathbf{Best}^{t}$ 为 n 维向量，则有 $Energy(\mathbf{Best}^{t})=F_i$。在人工鱼群算法中，所设置的公告板在每次迭代过程中对当前人工鱼最优状态的更新为

$$\begin{aligned}&Energy(\boldsymbol{X}^{t+1})\geqslant Energy(\boldsymbol{X}^{t})\\ &\Rightarrow \forall k>i, p_{ij,kl}=0\Rightarrow \forall k>i, p_{ij,k}=\sum_{l=1}^{|X_S^k|}p_{i,j,kl}=0\Rightarrow \forall k>i, p_{i,k}=0\end{aligned} \tag{9-21}$$

式（9-21）的证明 由人工鱼群算法中对每个人工鱼探索其当前所处的环境状况，选择一种行为，设 $\mathbf{Best}^{t+1}$ 为 $\boldsymbol{X}^{t+1}$ 中最优人工鱼。根据下面 3 种情况分析：

情况 1 设选择聚群行为的概率为 $p_{\text{swarm}}\geqslant 0$，如果当前人工鱼选择聚群行为，此时 $p_{\text{swarm}}>0$；如果中心位置食物浓度高且不拥挤，当前人工鱼会向鱼群中心位置移动，那么此时移动后的位置食物浓度高于移动前的位置食物浓度，则有 $Energy(\mathbf{Best}^{t+1})>Energy(\mathbf{Best}^{t})$，则 $\exists k<i, p_{i,k}>0$，命题得证。

情况 2 设选择追随行为概率为 $p_{\text{follow}}\geqslant 0$，如果当前人工鱼选择追随行为，则 $p_{\text{follow}}>0$，如果邻域内有伙伴的食物浓度高于当前人工鱼位置的食物浓度，那么当前人工鱼会向其位置移动，在这种情况下，则有 $Energy(\mathbf{Best}^{t+1})>Energy(\mathbf{Best}^{t})$，则 $\exists k<i, p_{i,k}>0$，命题得证。

情况 3 如果当前人工鱼选择觅食行为，说明此时当前人工鱼在邻域内为最优，则此时人工鱼选择此种行为的概率为 $p_{\text{prey}}=1-p_{\text{swarm}}-p_{\text{follow}}$，此时人工鱼探索感知范围随机选择状态，有 2 种情境：

① 选择的状态位置食物浓度高于当前食物浓度，设此种情况的概率为 p_{py}，命题得证。

② 选择的状态位置食物浓度低于当前食物浓度，设此种情况的概率为 $p_{pn}=1-p_{py}$，此时重新选择，反复尝试 $try-number$ 次，则其概率为 $(p^{pn})^{try-number}$；如果仍不满足，则随机移动，设随机移动的概率为 p_{random}，随机移动后状态位置浓度高于当前人工鱼位置食物浓度的概率为 $p_{\mathrm{better}}=0.5(1-(p^{pn})^{try-number}\times p_{\mathrm{random}})\geqslant 0$，如果 $p_{\mathrm{better}}>0$，命题得证；如果 $p_{\mathrm{better}}=0$。说明此时人工鱼已经达到局部极值。此时通过设置较小的 $try-number$ 可以使其随机移动，跳出局部极值。

由基本人工鱼群算法可知，人工鱼选择一种行为的总概率为 1，即 $p_{\mathrm{prey}}+p_{\mathrm{follow}}+p_{\mathrm{swarm}}=1$。综合上述 3 种情况可得命题。

定理 2 人工鱼群算法具有全局收敛性。

证明 对于每个 $X_S^i, i=1,2,\cdots,|F|$ 可看作有限马尔科夫链上的一个状态，根据引理中结论可得，该马尔科夫链的转移矩阵为

$$\boldsymbol{p}'=\begin{bmatrix} p_{1,1} & 0 & \cdots & 0 \\ p_{2,1} & p_{2,2} & \cdots & 0 \\ \vdots & \vdots & & \vdots \\ p_{|F|,1} & p_{|F|,2} & \cdots & p_{|F|,|F|} \end{bmatrix}=\begin{bmatrix} \boldsymbol{C} & \boldsymbol{0} \\ \boldsymbol{R} & \boldsymbol{T} \end{bmatrix} \tag{9-22}$$

根据引理中式（9-20）的结论得

$$\begin{gathered} p_{2,1}>0, \boldsymbol{R}=(p_{2,1},p_{3,1},\dots,p_{|F|,1})^{\mathrm{T}} \\ \boldsymbol{T}=\begin{bmatrix} p_{2,2} & \cdots & 0 \\ \vdots & & \vdots \\ p_{|F|,2} & \cdots & p_{|F|,|F|} \end{bmatrix}\neq 0 \\ \boldsymbol{C}=(p_{1,1})=(1)\neq 0 \end{gathered} \tag{9-23}$$

由式（9-23）可知，转移矩阵 $\boldsymbol{p}'$ 是 n 阶可归约随机矩阵，满足上述定理 2 中条件，所以式（9-24）成立：

$$\begin{aligned} &\boldsymbol{p}'^{\infty}=\lim_{k\to\infty}\begin{bmatrix} \boldsymbol{C}^k & \cdots & \boldsymbol{0} \\ \sum_{i=1}^{k-1}\boldsymbol{T}^i\boldsymbol{R}\boldsymbol{C}^{k-i} & \cdots & \boldsymbol{T}^k \end{bmatrix}=\begin{bmatrix} \boldsymbol{C}^{\infty} & \cdots & \boldsymbol{0} \\ \boldsymbol{R}^{\infty} & \cdots & \boldsymbol{T} \end{bmatrix} \\ &\boldsymbol{C}^{\infty}=(1) \\ &\boldsymbol{R}^{\infty}=(1,1,\cdots,1)^{\mathrm{T}} \end{aligned} \tag{9-24}$$

因此，有

$$\boldsymbol{p}'^{\infty}=\begin{bmatrix} 1 & 0 & \cdots & 0 \\ 1 & 0 & \cdots & 0 \\ \vdots & \vdots & & \vdots \\ 1 & 0 & \cdots & 0 \end{bmatrix} \tag{9-25}$$

该矩阵是稳定的随机矩阵，那么可得

$$\lim_{t\to\infty}\{Energy(\boldsymbol{X}^t)=F_{\text{best}}\}=1 \tag{9-26}$$

其中，F_{best} 为最优目标函数值，即 $F_{\text{best}}=f(\boldsymbol{X}^t)$。因此，人工鱼群算法具有全局收敛性，证毕。

9.4 人工鱼群算法在 MEC 中的应用

9.4.1 通信模型

为了尽可能减少超密集网络上行链路的干扰，引入一种频段划分机制。系统频段 B 分为 B_1 和 B_2 两部分，分别被 MBS（宏基站）和 SBS（小型基站）使用。B_1 和 B_2 的宽度分别为 μW 和 $(1-\mu)W$，μ 表示频带分频因子。为了消除 MBS 之间的干扰，将频带 B_1 细分为子带 B_{11}、B_{12} 和 B_{13}，分别由相邻的 MBS 使用。同样，为了消除 SBS 集群之间的干扰，将频段 B_2 细分为子带 B_{21}、B_{22} 和 B_{23}，分别由相邻的 SBS 使用。此外，为了消除任何集群中 SBS 之间的干扰，每个集群所利用的子带被均匀地分配给该集群中的 SBS。此外，为了提高上行传输性能，有必要消除任何大区用户之间和小区用户之间的干扰。为此，假设每个基站的可用频带都均等地分配给与其关联的用户。

在超密集网络中，一个 SBS 通常只服务很少的用户。实际上，在超密集网络的某些定义中，一个 SBS 最多只能服务一个用户。在这种情况下，尽管上述频段划分机制可能会让每个 SBS 使用很少的资源，但这些资源对于其服务用户来说往往是足够的。此外，这种考虑有利于在实际实现中开发高效的算法。总地来说，这种分频机制对于超密集 MEC 网络应该是有效可行的。根据上述分频机制，一个 MBS 使用的频带宽度为 $\mu W/3$，一个 SBS 使用的频带宽度为 $(1-\mu)W/3N$。分配给 MBS_n 的用户 m 的带宽为 $w_{mn}=\mu W\Big/\left(3\sum_{i\in\mathcal{M}}x_{in}\right)$，其中，$\sum_{i\in\mathcal{M}}x_{in}$ 表示与该 MBS 关联的用户数量，$\mathcal{M}$ 为用户的集合。$x_{mn}\in\{0,1\}$，x_{mn} 表示用户 m 与 BS_n 之间的卸载索引，如果用户与 BS_n 关联，则 x_{mn} 为 1；否则 x_{mn} 为 0。同理，分配给 SBS_n 的用户 m 的带宽为 $w_{mn}=(1-\mu)W\Big/\left(3\sum_{i\in\mathcal{M}}x_{in}\right)$，值得注意的是，任何用户只能与一个基站关联，即 $\sum_{i\in\mathcal{M}}x_{in}\leqslant 1$。

则用户 m 与 BS_n 关联的上行数据速率为

$$r_{mn}=w_{mn}\log_2(1+p_m h_{mn}/\sigma^2) \tag{9-27}$$

其中，p_m 为用户 m 的发射功率；h_{mn} 为用户与 BS_n 之间的信道增益；σ^2 为 BS_s 的噪声功率。

9.4.2 计算模型

如果用户 m 不能在最大截止时间 $T_m^{\max}$ 完成所有任务，则其部分任务通过无线信道卸载给部分基站进行计算。具体来说，已卸载任务的大小为 $\sum_{k\in\mathcal{K}} a_{km}d_{km}$，并且一个本地执行的任务是 $\sum_{k\in\mathcal{K}}(1-a_{km})d_{km}$，其中 $0\leqslant a_{km}\leqslant 100\%$，$\forall k\in\mathcal{K}$；$a_{km}$ 为用户 m 的任务 k 的卸载比例。

1）本地计算

用户 m 的任务 k 的本地计算时间 T_{km}^{loc} 为

$$T_{km}^{\text{loc}} = (1-a_{km})d_{km}c_{km}/F_m \tag{9-28}$$

其中 F_m 表示用户 m 的计算能力。用户 m 的任务 k 的本地计算能耗 E_{km}^{loc} 为

$$E_{km}^{\text{loc}} = \alpha T_{km}^{\text{loc}}(F_m)^3 = \alpha(1-a_{km})d_{km}c_{km}(F_m)^2 \tag{9-29}$$

其中 α 是能量系数，值往往取决于芯片架构。用户 m 的任务 k 的本地计算所使用的能耗代价为

$$Q_{km}^{\text{loc}} = \omega_1 E_{km}^{\text{loc}} = \omega_1\alpha(1-a_{km})d_{km}c_{km}(F_m)^2 \tag{9-30}$$

其中 ω_1（单位：元/KJ）为能耗单价。

2）边缘计算

考虑到计算结果相对较小，忽略从基站下载这些结果给用户的过程。即边缘计算时间由上传（上行传输）时间和边缘计算时间组成。任务 k 从用户 m 到基站 n 的上行传输时间可以由式（9-31）给出：

$$T_{kmn}^{\text{trans}} = \frac{a_{km}d_{km}}{r_{mn}} = \frac{a_{km}d_{km}}{w_{mn}\log_2(1+p_m h_{mn}/\sigma^2)} \tag{9-31}$$

现实中，网络运营商需要对网络中所有的基站和 MEC 服务器进行合理的管理。当用户提出通信或计算服务的要求时，这些运营商为用户提供相应的服务，并向用户收取一定的费用。因此，当用户将计算任务卸载给基站时，用户需要支付通信和计算资源。

设 ω_2（单位：元/MHz · s）为通信资源的单价，则用户 m 的任务 k 的上行传输成本为

$$Q_{km}^{\text{trans}} = \sum_{n\in\mathcal{N}} x_{mn}\omega_2\omega_{mn}T_{kmn}^{\text{trans}} \tag{9-32}$$

显然，用户 m 的任务 k 的上行传输代价可以总结为

$$Q_{km}^{\text{trans}} = \sum_{n\in\mathcal{N}} \frac{x_{mn}\omega_2 a_{km}d_{km}}{\log_2(1+p_m h_{mn}/\sigma^2)} \tag{9-33}$$

由式（9-33）可知，用户 m 的任务 k 的通信代价与 a_{km}，d_{km}，p_m，h_{mn} 和 σ^2 有关。具体来说，当用户卸载的数据量增加时，其通信成本也随之增加；当用户的传输功率增加时，由

于传输时间减少，其通信成本降低。一般情况下，一个任务的通信（上行传输）成本远大于本地计算的能耗成本。因此，在移动用户拥有充足电源的情况下，为了尽可能降低任务处理成本，最直观的方法是让其以最大功率传输上行信号。通过这样的操作，上行数据速率可以最大化，上行传输成本可以大大降低。鉴于此，假设任意用户的传输功率恒定，且取最大功率 $p_{\max}$。

当用户 m 与基站 n 关联时，基站 n 将分配计算资源 f_{mn} 给用户 m。用户 m 的任务 k 在 MEC 服务器上的边缘计算时间可由式（9-34）给出：

$$T_{kmn}^{\text{edge}} = a_{km} d_{km} c_{km} / f_{mn} \tag{9-34}$$

假设 ω_3 为用户租用计算资源的单价（单位：元/GHz），则用户 m 在 MEC 服务器上处理所有任务所使用的边缘计算成本为

$$Q_m^{\text{edge}} = \sum_{n \in \mathcal{N}} x_{mn} \omega_3 f_{mn} \tag{9-35}$$

根据前面的分析，要完成用户 m 的所有计算任务，其成本应为

$$Q_m = \sum_{k \in \mathcal{K}} (Q_{kmn}^{\text{loc}} + Q_{km}^{\text{trans}}) + Q_m^{\text{edge}} \tag{9-36}$$

由于用户的任务是相互独立的，本地和远程执行可以同时进行。也就是说，用户 m 执行任务所用的总时间 T_m 是本地执行时间和远程执行时间之间的最大值，如式（9-37）所示：

$$T_m = \max\left(\sum_{k \in \mathcal{K}} T_{km}^{\text{loc}}, \sum_{k \in \mathcal{K}} (T_{kmn}^{\text{trans}} + T_{kmn}^{\text{edge}}) \right) \tag{9-37}$$

9.4.3 优化问题描述

在保证所有任务都满足延迟约束的前提下，通过联合任务卸载决策 x_{mn}，$\forall m \in \mathcal{M}$，$\forall n \in \mathcal{N}$；任务卸载比例 a_{km}，$\forall m \in \mathcal{M}$，$\forall k \in \mathcal{K}$；计算资源分配 f_{mn}，$\forall m \in \mathcal{M}$，$\forall n \in \mathcal{N}$。具体而言，优化问题可表示为

$$\begin{aligned}
&\min_{x_{mn}, a_{km}, f_{mn}} \sum_{m \in \mathcal{M}} Q_m \\
&\text{s.t. } \mathrm{C}_1: T_m \leqslant T_m^{\max}, \forall m \in \mathcal{M}, \\
&\mathrm{C}_2: x_{mn} \in \{0,1\}, \forall m \in \mathcal{M}, \forall n \in \mathcal{N}, \\
&\mathrm{C}_3: \sum_{n \in \mathcal{N}} x_{mn} \leqslant 1, \forall m \in \mathcal{M}, \\
&\mathrm{C}_4: 0 \leqslant a_{km} \leqslant 100\%, \forall m \in \mathcal{M}, \forall k \in \mathcal{K}, \\
&\mathrm{C}_5: \sum_{m \in \mathcal{M}} x_{mn} f_{mn} \leqslant F_n, \forall n \in \mathcal{N}
\end{aligned} \tag{9-38}$$

式中，F_n 为配置在基站 n 的边缘服务器的计算能力；约束 C_1 表示任意用户 m 的所有任务的总处理延迟不能超过 $T_m^{\max}$；C_2 和 C_3 表示任意用户 m 最多只能与一个基站关联；C_4 表示任何

任务的卸载比例必须在允许范围内；C_5表示分配给与基站n关联的任务的计算资源不能超过F_n。

图 9-6 展示了人工鱼群算法的收敛曲线，其中横轴表示迭代次数，纵轴表示适应度函数值。该图显示了随着迭代次数的增加，适应度函数值迅速下降并逐渐趋于稳定，表明算法有效地找到了一个接近最优的解。

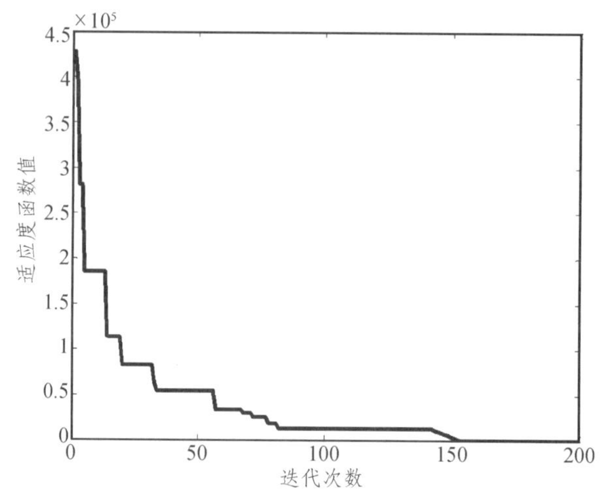

图 9-6　人工鱼群算法迭代过程

9.4.4　部分代码解析

```
function [new_x, fitness_best] = AFSA(old_x, offloadDataSizePro, fish_number, MAXGEN, try_number, visual_0, visual_min, delta, step_0, step_min, cost1, cost2, cost3, alpha, lambda, maxTransmitPower, bandwidth, channel, noise, userNum, BSNum, taskNum, deadlineTime, computCycleEachTask, computDataSizeEachTask, fixcomputCapabilityUserTerminal, picoNumPerMacroCell, Loop, sim, simLen)
    % 人工鱼群算法开销
    % 输入 old_x：初始鱼群的位置
    % 输入 offloadDataSizePro：卸载计算任务数据比例
    % 输入 fish_number：鱼群/种群数量大小
    % 输入 MAXGEN：最大迭代次数
    % 输入 try_number：最多试探次数
    % 输入 visual_0： 初始视野
    % 输入 visual_min：最小视野
    % 输入 delta：拥挤度因子
    % 输入 step_0：初始步长
    % 输入 step_min：最小步长
    % 输入 cost1：用户设备单位能耗下所需的费用
```

```
% 输入 cost2：用户设备使用单位无线信道的费用
% 输入 cost3：用户设备使用计算资源的费用
% 输入 alpha：用户设备芯片系数
% 输入 lambda：分配给微基站的带宽比例系数
% 输入 maxTransmitPower：用户设备最大发射功率
% 输入 bandwidth：系统带宽
% 输入 channel：信道增益
% 输入 noise：噪声功率
% 输入 userNum：用户数量
% 输入 BSNum：基站数量
% 输入 taskNum：任务数量
% 输入 deadlineTime：任务截止时延
% 输入 computCycleEachTask：每比特计算任务所需 CPU 周期数
% 输入 computDataSizeEachTask：计算任务数据大小
% 输入 fixcomputCapabilityUserTerminal：用户计算能力
% 输入 picoNumPerMacroCell：每个宏小区内基站的数量
% 输入 Loop：计算资源单价的变化情况
% 输入 sim：当前实验次数
% 输入 simLen：总实验次数

% 输出 new_x: 历史最优鱼人工鱼的位置
% 输出 fitness_best：历史最优鱼的适应度值
% 初始化鱼群

MAXGEN = MAXGEN;
fitness = zeros(fish_number, 1);
a = zeros(MAXGEN, 1);      % 不同参数 s 下，衰减函数 a 的变化趋势
visual = zeros(MAXGEN, 1);
step = zeros(MAXGEN, 1);
s = 5;
gen = 1;   % 迭代次数
BestX = zeros(2 + taskNum, userNum, MAXGEN); % 用于存放每步中最优的自变量
BestY = zeros(MAXGEN, 1);      % 保存每一次迭代的适应值

% 公告板初始化，反映最优值
for i = 1:fish_number
    assocIndex = zeros(BSNum, userNum);
```

```
            for k = 1:userNum
                if old_x(1, k, i)
                    assocIndex(old_x(1, k, i), k) = 1;
                end
            end
            [assocUserNum, assocBSID] = assocBSIDNum(assocIndex);
            fitness(i) = AF_foodconsistence(cost1, cost2, cost3, alpha, lambda, maxTransmitPower,
offloadDataSizePro(:, :, i), ...
                old_x(2 + taskNum, :, i)', fixcomputCapabilityUserTerminal, bandwidth,
channel, noise, ...
                userNum, BSNum, taskNum, assocUserNum, assocBSID, deadlineTime,
computCycleEachTask,… computDataSizeEachTask, picoNumPerMacroCell);
        end

        % 记录初始化时的最佳卸载决策和适应度值
        [fitness_min, index] = min(fitness);
        best_fitness = fitness_min;
        BestX(:, :, 1) = old_x(:, :, index);
        BestY(1, 1) = fitness_min;

        while gen <= MAXGEN
            d = gen;
            d_max = MAXGEN;
            a(gen, 1) = exp(-(d .^ (s + 1) / d_max .^ s));
            visual(gen, 1) = a(gen, 1) * visual_0 + (1 - a(gen, 1)) * visual_min;
            step(gen, 1) = a(gen, 1) * step_0 + (1 - a(gen, 1)) * step_min;
            fitness_temp = fitness;

            for i = 1:fish_number     % 聚群行为
                [old_x1, fitness1] = AF_swarm(cost1, cost2, cost3, alpha, lambda,
maxTransmitPower, …
        old_x, i, visual(gen, 1), step(gen, 1), delta, try_number, fitness_temp, bandwidth, channel,
noise...
        , userNum, BSNum, taskNum, fish_number, deadlineTime,computCycleEachTask,…
        computDataSizeEachTask,fixcomputCapabilityUserTerminal,picoNumPerMacroCell);
                % 追随行为
                [old_x2, fitness2] = AF_follow(cost1, cost2, cost3, alpha, lambda,
```

```
maxTransmitPower, old_x,⋯ i, visual(gen, 1), step(gen, 1), ...
                    delta, try_number, fitness_temp, bandwidth, channel, noise, userNum,
BSNum, taskNum,⋯ fish_number, ...
    deadlineTime, computCycleEachTask, computDataSizeEachTask, ⋯
    fixcomputCapabilityUserTerminal, picoNumPerMacroCell);

            if fitness1 < fitness_temp(i) || fitness2 < fitness_temp(i) % 得到更优值，则更新
                if fitness1 < fitness2
                    old_x(:, :, i) = old_x1;
                    fitness_temp(i) = fitness1;
                else
                    old_x(:, :, i) = old_x2;
                    fitness_temp(i) = fitness2;
                end
            end
        end

        new_x = old_x;
        fitness = fitness_temp; % 找到全局最小值
        [fitness_min, index] = min(fitness);
        if fitness_min < best_fitness
            fitness_best = fitness_min; % 更新最佳适应度
        end
        obj(gen) = fitness_min;
        gen = gen + 1;
    end
    end
```

这段代码是用于解决移动边缘计算中任务卸载优化问题的人工鱼群算法。这个问题涉及多个参数和约束条件，例如传输功率、带宽、信道、噪声等。算法的目标是最小化系统的能量消耗和通信延迟，以提高系统的性能。

下面是代码的主要流程：

（1）初始化算法参数和鱼群。

① 设置最大迭代次数 MAXGEN、鱼群数量 fish_number 等参数。

② 初始化一些辅助变量和矩阵，如 fitness、a、visual、step、BestX 和 BestY。

③ 计算初始状态下每条鱼的适应度 fitness。

（2）开始迭代优化过程。

① 更新视觉和步长参数。

② 对每条鱼进行聚群行为和追随行为的更新，以尝试找到更优的解。

③ 更新全局最佳解 BestX 和 BestY。

（3）绘制适应度函数随迭代次数的变化曲线。

整个算法的目标是在给定约束条件下，寻找最优的任务卸载策略，使得系统的能耗和通信延迟最小化。

下列代码为此问题中人工鱼群的聚群行为：

```
function [new_x, fitness] = AF_swarm(cost1, cost2, cost3, alpha, lambda, maxTransmitPower, old_x, i, visual, step, deta, try_number, fitness, bandwidth, channel, noise, userNum, BSNum, taskNum, fish_number, deadlineTime, computCycleEachTask, computDataSizeEachTask, fixcomputCapabilityUserTerminal, picoNumPerMacroCell)
    % 聚群行为
    % 输入 cost1：用户设备单位能耗下所需的费用
    % 输入 cost2：用户设备使用单位无线信道的费用
    % 输入 cost3：用户设备使用计算资源的费用
    % 输入 alpha：用户设备芯片系数
    % 输入 lambda：分配给微基站的带宽比例系数
    % 输入 maxTransmitPower：用户设备最大发射功率
    % 输入 old_x：父代鱼群的位置
    % 输入 i：鱼的索引号
    % 输入 userNum：用户数量
    % 输入 BSNum：基站数量
    % 输入 taskNum：任务数量
    % 输入 deadlineTime：任务截止时延
    % 输入 computCycleEachTask：每比特计算任务所需 CPU 周期数
    % 输入 computDataSizeEachTask：计算任务数据大小
    % 输入 fixcomputCapabilityUserTerminal：用户计算能力
    % 输入 picoNumPerMacroCell：每个宏小区内基站的数量
    % 输入 visual：鱼的视野
    % 输入 step：移动步长
    % 输入 deta：拥挤度
    % 输入 try_number：最多试探次数
    % 输入 fitness：适应度函数
    % 输入 fish_number：鱼群/种群大小

    % 输出 new_x：子代人工鱼的位置
    % 输出 fitness：子代人工鱼的适应度值
```

```
    Old_X = old_x;       % 所有人工鱼的初始状态
    Xi = old_x(:, :, i);    % 人工鱼 i 的状态，由于要优化两个变量，首先得把这两个变
量拼起来，正好
                            %这两个变量的行是一样的
    D = AF_dist(Xi, Old_X, fish_number);    % Xi 人工鱼距离其他鱼的位置
    index = find(D > 0 & D < visual);    % 找到 Xi 人工鱼感知范围内的其他鱼，下一步
返回总数
    nf = length(index);
    Xc = zeros(2 + taskNum, userNum);   % 鱼群中伙伴的中心位置（附近鱼的平均数）

    if nf > 0   % 满足条件说明附近有其他鱼，那么进行聚群行为
        % 求鱼群中伙伴的中心位置
        for m = 1:nf
            Xc = Xc + Old_X(:, :, index(m));
        end
        Xc = Xc / nf;

        %对伙伴中心位置的计算资源分配情况进行修正（基站关联和卸载比例不会越界）
        for k = 1:userNum
            Xc(1, k) = round(Xc(1, k));
            if (Xc(1, k) == BSNum && Xc(2 + taskNum, k) < 0 || Xc(2 + taskNum, k) >
100) || ...
                          ((0 < Xc(1, k) && Xc(1, k) < BSNum) && (Xc(2 + taskNum, k) < 0
|| Xc(2 + taskNum, k) > 10))
                % 关联 MBS 和关联 SBS 的计算资源不能越界
                Xc(2 + taskNum, k) = Xi(2 + taskNum, k);
            end
        end

        % 更新鱼群中心所对应的 assocUserNum 和 assocBSID
        assocIndex = zeros(BSNum, userNum);
        for k = 1:userNum
            if Xc(1, k)
                assocIndex(Xc(1, k), k) = 1;
            end
        end
        [assocUserNum_Xc, assocBSID_Xc] = assocBSIDNum(assocIndex);
```

```
        Xc_offloadDataSizePro = Xc(2:taskNum + 1, :);

        % 鱼群中心的食物浓度
    Yc = AF_foodconsistence(cost1, cost2, cost3, alpha, lambda,…
    maxTransmitPower, Xc_offloadDataSizePro, ...
            Xc(2 + taskNum, :)', fixcomputCapabilityUserTerminal, bandwidth, channel,
noise, ...
            userNum, BSNum, taskNum, assocUserNum_Xc, assocBSID_Xc,
deadlineTime, computCycleEachTask, computDataSizeEachTask, picoNumPerMacroCell);
        Yi = fitness(i);

        if Yc / nf < deta * Yi % 注意这是求极小值问题，人工鱼 i 朝中心前进一步，否
则说明聚群行为失效，进行觅食行为
            Xnext = Xi + rand * step * (Xc - Xi) / norm(Xc - Xi);

            for k = 1:userNum  % 分别对基站关联、计算资源分配、任务卸载比例情
况进行修正
                Xnext(1, k) = round(Xi(1, k));
                if Xnext(1, k) > BSNum || Xnext(1, k) <= 0
                    Xnext(1, k) = Xi(1, k);
                end
                if Xnext(1, k)
                    if (Xnext(1, k) == BSNum && (Xnext(2 + taskNum, k) < 0 || Xnext(2
+ taskNum, k) …
    > 100)) || ...
    ((0 < Xnext(1, k) && Xnext(1, k) < BSNum) && (Xnext(2 + taskNum, k) < 0 || Xnext(2
+ taskNum, k) > 10))
                        % 关联 MBS 和关联 SBS 的计算资源不能越界
                        Xnext(2 + taskNum, k) = Xi(2 + taskNum, k);
                    end
                    for j = 2:1 + taskNum
                        if Xnext(j, k) > 100 || Xnext(j, k) <= 0
                            Xnext(j, k) = Xi(j, k);
                        end
                    end
                end
            end
```

```
            % 更新 Xnext 所对应的 assocUserNum 和 assocBSID
            assocIndex = zeros(BSNum, userNum);
            for k = 1:userNum
                if Xnext(1, k)
                    assocIndex(Xnext(1, k), k) = 1;
                end
            end
            [assocUserNum_Xnext, assocBSID_Xnext] = assocBSIDNum(assocIndex);
            Xnext_offloadDataSizePro = Xnext(2:taskNum + 1, :);

            % 更新鱼换了位置之后的食物浓度
            fitness_next = AF_foodconsistence(cost1, cost2, cost3, alpha, lambda,
maxTransmitPower, ...
          Xnext_offloadDataSizePro, Xnext(2 + taskNum, :)', fixcomputCapabilityUserTerminal,
bandwidth, …
                channel, noise, userNum, BSNum, taskNum, assocUserNum_Xnext,
assocBSID_Xnext, …
                deadlineTime, computCycleEachTask, computDataSizeEachTask,
picoNumPerMacroCell);

            % 如果下一步的适应度值更低，那么执行下一步（或者考虑直接移动到下
一步）
            if fitness_next < Yi
                new_x = Xnext;
                fitness = fitness_next;
            else
                % 由于更换位置之后食物浓度还是没有原来高，故进行觅食行为
                [new_x, fitness] = AF_prey(Xi, i, visual, step, try_number, fitness, cost1,
cost2, cost3, ...
                alpha, lambda, maxTransmitPower, bandwidth, channel, noise, userNum,
BSNum, taskNum, ...
        deadlineTime, computCycleEachTask, computDataSizeEachTask,
fixcomputCapabilityUserTerminal, ...
                    picoNumPerMacroCell);
            end
        else
```

```
            % 由于周围没有其他鱼，故进行觅食行为
            [new_x, fitness] = AF_prey(Xi, i, visual, step, try_number, fitness, cost1, cost2, cost3, ...
            alpha, lambda, maxTransmitPower, bandwidth, channel, noise, userNum, BSNum, taskNum, ...
          deadlineTime, computCycleEachTask, computDataSizeEachTask, fixcomputCapabilityUserTerminal, ...
               picoNumPerMacroCell);
        end
    else
        % 由于周围没有其他鱼，故进行觅食行为
        [new_x, fitness] = AF_prey(Xi, i, visual, step, try_number, fitness, cost1, cost2, cost3, ...
            alpha, lambda, maxTransmitPower, bandwidth, channel, noise, userNum, BSNum, taskNum, ...
        deadlineTime, computCycleEachTask, computDataSizeEachTask, fixcomputCapabilityUserTerminal, ...
            picoNumPerMacroCell);
    end
```

这段代码的主要作用是模拟单个人工鱼（即算法中的一个解）的行为，以改进其当前的位置和状态。这个过程涉及到以下几个关键步骤：

（1）初始化：代码开始时，会将所有人工鱼的初始状态保存在 Old_X 中，并选择一个人工鱼 X_i 进行检查。

（2）感知与聚群行为：人工鱼会计算与其他鱼的相对距离，如果存在其他鱼并且距离小于其感知范围，就会进行聚群行为。聚群行为包括计算鱼群中心位置，并根据这个中心位置来调整人工鱼的位置。

（3）资源分配修正：在聚群行为中，还会对人工鱼的资源分配进行修正，确保基站关联和计算资源分配不会超出合理范围。

（4）食物浓度计算：聚群行为后，会计算鱼群中心位置的食物浓度，这是衡量人工鱼当前位置质量的一个指标。

（5）位置更新：如果鱼群中心的食物浓度低于当前人工鱼的食物浓度，那么人工鱼会向中心位置移动一步。在移动过程中，还会对基站关联、计算资源分配和任务卸载比例进行修正。

（6）适应度评估：更新位置后，会计算新的适应度值。如果新的适应度值低于当前值，说明位置更新是有效的，人工鱼的新位置和适应度值会被接受。

（7）觅食行为：如果周围没有其他鱼，或者聚群行为后的食物浓度没有提高，人工鱼会进行觅食行为，这是算法中的另一种搜索策略，用于探索新的位置。

（8）循环与迭代：这个过程会不断重复，直到达到一定的迭代次数或者找到满意的解。

代码中的 AF_prey 函数和 AF_foodconsistence 函数是用于进行觅食行为和计算食物浓度的具体实现，这些函数的详细逻辑没有在这段代码中给出，但它们是整个算法中实现搜索和优化的关键部分。

总体而言，这段代码是人工鱼群算法通过模拟鱼群的行为来解决一个复杂的优化问题。该算法能够在搜索空间中有效地探索和改进解的质量。

参考文献

[1] 崔建双. 25个经典的元启发式算法：从设计到MATLAB实现[M]. 北京：企业管理出版社, 2021.

[2] 徐俊杰. 元启发式优化算法：理论阐释与应用[M]. 合肥：中国科学技术大学出版社, 2015.

[3] 陈国良. 遗传算法及其应用[M]. 北京：人民邮电出版社, 1996.

[4] RUDOLPH G. Convergence analysis of canonical genetic algorithms[J]. IEEE Transactions on Neural Networks, 1994, 5(1): 96-101.

[5] 李明. 标准粒子群算法的收敛性分析及改进研究[D]. 锦州：渤海大学, 2017.

[6] ZHOU T Q, YUE Y L, QIN D, et al. Joint device association, resource allocation, and computation offloading in ultradense multidevice and multitask IoT networks[J]. IEEE Internet of Things Journal, 2022, 9(19): 18695-18709.

[7] 周天清, 曾新亮, 胡海琴. 基于混合粒子群算法的计算卸载成本优化[J]. 电子与信息学报, 2022, 44(9): 3065-3074.

[8] ZHOU T Q, ZENG X L, QIN D, et al. Cost-aware computation offloading and resource allocation in ultra-dense multi-cell, multi-user and multi-task MEC networks[J]. IEEE Transactions on Vehicular Technology, 2024, 73(5): 6642-6657.

[9] MIRJALILI S, LEWIS A. The whale optimization algorithm[J]. Advances in engineering software, 2016, 95: 51-67.

[10] 冯文涛, 邓兵. 鲸鱼优化算法的全局收敛性分析及参数选择研究[J]. 控制理论与应用, 2021, 38(5): 641-651.

[11] ZHOU T Q, FU Y Y, QIN D, et al. Secure and multi-step computation offloading and resource allocation in ultra-dense multi-task NOMA-enabled IoT networks[J]. IEEE Internet of Things Journal, 2024, 11(3): 5347-5361.

[12] KANWAL S, HUSSAIN A, HUANG K Z. Novel artificial immune networks-based optimization of shallow machine learning(ML) classifiers[J]. Expert Systems with Applications 2021, 165(3): 113834.

[13] ZHENG Y J. Water wave optimization: a new nature-inspired metaheuristic[J]. Computers & Operations Research, 2015, 55: 1-11.

[14] 张蓓, 郑宇军. 水波优化算法收敛性分析[J]. 计算机科学, 2016, 43(4): 41-44.

[15] 赵世安. 蚁群优化算法的收敛性分析与研究[J]. 现代电子技术, 2017, 40(19): 173-176.
[16] YANG X S, DEB S. Cuckoo search: recent advances and applications[J]. Neural Computing & Applications, 2014, 24(1):169-174.
[17] KAVEH A, BAKHSHPOORI T. Metaheuristics: outlines, MATLAB codes and examples[J]. Computer Science, Mathematics, 2019: 67-77.
[18] 刘晓东. 布谷鸟搜索算法的收敛性分析及其改进算法研究[D]. 郑州: 河南工业大学, 2021.
[19] 黄光球, 刘嘉飞, 姚玉霞. 人工鱼群算法的全局收敛性证明[J]. 计算机工程, 2012, 38(2): 204-206.